U0222864

中外建筑史

History of
Chinese and Foreign
Architecture

周承君
杜冰璇
翁　岩　著

化学工业出版社

·北　京·

内容简介

本书分为中国建筑史和外国建筑史两大部分。中国建筑史部分，以建筑类型为主线，包括宫殿、坛庙、民居、园林、陵墓等多种类型，每个类型都展示了独特的建筑理念和文化价值。外国建筑史部分，则以时间发展为序，追溯了从古代文明到现代建筑的发展历程，展示了各个时期的建筑风格和技术创新。

本书通过丰富的图文资料和详细的描述，带领读者领略各个时代、各个地区的建筑之美和文化内涵。本书不仅注重历史的系统性和逻辑性，还通过深度阅读专题帮助读者培养对建筑文化的浓厚兴趣，涵盖了建筑艺术、技术、文化等多个方面，为读者提供了更深入的背景知识和研究视角。

本书适合普通高等学校建筑学专业以及相关的艺术专业师生作为教材使用，也可供相关从业人员和建筑文化爱好者学习与工作参考。

中外建筑史

图书在版编目（CIP）数据

中外建筑史 / 周承君，杜冰璇，翁岩著. -- 北京：化学工业出版社，2024. 10. -- ISBN 978-7-122-46095 -0

Ⅰ. TU-091

中国国家版本馆 CIP 数据核字第 2024VM5967 号

责任编辑：李彦玲
责任校对：边　涛
文字编辑：谢晓馨　刘　璐
装帧设计：尹琳琳

出版发行：化学工业出版社
　　　　　（北京市东城区青年湖南街13号　邮政编码100011）
印　　装：河北京平诚乾印刷有限公司
787mm×1092mm　1/16　印张18$\frac{1}{2}$　彩插3　字数340千字
2025年1月北京第1版第1次印刷

购书咨询：010-64518888
售后服务：010-64518899
网　　址：http://www.cip.com.cn

凡购买本书，如有缺损质量问题，本社销售中心负责调换。

定　　价：88.00元　　　　　　　　版权所有　违者必究

History of
Chinese and Foreign
Architecture

History of
Foreign Architecture

History of
Chinese Architecture

　　一座座建筑如同一部部史书、一卷卷档案，客观地记录着人类文明的点点滴滴，建筑文化更是不可复制的稀有资源。正如梁思成先生在《为什么研究中国建筑》中所言，"今日中国保存古建之外，更重要的还有将来复兴建筑的创造性问题。欣赏鉴别以往的艺术，与发展将来创造之间，关系若何我们尤不宜忽视"。除了了解、保护古建筑，人们还必须重视古建筑为现代建筑所提供的经验与价值。

　　建筑文化的保护、研究和传承仍然具有重要意义，建筑所包含的文化不仅反映了历史，还具有启发未来的潜力。古建筑是历史与未来创新的纽带，对古代建筑设计原则和技术的研究可以为现代建筑的设计提供有益的经验。此外，欣赏古代建筑的艺术价值，并将其融入现代生活的实践中，有助于优秀传统文化的传播与转化。本书作者通过加强对中华优秀传统文化的挖掘，使中华民族最基本的文化基因与当代技术相适应、与现代社会相协调。

　　为了更好地担负起新的建筑文化使命、建设民族现代文明，深入宣传"两个结合"的重大意义，该书加强对优秀建筑文化的挖掘和阐发，展现中华文明的突出特性，推进建筑传统文化创造性转化、创新性发展。在提炼展示世界建筑文明的精神标识和建筑文化精髓的同时，增强中华建筑文化传播力。构建建筑叙事体系，在深化建筑文明交流互鉴等方面持续探索，推动中华建筑文化更好地面向世界。

　　全书在结构上分为中国建筑史与外国建筑史两个部分，系统地梳理和分析了中外建筑史的发展脉络和文化特点，从原始社会到现代社会，从东方到西方，从古典到现代，涵盖了各个时期与地域的重要建筑作品和流派。通过丰富的图像、图解资料和精练的文字说明，展示了不同文明视角下建筑艺术的创造性表达。本书不仅是一部介绍建筑史知识的教科书，也是一部反映人类文化发展与交流互鉴的历史书，对于提高读者的建筑审美能力和文化素养，增强中华文化自信和世界文化认同，具有重要的价值和意义。《中外建筑史》一书试图用诗意的笔调，引导读者领略丰富的建筑史料，并启发读者思考建筑和人类的未来。

姜永祺

2024 年 3 月

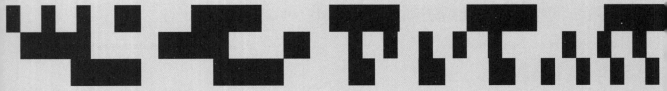

前言

建筑是凝固的诗，历史是流动的河。顺流而下，依次是蒙昧而文明初现的原始社会建筑，威严而强调体量的奴隶社会建筑，成熟而稳健的封建社会建筑，多元交汇的近现代建筑。每个时代又细分出无数长短不等的单元和丰富多彩的风格、流派，在相对稳定的主流形态和建筑文化中呈现鲜明的时代特色。

河的一边有茂密的森林和取之不尽的木材，充满自然情调的人们将木架构形式发挥得淋漓尽致，形成了系统、有机的建筑理念和文化，融汇成辉煌的中国古代建筑体系。

河的另一边我们统称为外国，他们充满科学、理性的智慧，追求人性的浪漫和自由的精神，并参照人体优美的比例尺度将粗糙的石材改造成唯美的极致，将建筑和雕塑艺术融为一体，创造出有别于中国建筑的另一种建筑文化和美学。

在这漫漫长河中流淌着各种不同的建筑类型，有宏伟的宫殿、神秘的坛庙、多样的民居、优雅的园林、肃穆的陵墓……杂然纷呈，争奇斗艳。还有睿智的建筑科学家、艺术家、能工巧匠，以及林林总总的理论专著和典型程式，群星闪耀、璀璨夺目。中国和外国，在近现代进一步地交流和融合，共同缔造和谱写了人类建筑的美妙乐章，并将人类引领进全新的文明境界。

本书以系统化的方式介绍了中外建筑的历史、文化和发展趋势。放眼世界文明，在比较研究和文明互鉴过程中，思考人类栖居的诗意未来。具体分为中国建筑史与外国建筑史两个部分，中国建筑史部分按照建筑的类型展开，外国建筑史部分则以时间的发展顺序来讲述。在各章后设置了相关的建筑文化专题阅读环节，使读者更好地理解和巩固章节内容并培养对建筑文化的浓厚兴趣。本书主要面向建筑文化、建筑美学等领域的相关爱好者。通过加强对中外建筑文化的挖掘，使得建筑最基本的文化基因与当代技术相适应、与现代社会相协调，促进建筑与社会的创新发展，推动传统建筑文化在新的环境下持续发展。

在全书即将定稿付梓的时刻，我们向为此书提供宏观指导的前辈学者，特别是欣然作序的同济大学娄永琪教授表达崇高的谢意！向参与建筑手绘和图文整理的刘忍、朱慧悦、张珊珊、蒋璨、陆子嚣、山棋羽、钟坤辰等同学表示真诚的感谢！

周承君

2024 年 3 月

目录

第一部分
中国建筑史

第三章　中国古代城市建设　46

第八章　中国古代坛庙建筑　137

第九章　中国古代陵墓建筑　150

第十八章　现代主义建筑及代表人物　237

中外建筑史

History of
Chinese and Foreign
Architecture

第一部分 中国建筑史

在灿烂辉煌的华夏文明中，蕴含着丰富而多样的文化遗产，它们见证了文明的发展历程。中国传统建筑以其恢宏的营造理念、精湛的建构技艺、独特的审美思想，展现了先民们对人与自然的辩证思考。通过对典型建筑和建筑遗址的研究，我们能够深入了解华夏文明的独特魅力、演变轨迹以及对世界的深远影响，从而为文明研究提供珍贵的历史材料。

中国建筑史涵盖的内容极为广泛且深刻。建筑史研究的基础和核心，主要是从技术层面对建筑材料、工艺、构造的研究，从审美层面对建筑形态、样式、风格的探究。同时，建筑与哲学思想及社会生活密切相连，通过建筑元素传达着一定的哲学观念和文化内涵。建筑的形式、结构和空间布局都承载着特定的思想理念，反映了社会文化的发展和演变。建筑的空间布局和功能性设计直接影响着人们的行为和体验，为人们提供居住、工作和娱乐场所的同时影响着人们的生活方式和社交活动。

典型标志性建筑更是在国家政治、宗教、文学和艺术等多个领域中扮演着多元而重要的角色。在国家层面，政府大楼和国家纪念性建筑不仅是物质结构，更是国家意识形态和文化认同的象征，反映了一个国家的价值观、历史传统，成为国家形象的具体表达。

综上所述，中国建筑史是华夏文明史的重要组成部分。传统建筑也以其多元的文化象征、深厚的历史渊源和独特的地域特色成为文化传承的珍贵载体。

History of Chinese Architecture

第一章
中国古代建筑
的基本特征

在中国广袤大地上的古建筑是历史的见证者和文化的重要载体。其中，与西方完全不同的木构架是古代匠人的智慧结晶。木构架多样的形式与各构件独特的功能共同构成一座座精美的艺术品。单体建筑与建筑群体特征鲜明，门窗、屋顶、天花和藻井、彩画等建筑装饰精彩绝伦。

第一章要点概况

能力目标	章节要点	相关知识
基本掌握中国古代建筑的木构架结构体系，单体建筑、建筑群体的特征，建筑的装饰艺术特征	中国古代建筑的木构架的形式与特征	木构架的优势，木构架结构体系（叠梁式、穿斗式），木构架基本构件
	中国古代单体建筑的形式与特征	单体建筑的台基、屋身、屋顶，以及开间与进深
	中国古代建筑群体的形式与特征	以院落为组合单元，建筑群体的纵深布局
	中国古代建筑装饰的形式与特征	门窗、屋顶装饰、天花和藻井、色彩、雕饰等

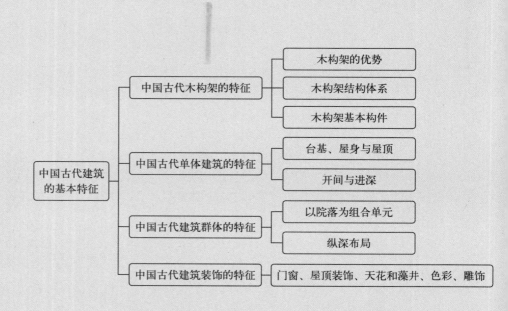

中国古代建筑在室内布置方面，重要的厅堂一般采用对称布置，居室、书斋则不拘一格，随意布置，如图1-1所示。室内空间多采用各种隔扇、罩、屏等进行分隔，可获得隔而不断、似隔非隔的效果。室内常用家具有床、榻、桌、椅、凳、几、案、柜、架、屏风等。家具材料考究的用紫檀、楠木、花梨、胡桃等，有的镶配大理石，也有用藤、竹、树根的。明代家具榫卯精确、简洁大方，清代家具华丽但过于繁琐。室内陈设方面，则以在墙面或柱面上悬挂字画为多，也有悬挂嵌玉、贝、大理石的挂屏，或摆放盆景、瓷器、古玩等。

中国古代的匠人们经过漫长的探索，创造出了独特的建筑结构体系、形式及装饰样式，精益求精、严谨细实，是中华民族卓越"工匠精神"的体现。中国古代建筑仿佛一首优美的诗歌，沉博绝丽，历久不衰。

中国古代建筑的特征，是指从现存中国古代建筑实例中概括出来的、普遍存在的、不同于西方建筑的独特之处。那么中国古代建筑的特征体现在哪里呢？

第一节　中国古代木构架的特征

中国古代建筑在结构方面创造出独特的木构架形式，以此为骨架，形成了既符合实际功能要求又优美的建筑形体以及相应的建筑风格。中国建筑的独特之处也凸显在其以木材为主的结构特色，相较于世界六大文明，中华文明展现了与众不同的建筑传统，强调木结构的独特性。埃及文明主要采用石头作为建筑材料；西亚文明则是以土砖石相结合构筑高大建筑；印度、地中海和中美洲文明的建筑同样以石头为主。在世界六大文明中，唯有中华文明以其鲜明的木结构特色脱颖而出，这一特征不仅在中国本土得以显著体现，而且深远地影响了东亚地区，包括朝鲜半岛、日本以及东南亚地区。

木结构建筑的发展体现出古人适应环境和气候的智慧，其成为中国建筑独有的文化特色，对于东亚乃至世界建筑文化产生了深远的影响。木结构文明不仅仅体现为建筑结构形式上的差异，更深刻地渗透到当地人的思维方式以及艺术文化的方方面面。这一独特的建筑结构形式不仅反映了中国古代对木材利用的独创性，更在文化和哲学层面产生了深远的影响。木结构在中国建筑中的灵活应用展示了对自然和社会和谐的追求，成为文明发展的独特象征。中国木结构文明不仅在建筑领域产生显著影响，还在文化传承、哲学观念和艺术审美等多个领域产生了广泛而深刻的影响。

木结构建筑的设计和制作过程中，木材的选择、处理和搭建均凸显了对环境的敬畏和对可持续发展的关注。这种独特的思维方式贯穿于中国文化的方方面面，为后世留下了深刻的文明印记。在艺术审美层面，木结构建筑的形态与线条，以及其与自然环境的融合，对中国绘画、雕刻、文学等艺术形式产生了积极的启发与影响。木结构文明因此成为中国文化传承

图1-1
传统文人的书房装饰/
周承君拍摄

的重要组成部分，不仅在建筑实践中得以延续，更为中华文明注入了独特的精神内涵。中国古代建筑中的木结构展示了其独特的建筑形式和类型。在建筑体系中，木结构扮演了主导的角色，涵盖整个建筑的屋顶、屋架和支撑柱。典型的木结构建筑以"墙倒屋不塌"的韧性而著称。在自然灾害，尤其是地震、强风等灾害中，砖石砌筑的墙壁可能会快速崩塌，而木结构的屋架和屋顶则能够相对稳固地支持整个建筑体系。这种特性使得木结构在自然灾害来临时表现出卓越的耐久性和安全性。

木结构建筑采用榫卯结构，各构件通过榫头和卯眼巧妙连接，形成了一个有机统一的整体。这种结构方式赋予了木结构出色的抗震性能，使其在地震发生时能够相对柔韧地应对外力，这种韧性使其能够在一定范围内发生变形。这种能够容许一定程度变形的特性，使木结构在地震等自然灾害中表现出相对较好的稳固性，为建筑在震动环境下的安全提供了可靠的保障，有效减缓了建筑损坏的速度。同时，木结构在材料选择、制作工艺等方面注重对环境的适应性，表现出了对可持续发展的关注。

一、木构架的优势

木构架结构有很多优点。首先，承重与围护结构分工明确。屋顶重量由木构架来承担，外墙起遮挡阳光、隔热防寒等作用，内墙起分隔室内空间的作用。由于墙壁不承重，这种结构赋予建筑物极大的灵活性。其次，木构架的适应性强，便于维修，木构架结构类似今天的框架结构。最后，由于木材的特性，木构架结构所用的斗拱和榫卯都有若干伸缩余地，因此在一定限度内可减少地震对这种结构产生的危害。"墙倒屋不塌"形象地表达了中国木构架的结构特点。

木构架也有缺陷，因为其主要结构材料是易燃的木材，所以不利于防火，而且容易受到虫蛀，难以很好地保存。

二、木构架结构体系

中国木构架建筑在长期的发展过程中，形成了一套与西方建筑完全不同的建筑体系，主要有叠梁式、穿斗式等不同的结构形式。

1.叠梁式

图 1-2
叠梁式/翁岩整理

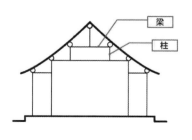

叠梁式是中国古代建筑木构架的主要形式（图1-2）。这种构架的特点是在柱顶或柱网上的水平铺作层上，沿房屋进深方向架数层叠架的梁，梁逐层缩短，层间垫短柱或木块，最上层梁中间立小柱或三角撑，形成三角形屋架。相邻屋架间，在各层梁的两端和最上层梁中间小柱上架檩，檩间架椽，构成双坡顶房屋的空间骨架。房屋屋面的重量通过椽、檩、梁、柱传到基础。其优点是室内少柱，可获得较大的室内空间；缺点是柱、梁等用材较多，且施工相对复杂。图1-3是叠梁式构架的常见梁架形式。

叠梁式构架呈现为一根主要的大梁，上方的屋架搭建在大梁上，然后再抬升一层，再次支撑屋架，如此层层叠加，形成屋顶的结构。有些地方也将这种结构称为抬梁式。叠梁式构架的设计巧妙地运用了梁的层层递进，使得建筑能够在垂直方向上稳定支撑，形成坚固而灵活的建筑体系。这种结构形式在木结构建筑中得到广泛应用，展现了木工匠精湛的工艺和对结构力学的深刻理解。这样的方式不仅增加了建筑的承载能力，还提高了建筑的整体稳定性。

叠梁式构架在实际施工中也展现了一定的灵活性，使得建筑能够更好地适应不同的场地条件和建筑需求。叠梁式构架在中国南北地区呈现出不同的风格，如安徽徽州地区的叠梁式构架较为华丽，梁较宽，微微向上拱起，形似冬瓜，当地人称之为"冬瓜梁"。这种设计不仅注重结构的功能性，更在形式上追求美感，体现了南方木结构建筑在装饰性和艺术性方面的独特发展。

2. 穿斗式

在汉代画像石中已经有穿斗式构架房屋的形象。这种构架多用于南方地区民居和较小的建筑物，长江中下游地区至今还留有大量明清时期穿斗式构架的民居。

穿斗式构架（图1-4）特点是沿房屋的进深方向按檩数立一排柱，每柱上架一檩，檩上布椽，屋面荷载直接由檩传至柱，不用梁。每排柱子靠穿透柱身的穿枋横向贯穿起来，并以挑枋承托出檐。每两榀构架之间使用斗枋连接。其优点是用料较少，墙面抗风性能好；缺点是室内空间不够开阔，柱子较密。

穿斗式构架在南方较为常见。这种结构方式可以将整个屋架在地面上拼装完成，然后通过协作将其一起撑起，搭建好屋顶，制作楼面板和墙壁，从而完成整个房屋的建造。南方的穿斗式构架具有实用性，在结构的装饰方面表现得较为繁复。这些装饰不仅具有美学价值，还在一定程度上发挥了结构功能。

在中国古代建筑漫长的发展过程中，这两种结构方式总是不断地相互渗透和交融。第一层次交融：正贴式、边贴式分别用两种构架（图1-5）。

图1-3
叠梁式构架的常见梁架形式/翁岩整理

图1-4
穿斗式构架/朱慧悦整理

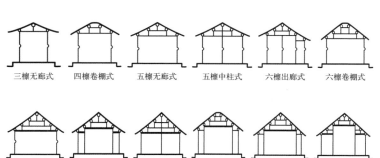

三檩无廊式　四檩卷棚式　五檩无廊式　五檩中柱式　六檩出廊式　六檩卷棚式

七檩无廊式　七檩前后廊式　七檩中柱式　八檩卷棚前后廊式　九檩前后廊式　九檩前后双重廊式

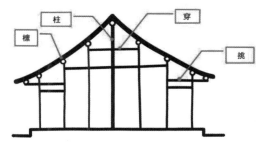

柱　穿

檩　挑

第二层次交融：在穿斗式正贴中渗入局部叠梁式做法（图1-6）。

三、木构架基本构件

木构架建筑的主要结构部分被称为"大木作"，是木构架建筑形体和比例尺度的决定因素。其由柱、梁、枋、檩、椽、斗拱等组成，如图1-7所示。

1.柱

柱是直立承受上部重量的构件。柱的构造如图1-8所示。

（1）侧脚　古代建筑中，柱子沿正侧两个方向微向内倾斜，而且越靠边的柱子倾斜得越明显，这种做法叫作侧脚。宋代时檐柱在前后檐向内倾斜10/1000，在山墙处向内倾斜8/1000。

（2）生起　即柱列自中间柱向角柱逐渐加高。每向外多一间，檐柱升高二寸。侧脚和生起都对建筑结构起到稳定的作用。

2.梁

梁是承受屋顶重量的主要水平构件。上一层梁较下一层梁短，层层相叠，构成屋架，如图1-9所示。

3.枋

枋是连接柱与柱的水平构件，起辅助和稳定柱与梁的作用。

图1-5
正贴式、边贴式分别用两种构架/翁岩整理

图1-6
在穿斗式正贴中渗入局部叠梁式做法/翁岩整理

图1-7
叠梁式构架及各构件名称/朱慧悦整理

图1-8
柱的平面构造

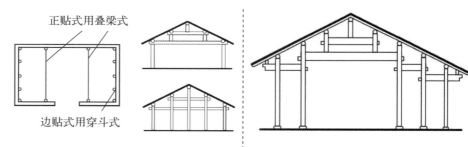

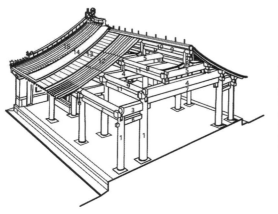

1.柱；　2.额枋；
3.抱头梁；4.五架梁；
5.三架梁；6.穿插枋；
7.随梁枋；8.脊瓜柱；
9.檩；　10.垫板；
11.枋；　12.椽；
13.望板；14.苫背；
15.瓦。

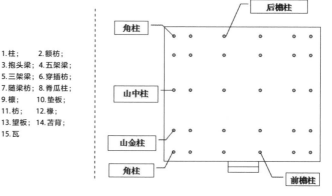

4. 檩

檩又叫桁，直接承受屋面荷载，并将荷载传到梁和枋上。一般檩的直径和柱的直径相等，如图1-10所示。

5. 椽

椽是垂直搁置在檩上，直接承受屋面荷载的构件。

6. 斗拱

斗拱是中国传统木构架建筑中特有的构件，用于柱顶、额枋、屋檐或构架间，宋代《营造法式》中称"铺作"，清工部《工程做法则例》中称"斗科"，通称为斗拱，如图1-11所示。斗拱由方形的"斗""升"，矩形的"拱"，斜的"昂"组成，既有承重作用又有装饰作用。斗是斗形木垫块，拱是弓形的短木。拱架在斗上，向外挑出，拱端之上再安斗。这样逐层纵横交错叠加，形成上大下小的托架（图1-12）。

第二节　中国古代单体建筑的特征

中国古代的宫殿、寺庙、住宅等，往往是由若干单体建筑结合配置成组群的。

一、台基、屋身与屋顶

单体建筑无论规模大小，其外观轮廓均由台基、屋身、屋顶三部分组成，如图1-13所示。

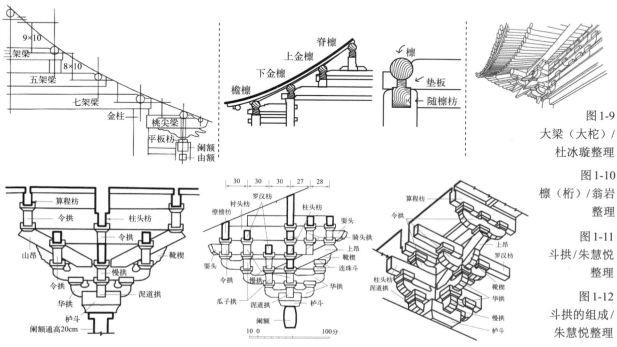

图1-9　大梁（大栿）/ 杜冰璇整理

图1-10　檩（桁）/ 翁岩整理

图1-11　斗拱/朱慧悦整理

图1-12　斗拱的组成/朱慧悦整理

1.台基

台基在下部，由砖石砌筑，承托着整座房屋，如图1-14所示。中国古代建筑中的台基一般分为两类：一类是普遍的台基，其构造是四面为砖墙，进而填土夯实，上面铺砖（称为墁地）的台子，如图1-15所示；另一类是须弥座台基，是带有雕刻线脚的石台基，多用在较大和较重要的建筑物上，如图1-16所示。

台基处辅以踏道和栏杆。踏道是用于解决高差的交通设施，有阶梯形踏步和坡道两种形式。辇道是坡度平缓用于行车的坡道，常与踏道组合在一起。后逐渐被雕刻上云龙水浪，成为装饰构件，如图1-17所示。栏杆，也称勾栏，一般由望柱、寻杖、栏板（阑版）等组成。图1-18所示是清式勾栏及其构造。

2.屋身

屋身由木制柱枋作骨架，墙体作围护结构，其间安装门窗。我国古

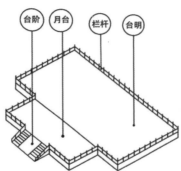

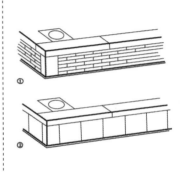

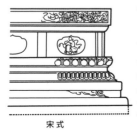

宋式

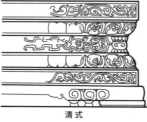

清式

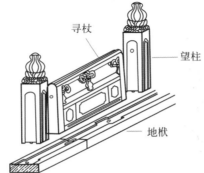

寻杖

望柱

地栿

代的墙根据材料主要分为土、砖石墙；根据墙壁的性质和部位主要分为山墙、檐墙、槛墙、照壁、八字墙、屏风墙、隔断墙等。

（1）山墙　是位于建筑物两端的墙体。上部基本呈三角形，称为山花，如图1-19所示。古建筑为了防火，常将山墙做成防火山墙（山墙高出屋面）。在南方很多地方，为了使建筑看起来美观而不呆板，常做成马头墙的形式，防火山墙随着屋面层层跌落，呈阶梯式，看起来类似马头，如图1-20所示。

（2）檐墙　处于檐柱之间的墙叫作檐墙，有前檐墙和后檐墙之分。前檐墙多使用门窗装修，而后檐墙则为普遍砌筑。

（3）槛墙　在有窗子的建筑墙面上，由地面到窗槛下的矮墙叫作槛墙，如图1-21所示。

（4）照壁　又称影壁，是处于建筑或院落大门的里面或外面的一堵墙壁，面对大门主要起屏障和装饰作用，如图1-22所示。

3.屋顶

屋顶以木梁架为骨架，上面覆盖青灰瓦或琉璃瓦，并形成柔和的屋面曲线和屋角起翘。这是中国古代建筑外观形象上最显著的标志，西方人称誉中国建筑的屋顶是中国建筑的冠冕。在中国建筑中，中原文化的现实主义和楚文化的浪漫主义表现在屋顶的设计中。北方建筑以其平缓、敦实的屋顶风格展现了现实主义的特征，这种设计风格体现了对实用性和稳固性的追求，强调建筑物在北方严寒气候中的耐久性。相比之下，南方建筑中展现了楚文化最初的浪漫气质，如湖南的"猫弓背"屋顶（图1-23），这种独特的建筑造型在全国范围内是独一无二的。

中国建筑中传统的屋顶形式有庑殿顶、歇山顶、盝顶、悬山顶、硬山顶、攒尖顶等，每种形式又有单檐、重檐之分，并可组合成多种形式，如图1-24、图1-25所示。屋顶的等级秩序如下：重檐庑殿顶＞重檐歇山顶＞

图 1-19
故宫山花结带/翁岩
拍摄

图 1-20
徽州马头墙/杜冰璇
拍摄

图 1-21
殿屋屋身的围护构成/
翁岩整理

图 1-22
北海九龙壁（局部）/
杜冰璇拍摄

图 1-23
猫弓背

图 1-24
正式建筑的屋顶/杜冰
璇整理

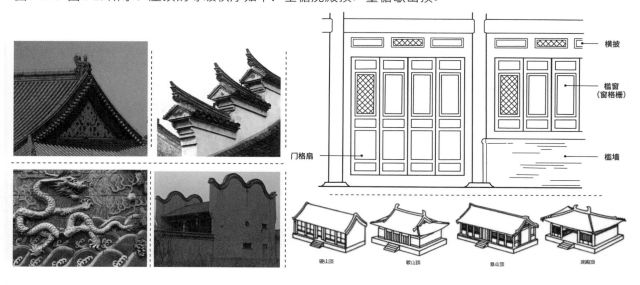

单檐庑殿顶＞单檐歇山顶＞悬山顶＞硬山顶。

（1）庑殿顶和歇山顶　庑殿顶和歇山顶作为建筑屋顶的两种最高等级式样，均表现出四面坡的特征。庑殿顶和歇山顶还可以进一步划分为单檐和重檐两种不同的形式，丰富了它们的设计变化和应用场景。北京故宫的太和殿作为国内最大、等级最高的殿堂之一，采用了重檐庑殿的屋顶形式。这种屋顶设计的多样性不仅展现了建筑的审美变化，同时也呈现了建筑等级制度的显著特征，如图1-26所示。歇山顶的特征在于，正面观察时，两侧的坡线首先竖直向上，然后逐渐形成斜坡。这两个竖直向上的部分构成了两个三角形，通常被称为"山花"，而下部则呈现出坡状的形态。歇山顶根据设计形式也可以分为单檐歇山和重檐歇山。以西安城墙南门的建筑为例，南门前的箭楼采用了单檐歇山设计，而后面的城楼则采用了重檐歇山的形式。

（2）悬山顶和硬山顶　悬山顶是指屋顶由两坡组成，两侧的坡顶悬出山墙外，形成悬挑的效果。在这种结构中，两侧的墙被称为"山墙"。硬山顶也是由两坡构成，但当坡到达端头的山墙时，不再悬挑出来，而是停在山墙的顶端。因此，悬山顶和硬山顶的主要区别在于坡顶是否悬挑出山墙外。这些屋顶设计的不同形式不仅是建筑结构的技术选择，也是文化和审美观念的体现。

（3）攒尖顶　攒尖顶是指亭子或建筑物的屋顶结构，其特点是多个屋脊汇聚于一个尖顶之上。攒尖的形状可以有不同的变化，包括四角攒尖、六角攒尖、八角攒尖等，这些形状分别对应着亭子平面的不同设计。在一些特殊情况下，还可以看到圆形攒尖的设计，例如北京天坛。这种屋顶造型为建筑物赋予了独特的外观特点，不仅呈现出艺术美感，同时也反映了中国建筑注重形式美学的传统。攒尖的设计常常与建筑物的宗教、文化或历史内涵相联系，为建筑物赋予了象征性的意义。

（4）卷棚顶　卷棚顶是一种独特的屋顶设计，其特征在于没有屋脊，而是采用一侧坡呈现弧形状。这一屋顶造型与传统有屋脊的设计形式明显不同。卷棚顶呈现出更为秀丽的曲线形状，相较于有屋脊的屋顶，卷棚顶显得更加轻盈和秀美。这种屋顶形式在园林建筑中较为常见，为建筑物赋予了一种雅致的外观。它的设计不仅注重建筑物的实用性和结构稳定性，同时强调了其艺术美感。其曲线状的设计既为建筑物增添了柔美的线条，也为整体造型注入了一份独特的灵动感。

（5）盔顶　盔顶是一种独特的屋顶设计，其形状呈现出一种向上拱起再向下凹陷的曲线轮廓，类似于古代武士的头盔，因此得名"盔顶"。由于其相对较高的制作难度，盔顶设计在建筑中较为罕见，岳阳楼和张飞庙是中国现存的两个大型盔顶建筑的代表。

（6）盝顶　盝顶是一种独特的建筑屋顶形式，相较于普通的两坡屋顶，它四周保留四条屋脊并在中间设置平顶，使得建筑的屋顶形状更加独

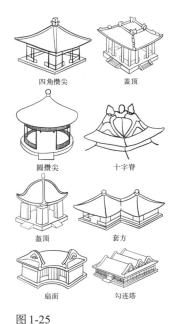

四角攒尖　　盖顶

圆攒尖　　十字脊

盝顶　　套方

扇面　　勾连搭

图1-25
杂式建筑的屋顶/
翁岩整理

特。盝顶以其复杂的结构和层次感使得建筑显得庄严肃穆，特别适用于举行重要仪式的场所，例如祭祖场所。

二、开间与进深

　　木构架结构的柱子是平面上的重要元素，四根柱子围成的面积称为"间"，建筑物的大小就以间的大小和多少来决定。间是木构架建筑平面、空间和结构的基本单元。古建筑正面相邻檐柱之间的距离称为"面阔"（开间），各开间之和称为"通面阔"。间数一般为单数，并有非常严格的等级制度。九间或十一间只能用于十分尊贵的建筑，如明清太和殿、唐含元殿等，如图1-27所示；五、七间则用于普通的宫殿、庙宇、官署等；三间用于普通的民宅。间的名称从中间到两边分别称为"明间""次间""稍间""尽间"。

　　屋架上相邻檩之间的距离称为"步"（进深），各步之和称为"通进深"，通常以建筑侧面间数表示通进深。

　　单体建筑的平面形式除长方形外，还有正方形、圆形、十字形等，园林建筑中还有六角形、八角形、扇面形等多种多样的形式，以满足观赏和休息的要求，如图1-28所示。

　　空间上的"间"往往指间架含义，是指对应平面一间的空间构架，是由柱子、梁、枋、檩、椽等构件共同组成的。

图1-26
屋顶等级

图1-27
最高规格的太和殿十一开间/朱慧悦整理

图1-28
单体建筑平面形式/
翁岩整理

三角攒尖

四角攒尖

圆攒尖

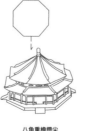
扇面

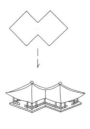
八角重檐攒尖

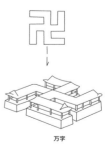
套方　　万字

第三节　中国古代建筑群体的特征

中国古代建筑如宫殿、庙宇、住宅等，一般都是由单体建筑与围墙、廊等围合成院落，再由院落组成建筑群。这种建筑群体的组合除了受地形条件的限制或特殊功能要求（如园林建筑）外，成为各类建筑共同的组合原则。

一、以院落为组合单元

院落作为建筑群体的组合单元，往往以院子为中心布置建筑物，每个建筑物的正面均面向院子，并设置门窗。主要的建筑物多面南居中布置，称为正殿或正房；其两侧可加套间，称为耳房；正房与院门之间可用院墙或廊围合，也可在正房前东西两侧对称布置配殿或厢房；前面为院墙及门，称为三合院。若前面也建房屋，则称为四合院。

若干个院落组合起来，就可形成规模较大的建筑群，图1-29所示就是典型的多进院落的北京四合院。

二、纵深布局

中国古代建筑群体的组合主要是沿纵深方向布局。沿一条纵深的路线，对称（或不对称）布置一连串形状与大小不同的院落和建筑物，从而烘托出种种不同的环境氛围。同时借助于建筑群体的有机组合和烘托，使主体建筑显得格外宏伟壮丽。这种布局方式自从奴隶社会时期已见雏形，经唐宋发展成熟，明清时更加纯熟。北京故宫、明十三陵等都体现了这种群体组合的原则，显示了我国古代建筑在群体布局上的卓越成就。

当建筑群体规模较大、内容复杂、功能多样时，通常将纵轴线延伸，并横向展开，组成三、五条轴线并列的组合群体。最庄重严肃的场所，如礼制建筑，则纵横轴线方向都采用对称布局形式。园林建筑多采用自由灵活的不对称布局形式。

第四节　中国古代建筑装饰的特征

中国古代建筑上的装饰细部大部分是梁枋、斗拱、檩椽等结构构件经过艺术加工而发挥其装饰作用

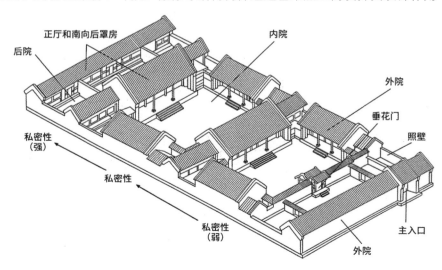

图1-29
多进四合院鸟瞰/翁岩
整理

的。中国古代建筑还综合运用了我国工艺美术以及绘画、雕刻、书法等方面的卓越成就，丰富多彩、变化无穷，具有我国浓厚的传统民族风格。图1-30所示是孔庙大成殿前檐石刻龙柱装饰。

一、门窗

古代门窗有很多的类型，特别是门，都是按照一定的礼仪制度设置的，所以门在古代是身份和地位的象征。

1.门

在中国古代建筑中，门大概可以分为两类。一类是作为建筑物自身的一个组成部分的门，如城门、入口大门、垂花门等，这种门多以单体建筑的形式出现，这类门的门扇多选用版门的形式。另一类则是作为建筑的一个构件，如房门、隔扇门等，房门多以隔扇门形式为主。

按照等级的高低，大门可以分为多种类型，如广亮大门、金柱大门、蛮子门、如意门、垂花门、乌头门等多种，如图1-31所示。

（1）版门　有棋盘版门和镜面版门两种形式。版门上往往以门钉和铺首为装饰。

（2）隔扇门　是以隔扇作为门扇的门，唐代已有，宋以后广泛使用。隔扇门一般先用方木做成框架，框架内就是隔扇。隔扇一般分为上、中、下三段，上为隔心（也称为花心），是隔扇的主要部分，高度约占隔扇高度的3/5，是整个隔扇雕饰最为精美的部位，内容丰富，纹式多样；中为绦环板，下为裙板，也是重要装饰部位，常施以雕饰，如图1-32所示。

（3）罩　分隔室内空间的装修，就是在柱子之间做各种形式的木花格或雕刻，使得两边的空间连通又分割，常用在较大的住宅或殿堂中。常用硬木浮雕或透雕成几何图案或动植物、神话故事等，在室内起隔断空间的装饰作用，如图1-33所示。

2.窗

窗，早期称为"囱"，后来又称为"牖"。窗的形式主要有直棂窗、槛窗、支摘窗和漏窗等，如图1-34所示。

（1）直棂窗　是用直棂条在窗框内竖向排列犹如栅栏的窗子，是最简单的一种窗子。

（2）槛窗　是一种形制较高级的窗，常用于殿堂，也用于大型的住宅和寺庙、祠堂等。本质上说是一种隔扇窗，只是少了隔扇门的裙板部分。多与隔扇门连用，以使建筑外立面协调统一。

（3）支摘窗　是一种可以支起或摘下的窗子。一般分为上、下两段，上段可以推出支起，下段则可以摘下。

（4）漏窗　也叫花窗，形式较为自由，空透，不能开启，多用于园林

图1-30
曲阜孔庙大成殿前檐石刻龙柱/翁岩拍摄

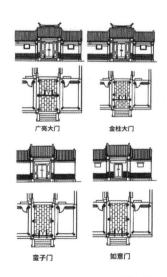

图1-31
典型大门样式/朱慧悦整理

和住宅中。此外，漏窗图案多姿多彩，具有很好的装饰效果。

漏窗和花窗被视为一种独特的艺术表达手法，为建筑赋予了独特的审美价值。以安徽的徽州民居小院为例（图1-35），小院墙壁上的漏窗以及雕刻精美的花窗，都展现了中国人对自然之美的独特欣赏。漏窗通过雕琢出精致的图案，既实现了采光通风的功能，同时又为墙体增添了艺术性的装饰。花窗则以其雕刻精美的花卉图案，不仅使得光线在进入建筑内部时呈现出独特的光影效果，还为建筑注入了浓厚的文化氛围。这种艺术性的窗户设计为徽州民居小院创造了精致而独特的园林景观，体现了中国传统建筑注重艺术细节的设计理念。在文人艺术家的居所中，漏窗和花窗的运用同样是一种常见而重要的文化追求。

在浙江绍兴著名的明代画家徐渭的私家住宅中，他通过在建筑中设置漏窗和精致的花窗，点缀住宅环境，展现了对自然之美的独特品位。这种文人居所的设计并不以豪华为主，而是巧妙地将自然美融入建筑和庭院，营造出充满高雅艺术氛围的居住环境，如图1-36、图1-37所示。徐渭在自家住宅旁边打造的小巧园林，以及书房周围的小院子和融入水景的设计，都彰显了对自然景色的深刻理解与喜爱。书房一侧的窗户设计，能够直接欣赏到小水池的景致（图1-38），展示了对自然美的极致追求。这种巧妙的

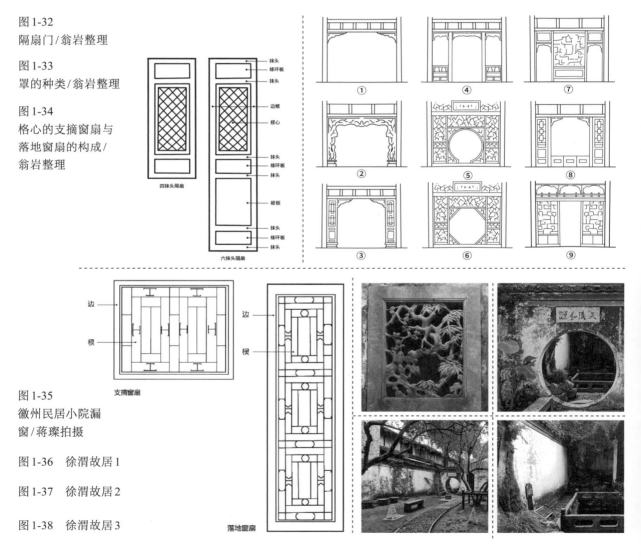

图1-32
隔扇门/翁岩整理

图1-33
罩的种类/翁岩整理

图1-34
格心的支摘窗扇与
落地窗扇的构成/
翁岩整理

图1-35
徽州民居小院漏
窗/蒋璨拍摄

图1-36　徐渭故居1

图1-37　徐渭故居2

图1-38　徐渭故居3

布局不仅为书房增添了宜人的景致，也体现了自然与建筑的巧妙结合。园中一角长有一株年代超过300年的古藤，藤蔓紧贴墙面向上攀爬，为小屋赋予了别样的名字——"青藤书屋"。这样的景观布局体现了文人艺术家对于自然美的独特品位，其住宅虽不豪华，却散发着高雅的艺术氛围。

二、屋顶装饰

瑞兽一般用在古代建筑坡屋顶的各种脊部，如正脊和各条垂脊上面，起装饰屋顶的作用。

1.走兽

走兽在屋角上，实际作用是保护瓦钉的钉帽，后来被赋予了装饰和等级作用，如图1-39所示。唐宋时，屋角的位置上只有一枚兽头，以后逐渐增加了2～8枚蹲兽。清代规定，屋角是仙人骑凤，之后依次为龙、凤、狮子、天马、海马、狻猊、押鱼、獬豸、斗牛、行什。走兽的多少与建筑规模和等级有关，数目必须是一、三、五、七、九、十一这些单数。中国建筑中只有太和殿用满了十枚走兽（不计仙人骑凤），其他建筑都少于此数。

2.吻兽

吻兽最早称为鸱尾，它的位置在正脊的两端，最早的记载见于西汉武帝时，反映在壁画和雕刻上则出自北魏至隋、唐的石窟和陵墓。早期鸱尾的外形和装饰都较简单，尾尖向内倾，外侧是鳍状纹饰。中唐及辽代鸱尾下部出现张口的兽头，尾部逐渐向鱼尾过渡。元代鸱尾向外卷曲，有的已改称鸱吻。明清时鸱吻已变成龙头，背上出现剑把，名称也改为兽吻或大吻，如图1-40所示。

吻兽在南方屋顶装饰中具有特殊的地位，具有避火的作用。相比之下，北方屋顶装饰通常呈现沉重而坚实的特质，以鸱吻装饰为代表。北方和南方的吻兽都以龙头张开嘴巴咬住屋脊的形象为主要特征，这一形象的创作反映了人们对神兽的敬畏，同时也表达了对建筑安全的关切。

有趣的是，在吻兽的脖颈后方插入宝剑，是人们为了防止吻兽将屋脊

图1-39
故宫走兽/周承君拍摄

图1-40
太和殿正吻

吞噬。在南方，一些地方将真实的铁宝剑直接安置在屋顶，而北方则倾向于使用琉璃制成的较短的剑柄插入吻兽后方。尽管两者都使用宝剑作为共同的元素，但制作方式和风格上存在差异。

南方的石雕通常更为精细、浪漫，而北方的石雕则呈现出粗犷、厚重的特质，符合各自地区的时代风格。此外，北方和南方的园林风格也呈现出差异。北方园林注重实用，具有敦实的特质；而南方园林更注重精致、华丽和花哨。这种差异体现了两个地区在文化审美和建筑设计上的独特风格，为中国建筑艺术丰富多彩的发展历程增添了丰富的层次。

三、天花和藻井

天花是建筑物内用以遮蔽梁架的构件，藻井则是一种高级的天花形式，是天花向上凹进的部分。

1.天花

天花做法主要有两种：一是在梁下用天花枋组成木框，框内放置密而小的木方格，称作平闇，见于山西五台山佛光寺大殿和天津蓟州区独乐寺观音阁；二是在木框间放较大的木板，板下施以彩绘或贴上有彩色图案的纸，称作平棋，宋以后使用较多，如图1-41所示。

2.藻井

藻井一般用在重要殿堂明间的正中，如帝王宝座、神佛像座上方，形式有方形、矩形、八角形、圆形等，上有雕刻或彩绘，如图1-42所示。名为"藻井"，含有五行以水克火、预防火灾之意。

四、色彩

色彩的使用也是我国古代建筑显著的特征之一，宫殿、庙宇中黄色琉璃瓦顶，朱红色屋身，檐下阴影里用蓝绿色略加点金，再衬以白色石台基，轮廓鲜明、富丽堂皇。一般住宅中用青灰色的砖墙瓦顶，或用粉墙瓦檐，木柱、梁枋、门窗等多用黑色、褐色或木本色，显得十分雅致。

1.常用色及等级

色彩的使用主要是彩绘。彩绘具有装饰、标志、保护、象征等多方面的作用。常用的色彩有青、赤、黄、黑、白等。从西周开始，色彩的使用就已经有严格的等级制度，至明清时期，色彩以红、黄为尊，青、绿次之，黑、灰最下。

2.彩画和壁画

彩画和壁画作为两种独特的艺术手法，尽管二者在表面上都通过绘画实现，但实际上涉及截然不同的技术和装饰场景。彩画主要应用于建筑构件，特别是木质结构的表面，通过手工绘制图案，取代传统的油漆，成为一种既具有装饰效果又具备保护功能的艺术手法。这些装饰着重强调了建筑构件的局部细节，通过规则和有序的图案，呈现出对称和协调的美感，为建筑注入了独特的艺术氛围。在彩画中，绘制的图案通常在建筑元素的关键位置，如梁的两端和中央，形成点、线、面的艺术呈现。

壁画的应用范围不受限于建筑构件，而是覆盖整个墙面。壁画呈现为一整幅画面，能够描绘更为复杂的场景，包括山水、人物、飞禽走兽等多样主题。与彩画不同，壁画通过自由而大胆的表达方式，将整个墙面视为艺术画布，展现了更为广泛和富有创意的艺术可能性。壁画不仅能够描绘细致入微的情节，还能够通过整体性的设计构建出丰富的视觉场景，这种形式的艺术表达更加灵活，能够在大面积的墙壁上创造出令人惊叹的视觉效果，如永乐宫中的壁画（图1-43）。

永乐宫最初位于山西永济县，因三门峡水库的兴建而被搬迁至今天的芮城县。作为元代的一座道教建筑，永乐宫以其华丽的建筑风格而著称，而殿堂内的壁画更被认为是中国美术史上的珍贵瑰宝，是最为著名的中国壁画之一。永乐宫的壁画布满整个殿堂的三面巨大墙面，生动细致地描绘了各种道教神祇，呈现出多姿多彩的人物神态。在壁画中神祇形象栩栩如生、神态各异，呈现出浓厚的宗教氛围和神秘的艺术表现。

彩画以规则图案为主要特征，通过不同等级的技法，如和玺彩画、旋子彩画、苏式彩画等，广泛应用于建筑的各个部位，如斗拱、梁头等，以规律有序的方式进行装饰。在颐和园昆明湖前的长廊中，建筑构件上绘制了丰富多彩的苏式彩画，展现了园林中常见的装饰手法。此外，在建筑屋顶的天花、藻井上，同样常见以彩画图案进行装饰。彩画以其规则的图案和多样的技法，使得建筑表面呈现出丰富而有序的视觉效果。在建筑装饰中，不同等级的彩画形成了多层次、多元化的艺术呈现，为建筑注入了独特的美感。

彩画是我国建筑装饰中的一个重要部分，所谓"雕梁画栋"正是形容我国古代建筑这一特色。彩画多出现于内外檐的梁枋、斗拱，以及室内天花、藻井和柱头上。彩画的构图都密切结合构件本身的形式，将梁枋分为大致相等的三段，中段称为枋心，左右两段的外端称为箍头，枋心和箍头之间称为藻头，如图1-44所示。整个彩画绘制精巧，色彩丰富。

明清时期最常用的彩画种类有和玺彩画、旋子彩画和苏式彩画三类。

（1）和玺彩画　和玺彩画是形式最为高级、最为尊贵的彩画，主要用于宫殿、坛庙等大型建筑物的主殿。主要特征是梁枋上的各个部位是用"Σ"形线条分开，主要线条全部沥粉贴金，金线一侧衬白粉或加晕，用青、绿、红三种底色衬托金色，看起来非常华贵。和玺彩画常用的主题是龙、凤、宝珠和云，如图1-45所示。

图1-41
天花/周承君拍摄

图1-42
太和殿藻井/周承君拍摄

图1-43
永乐宫壁画/蒋璨拍摄

（2）旋子彩画　旋子彩画是仅次于和玺彩画的形式，是明清官式建筑中运用最为广泛的绘画类型。旋子彩画最大的特点是使用了带卷涡纹的花瓣（旋子）。在旋子彩画内，根据用金子的多少和颜色的不同也有许多等级之分。旋子彩画常用的主题内容是锦纹、花卉、西番莲、牡丹、几何图形，如图1-46所示。

（3）苏式彩画　苏式彩画是应用得比较广泛的民用彩画，一般用于住宅、园林。枋心以山水、花卉、禽鸟为主题，绘山水风景、人物故事、花鸟鱼虫等。两边用半圆形框起，此形象被建筑家称作"包袱"，所以又称为"包袱彩画"。基本不用金，苏式彩画的箍头多用联珠、万字、回纹，如图1-47所示。

彩画和壁画作为涉及绘画技巧的装饰手法，在建筑中呈现出不同的特色。彩画通过规则图案在建筑构件上展示对称有序的美感，而壁画则更注重整体性和自由创意，以大面积的墙壁为画布，表达更为复杂的艺术场景。

五、雕饰

雕饰是中国古代建筑艺术的重要组成部分，包括墙壁上的砖雕、台基石栏杆上的石雕，以及金、银、铜、铁等建筑饰物。雕饰的题材内容十分丰富，有动植物花纹、人物形象、戏剧场面及历史传说故事等。北京故宫保和殿后台基上的一块陛石，雕刻着精美的龙凤花纹，重达200吨。在古建筑的室内外还有许多雕刻艺术品，包括寺庙内的佛像以及陵墓前的石人、石兽等。

深度阅读
和玺彩画

深度阅读
旋子彩画

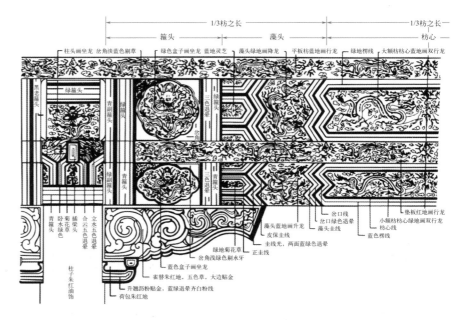

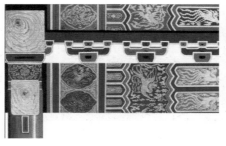

图1-44
梁枋三大段/朱慧悦
整理

图1-45
凤和玺彩画

图1-46
墨线大点金旋子彩画

中国建筑装饰艺术以其独特的特点，尤其是"金碧辉煌"和"雕梁画栋"两大特征，形成了富丽堂皇的建筑风格。虽然"金碧辉煌"常常被用于描述皇家建筑，但这种装饰手法同样广泛应用于寻常百姓的住宅，凸显了古代中国对建筑装饰的高度重视。建筑在古代中国不仅仅被视为居住空间，更是生活环境的重要组成部分，因此注重通过精心装饰来美化生活环境。"雕梁画栋"作为一种常见的装饰手法，通过对建筑梁和栋的精致雕刻，呈现出丰富多彩的图案，包括花草、动物、神话故事等元素。这些精美的雕刻不仅令建筑结构更具艺术氛围，同时也承载了深厚的文化传统和审美理念。每一处雕刻不仅是对建筑的装点，更是对历史、信仰和文学的寓意表达。这种雕刻手法的广泛运用使得建筑不仅是实用性的构造，更成为艺术的杰作。

中国古代建筑的装饰呈现出丰富多样的技艺，其中以"建筑三雕"为代表，包括木雕、砖雕和石雕。这三种主要的雕刻手法在古代建筑中发挥着至关重要的装饰作用。木雕通过对木质结构的精细雕刻，创造出各种富有艺术感的花纹、图案，丰富了建筑的表面层次，增添了建筑的审美价值。砖雕和石雕则通过在建筑表面雕刻砖块和石材，塑造出精美的浮雕、高浮雕等装饰，展示了建筑的工艺水平和雕刻技艺。这些雕刻作品既为建筑注入了艺术灵魂，又通过图案、花纹等元素传递了深厚的文化内涵。

1. 木雕

木雕在中国传统建筑中得以广泛应用，其广泛性源于中国建筑木结构的主导地位。这一装饰手法不局限于门窗、栏杆等显眼的建筑构件，还扩展至一些不起眼的角落里。在传统建筑中，这些装饰元素通常集中于建筑的结合部位，例如柱与梁的交汇处等关键位置。这些木雕装饰不仅仅是对建筑结构的单纯装点，更是文化、艺术的抒发。通过对木结构的梁进行雕刻，建筑得以呈现出更为精致和独特的艺术面貌。这些雕刻元素既在形式上追求对称和协调，又通过具体的图案、花纹等传达着深刻的文化内涵，反映了中国传统建筑注重细节和整体协调的审美理念。

在中国古代建筑中，工艺上的差异产生了建筑制作过程中不同工种、工序的区分，即大木作和小木作。这种区分基于对建筑结构和细部构件的不同加工需求，将建筑制作过程划分为两个主要部分。大木作涵盖了建筑的主体结构，包括柱、梁等重要构件的制作，这些构件构成了建筑的骨架和支撑系统，因此被统称为大木作。小木作则包括门窗、栏杆、天花、藻井等细部构件，这些构件通常具有更为丰富的装饰性，木雕技艺得到了更为深入的应用，成为建筑装饰的焦点之一。这些细部构件的雕刻不仅注重形式美学，更在图案、花纹中融入丰富的文化内涵，使其不仅仅是装点建筑的手法，更成为文化传承和审美表达的媒介。

位于开封的山陕甘会馆中的木雕装饰展现了高度复杂的木头雕刻花纹，其采用了透雕的独特技法，创造出鲜明的立体效果。与传统的浮雕有所不同，这种透雕技法通过巧妙雕琢木质材料，使得雕刻作品呈现出更为真实的空间感，为观者呈现出一种栩栩如生的美感，如图1-48所示。这些木雕作品在呈现精湛雕工的同时，还运用了彩色的装饰，这在传统的木雕中相对罕见。通常情况下，中国古代建筑注重线

图1-47
苏式彩画

图1-48
山陕甘会馆木雕/山棋羽
拍摄

条和立体感的表达，而多数木雕并不上色，通过雕刻的形式来呈现建筑的美感。然而，山陕甘会馆的木雕采用了彩色的装饰，这种做法凸显了雕刻工艺的精湛程度，并赋予建筑更为华丽的外观。尽管这种上色的方式可能在一定程度上减弱了立体感，但为建筑注入了一份奢华和独特之美，凸显了会馆的豪华氛围。

挂落作为一种常见的木雕装饰构件，通常位于两根柱子之间，以横向延伸的形式进行装饰。无论是在会馆还是百姓住宅中，挂落的制作都表现出古代建筑师对细节的精益求精，如图1-49所示。其精致的制作不仅为建筑结构增添了层次感，更凸显了古人对建筑艺术的严谨态度。

门簪毡也是一种独特的木雕装饰，常见于古代民居的门上方。它由两个圆形或方形的雕刻艺术品组成，用于悬挂匾额。在中国古代建筑中，大门上的匾额通常是由巨大而沉重的木制匾额构成，因其重量较大，简单地使用两个钉子挂起并不足以支撑，因此需要经过结构坚固的构件支撑，以确保匾额稳固地悬挂在门前。这种门簪毡的设计体现了对建筑细部的精致关注，不仅在艺术造型上展现了雕工的高超技艺，同时在结构上保障了匾额的安全悬挂（图1-50）。

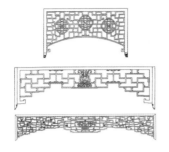

图1-49
挂落

图1-50
门簪毡/杜冰璇拍摄

2. 砖雕

砖雕是中国古代建筑中一项卓越的装饰工艺，其材质与青砖相符，是在雕刻完成后进行烧制的一种精湛工艺。常见于建筑的显著位置，装点建筑的墙头、墙端、墙根，甚至整个墙面。砖雕内容丰富多样，包括人物故事、飞禽走兽等多种主题。其雕刻手法也呈现多样性，包括深刻的高浮雕、透雕和圆雕，以及较浅的浅浮雕和线刻等。在青砖建筑中，特别是在一些较为豪华的四合院，砖雕被广泛运用于墙头、墙端和墙面的装饰，为建筑增色不少。在全国各地的建筑中也能见到大量精致的砖雕，但是各地的装饰风格可能存在一些微妙的差异。在山陕甘会馆，北方风格的砖雕呈现出粗犷豪放之美（图1-51），江苏省苏州市吴江区同里镇的陈氏旧宅则展示了南方砖雕的细腻和精致，其雕绘的人物故事场景生动立体。这些砖雕作品集中展示了中国古代建筑中多元而丰富的装饰艺术，反映了地域文化差异的魅力。

3. 石雕

石雕作为中国古代建筑中广泛采用的装饰手法之一，与木雕、砖雕共同构成了古建筑的"三雕"体系。其主要以石材为材料，常见于高级别建筑和一些民居豪宅中。石雕的显著优势在于其对风雨侵蚀的耐久性，因此广泛用于露天场所，如门前的墩石、露台栏杆以及大型殿堂前的斜坡道上的"丹墀"等位置。

在庙宇建筑中，石雕作为一种重要的装饰手法，常见于柱子等结构上，为建筑增色添彩。山东曲阜的孔庙是庙宇建筑中的杰出代表，孔庙作

图1-51
山陕甘会馆砖雕/钟坤辰拍摄

为儒家学派创始人孔子的祭祀场所，其建筑装饰不仅反映了对儒家思想的崇敬，也展现了独特的石雕艺术之美。尤其是孔庙内的石雕龙柱，这些石雕装饰不仅豪华而精致，更在全国范围内独具特色，被誉为中国最卓越的石雕之一（图1-52）。湖南怀化的芷江天后宫作为福建人在当地建立的会馆，深刻体现了地域文化在建筑艺术中的独特表达，该会馆内的石雕牌楼堂皇而雄伟，为其建筑风格注入了独特的气息。这座牌楼高14.6米、宽6.3米，采用了庑殿顶的门楼形状，其楼顶飞檐处雕刻着12条金鲤，呈现出庄重华丽的风格。在明间顶楼正脊中央，艺术家巧妙地雕刻了攒尖宝葫芦，凸显了独特的造型设计。在明间楼檐下，正中位置嵌有五龙拱圣竖匾，牌楼匾额上的"天后宫"三个大字，以浑厚圆润的书法风格书写，凸显了文化传统的艺术表达。整个牌楼通过精湛的雕刻工艺和独特的设计，生动地展示了福建地域文化（图1-53）。

福建泉州的杨阿苗故居，作为一处富有历史沧桑的建筑，展现了古代大官吏的豪华生活和建筑艺术的高度。故居的墙面石雕，特别是延伸至墙角的装饰，采用了当地独有的灰绿石材。这种石材质地细腻，带有微妙的绿色，犹如玉石般，雕刻工艺十分精湛。这一装饰风格凸显了福建地区独特的文化传统，同时也体现了建筑主人对于生活品质和艺术表达的追求。湖南双牌县坦田村的老宅子同样展现出精美的石雕装饰，甚至在对联上也能见到雕刻的踪迹。这些古老建筑上的石雕不仅仅是简单的装饰元素，更是对历史的生动诠释。通过对石雕的巧妙雕琢，建筑不仅得以美化，还呈现出时代的痕迹和文化的积淀。

在中国古代建筑的墙角转弯处，常常矗立着一根石柱，这不仅具有装饰的功能，同时还兼具实用的保护作用。这一设计的背后考虑到了墙角是建筑最容易受损的位置，容易遭受人和马车碰撞的危险。这些石柱往往经过精心雕琢，进行精美的石雕装饰，成为古建筑中不可或缺的装饰元素。在这些关键位置设置石柱，既能实现装饰效果，又能有效地保护墙角免受损坏。石柱的雕刻内容丰富多样，包括各种图案、花纹，甚至可融入传统文化和历史故事。这种装饰不仅在形式上丰富了建筑的外观，同时也为古建筑增添了独特的文化内涵。

木雕以其细腻的纹理和雕工为建筑注入自然之美，石雕则以坚实的材质展现雄奇之感，砖雕则通过精湛的雕刻技艺为建筑表面赋予立体的艺术效果。这三者的巧妙运用体现了古代建筑师对不同材质特性的熟练驾驭和对艺术表达的深刻理解。

图1-52
曲阜孔庙龙柱/翁岩
拍摄

图1-53
天后宫石雕牌楼堂/
杜冰璇拍摄

深度阅读
中国建筑的平面布局方式

深度阅读
琉璃装饰

第二章
中国古代建筑
的发展概况

在历史的演进与朝代的更替中，建筑也在不断发展，并在一定程度上反映了所处时期的社会经济、文化发展状况。中国古代建筑可根据其功能特征划分为多个类别，这些特征也随着历史的潮汐而悄然发展着。不同历史时期的文化、经济、技术、生活习俗、艺术审美风格等，对于中国古代建筑发展都有着重要影响和制约。而当今建筑怎样从历史长河中吸取养料，怎样兼容文化传统而又勇于创新，是我们需要深入思考的问题。

第二章要点概况

能力目标	知识要点	相关知识
熟悉中国古代建筑的发展概况，了解不同时期古代建筑的材料、工艺、技术、审美风格的发展成就	原始社会建筑的发展	原始人的居住方式，仰韶文化遗址、龙山文化遗址
	奴隶社会建筑的发展	夏、商、西周及春秋时期的建筑和装饰，及其材料、技术和艺术
	封建社会前期建筑的发展	战国、秦、汉、两晋、南北朝时期的建筑和装饰，及其材料、技术和艺术
	封建社会中期建筑的发展	隋、唐、五代、宋、辽、金时期的建筑和装饰，及其材料、技术和艺术
	封建社会后期建筑的发展	元、明、清时期的建筑和装饰，及其材料、技术和艺术

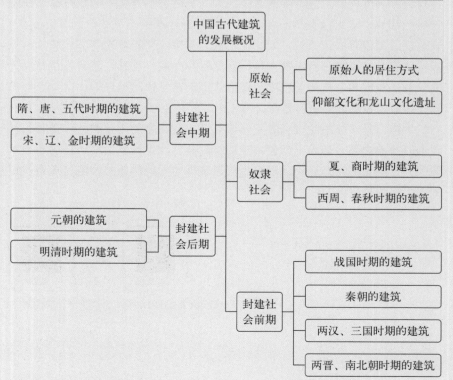

横跨河北赵县浚河上的安济桥，又名赵州桥，是在隋朝匠师李春的主持下于605～617年建造的。净跨37.02米，拱矢高7.23米，两肩各有两个小石券，是世界上现存最古老的敞肩桥。在结构上，大拱由28道宽34厘米的单券并列砌成。这种拱桥不仅可减轻桥的自重，增强主券的稳定性，而且能减少山洪对桥的冲击力。安济桥在技术、造型上都达到了很高的水平，是我国古代石建筑的瑰宝（图2-1）。

在中国建筑历史的长河中，经过原始社会、奴隶社会、封建社会的发展与变革，形成了自己独特的建筑结构体系和形式。每个历史阶段都有我们今天引以为豪的材料和技术的进步、结构的创举、理论的建树、睿智的巨匠和数不胜数的经典案例……

中华传统文化博大精深，它塑造了中华民族自强不息、厚德载物的精神品格，使中华民族屹立于世界的东方五千多年之久，仍然充满生机。本章我们上溯河的源头，探寻河的激流，横向纵向比较，思考不同时代的规律，希望引导大家去深度地解读。

第一节　原始社会的建筑

我国是世界上历史悠久、文化发展最早的国家之一。距今约50万年前的北京猿人已经较普遍学会借助天然山洞作为住所，这充分展示出我们祖先在建筑方面的创造才能。其后的仰韶文化和龙山文化遗址是我国古建筑的开端，是我国古代木构架建筑的基础。

一、原始人的居住方式

我国在大约六七千年前逐渐进入氏族社会，房屋遗址已大量出现。其中具有代表性的主要有两种：一种是长江流域多水地区所建的干阑式建筑，另一种是黄河流域的木骨泥墙房屋。

黄河流域有广阔而丰富的黄土层，土质均匀，便于挖洞。原始社会晚期，穴居成为这一区域广泛采用的居住方式。穴居经历了竖穴居、半穴居，最后到地面建筑三个阶段。地面建筑具有更好的实用性，最终成为建筑的主流。穴居的构造孕育了墙体和屋顶，木骨泥墙建筑的产生是原始人经验积累和技术提高的充分体现。

二、仰韶文化和龙山文化遗址

公元前5000～前3000年这段时期，黄河流域分布着许多大大小小的氏族部落。仰韶文化的氏族在黄河中游劳作生息，逐步进入母系氏族公社的繁荣阶段。仰韶文化时期，由于过着定居生活，出现了房屋和部落。最具代表性的遗迹是渭水流域的西安半坡遗址（图2-2）。仰韶房屋的平面有长方形和圆形两种。长方形的多为浅穴，圆形的一般建造在地面上。仰韶

图2-1
安济桥正面/周承君拍摄

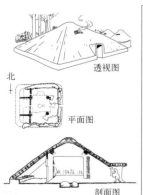

干阑式建筑最具代表性的
遗址是位于长江流域的浙
江余姚河姆渡遗址，距今
大约有六七千年。其木构
件遗物有柱、梁、枋、板
等，且许多构件上都带有
榫卯（图2-3）。这是我国
已知的最早使用榫卯技术
的一个实例，说明当时长
江中下游一带木结构建筑
的技术水平高于黄河流域。

图2-2
西安半坡遗址及F₁大房子
复原示意图/翁岩整理

图2-3
原始社会的榫卯构件/翁岩
整理

房屋墙体和屋顶多采用木骨架经扎结后涂泥的做法。为了承托屋顶中部的
重量，常在室内用木柱支撑。室内备有烧火的坑穴，屋顶设有排烟口。

龙山文化后期已进入父系氏族社会，包括多种不同的文化类型，它们
有着共同的文化特征。村落是那时龙山文化的特征之一。在建筑技术方面，
龙山文化时期广泛地使用光洁坚硬的白灰面层，使地面具有防潮、清洁和
明亮的效果。龙山文化遗址中还发现了土坯砖。

第二节　奴隶社会的建筑

我国的奴隶制社会从公元前21世纪～前476年，前后经历了夏、商、
西周及春秋时期前后约1600年。从夏朝开始，中国进入阶级社会。商朝已
经进入奴隶社会的成熟阶段，修建了大规模的宫室建筑群以及范围、台池
等。夯土及版筑技术是当时的一项创造，广泛用来筑城墙、高台及建筑物
的台基。土和木两种材料成为中国古代建筑工程的主要材料。周朝实行分
封制度，建立了许多诸侯国，建筑活动比以前更多。宫殿建筑已经形成了
"前朝后寝"以及门廊形制。陶瓦已用于屋面上。公元前770年的春秋时
期，对建筑提出了更高的使用要求，开始使用彩绘及雕刻等手段装饰美化
建筑。

一、夏、商时期的建筑

在公元前21世纪，中国历史上第一个朝代——夏朝的建立，标志着奴
隶制国家的诞生。到商朝时，夯土技术已趋向成熟，同时木构架技术也有
鲜明的发展与进步。

1.夏朝的建筑

夏朝活动的区域主要是黄河中下游一带，统治中心区是在嵩山附近的

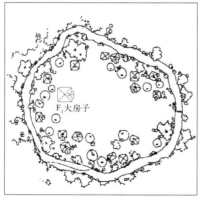

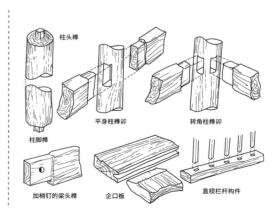

豫西一带。夏朝已开始使用铜器，修建城郭、沟池和宫室，河南偃师二里头一号宫殿遗址考古认定是夏朝的都城（图2-4）。河南登封告成镇王城岗发现的约4000年前的城址，包括东西紧靠在一起的两座城堡，筑城方法比较原始，是用卵石夯土筑成的。

2. 商朝的建筑

公元前17世纪建立的商朝是一个具有相当文化的奴隶制国家，以河南中部及北部的黄河两岸一带为中心。商朝青铜器已达到相当纯熟的程度，手工业专业化分工已很明显，同时产生了中国最早的文字——甲骨文。随着手工业的发展、生产工具的进步及大量奴隶劳动的集中，建筑技术水平也有了明显的提高。

商朝中期的城址现已发现了两座。一座是郑州商城，平面呈方形，城墙外沿陡峻，内沿平缓，是目前发现的建造年代最早的夯土城墙。有大面积的夯土台基，可能是宫殿、宗庙的遗址。城外散布着酿酒、冶铜、制陶等作坊，还有许多奴隶们居住的半穴居窝棚。

另一座是湖北武汉盘龙城遗址，筑城技术与郑州商城相同（图2-5）。城址选在高地上，临近水路，交通便利。城内有大面积夯土台基，三座建筑物平行列于其上，属宫殿建筑群。商朝建筑正处于我国古代木构架建筑体系初具形态的阶段，宫室建筑是奴隶主居住的场所，得以优先发展。

商朝的首都曾数次迁移，最后迁都于殷（今河南安阳）。宫室陆续建造，沿着与子午线大体一致的纵轴线，有主有从地组合较大的建筑群。后来中国封建时代的宫室常用的"前殿后寝"和纵深的对称式布局方法，在奴隶制的商朝后期宫室中已略具雏形了。

3. 夏、商时期建筑材料、技术和艺术

夏、商时期的宫室建筑中已开始使用人工材料。这一时期陶质材料和青铜制品在建筑上经常使用。在二里头遗址和殷墟遗址中已发现用作排水的陶管，这是我国卫生防护工程的一项创举。殷墟宫殿的青铜擎檐柱既起取平、防护作用，又具装饰效果。青铜锸是目前所知我国最早用于建筑上的金属材料。

在建筑技术上，夏商时期较原始社会有了相当的进步。夯土技术逐步应用到建筑中去，它不仅在功能上解决了地面防潮问题，而且在形式上使宫室显得高大威严。在宫室建筑中木柱的稳定有自己的特点，它是将木柱栽埋在夯土基内，柱底铺垫卵石，防止柱下沉，埋深为50～200厘米。在商朝遗址中还发现排水的水沟（图2-6）。

在建筑艺术上，商墓中发现有白玉雕琢的鸟兽，棺外表雕以花纹。这是我国已知最早的石雕作品。

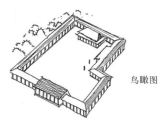

鸟瞰图

立面图

平面图

图2-4
偃师二里头一号
宫殿遗址

图2-5
盘龙城遗址/山棋羽
拍摄

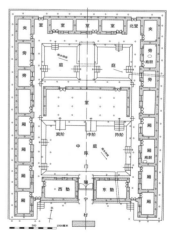

图2-6
凤雏西周建筑遗址
平面图/翁岩整理

小知识：西周的瓦

西周已出现板瓦、筒瓦、人字形断面的脊瓦和圆柱形瓦钉。这种瓦嵌固在屋面泥层上，解决了屋顶防雨防火问题，是中国古代建筑的一个重要进步（图2-9）。到西周中期，瓦的使用日渐增多，并且出现了半瓦当。在凤雏的西周建筑遗址中还发现了在夯土墙或坯墙上用的三合土（石灰＋细砂＋黄土）抹面，表面平整光洁。

图2-7
凤雏西周建筑遗址复原图/翁岩、钟坤辰整理

图2-8
江苏武进淹城遗址平面图和鸟瞰图/翁岩整理

图2-9
召陈建筑遗址的瓦件/翁岩整理

二、西周、春秋时期的建筑

公元前11世纪周灭商，建立西周，定都镐京（今陕西西安沣河一带）。文化的融合，对建筑的发展具有一定的促进作用。300余年后迁都洛邑（今河南洛阳），历称东周。东周的春秋时期是中国封建制度萌芽阶段，随着农业、手工业和商业的发展，推动和促进了建筑的发展。

1.西周时期的建筑

西周开国之初，曾掀起以周公营洛邑为代表的城市建设高潮。城墙高度、道路宽度以及各种重要建筑物都必须按等级来建造，突出表现了奴隶主贵族至高无上的地位和尊严。为了统治的需要，王宫位于城中心，围墙高筑，既便于防守，也有利于对全城的控制。可见周朝在城市总体布局上已形成了理论和制度，规划井井有条，这对我国城市建设传统的形成和发展具有深远的影响，在世界城市建设史上也有一定地位。

西周代表性建筑遗址有陕西岐山凤雏、召陈、云塘、齐镇四处建筑基址和湖北蕲春的干阑式木架建筑。图2-7是凤雏西周建筑遗址的复原图。

湖北蕲春西周木架建筑遗址散布在约5000平方米的范围内。建筑密度很高，遗址留有大量木板、木柱、方木及木楼梯残迹，故推测是干阑式建筑。类似的建筑遗址在附近地区及荆门市也有发现，因此干阑式木架结构建筑可能是西周时期长江中下游一种常见的居住建筑类型。

2.春秋时期的建筑

春秋时期（公元前770～前476年）各国之间战争频繁，于是夯土筑城成为当时各国必不可少的一项重要的国防工程，逐渐形成一套筑墙的标准方法。《考工记》中记载，墙高与基宽相等，顶宽为基宽的2/3，门墙的尺度以"版"为基数。图2-8所示是春秋时期江苏武进淹城遗址平面图和鸟瞰图。

诸侯国由于政治、军事上的要求和生活享乐的需要，建造了大量高台宫室。其基本方法是在城内夯筑高数米至十几米的若干座方形土台，四面有很大的侧脚向下延伸，然后在高台上建殿堂屋宇。

3.西周、春秋时期建筑材料、技术和艺术

西周、春秋时期建筑上的重要发展是瓦的出现以及普遍使用，考古发

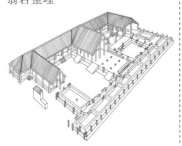

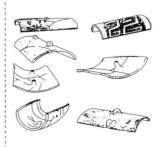

现了这一时期大量板瓦、筒瓦以及一部分半瓦当和全瓦当。

春秋时期筑城活动十分频繁，技术已十分完善，并形成了一套完备的方法。建筑装饰及色彩随着各诸侯国追求宫室的壮丽豪华，而日益向多样化发展。在建筑色彩上，西周十分丰富，但却有着严格的等级观念，如木构设色："天子丹，诸侯黝垩，大夫苍，士黈。"一般内墙作白色粉刷，宫室地面敷朱红色涂料。春秋时，建筑雕饰上出现了木雕和石雕，木构架建筑施彩画。还发现春秋时期的金釭，釭在西周时曾是加固木构节点的构件，发展至春秋时期已蜕变为壁柱、门窗上的装饰品（图2-10）。

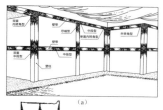

金釭纹饰

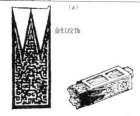

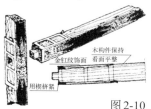

图2-10
凤翔出土的春秋铜构件——金釭

第三节　封建社会前期的建筑

封建社会前期自战国时期开始，至南北朝时期结束，即公元前475～公元589年，经1000余年的历史。这个时期是中国封建社会逐步确立新的生产关系的时期，生产工具已经进入铁器时代，木构建筑体系基本形成。战国时期，形成了许多工商云集的大城市，流行建造高台建筑。公元前221年秦始皇灭六国，开始了更大规模的建筑活动。两汉时期步入古代建筑发展的第一高潮，开始建造楼阁建筑。建筑屋顶形式多样化，砖、石及石灰的用量较之前增多。三国、两晋、南北朝时期社会动乱但佛教逐渐兴盛，建寺立塔成为当时建筑活动的主要内容，同时还建造了大量的石窟寺。

一、战国时期的建筑

公元前475年，各诸侯国地主阶级在国内已相继夺取政权，封建生产关系逐步确立，涌现出很多大城市，兴建了大规模的宫室和高台建筑，出现了丰富多彩的砖、瓦以及装饰图案。同时，斧、锯、凿、锥在建筑上的应用提高了木构建筑的艺术和加工质量，加快了施工进程。在工程构筑物方面，各国竞筑长城，兴修水利，如李冰父子兴修都江堰，规模巨大。

图2-11
邯郸赵城遗址/翁岩整理

1.城市建设

从春秋末期到战国中叶，出现了一个城市建设的高潮，如齐临淄、赵邯郸（图2-11）和燕下都等都是当时的大城市。齐临淄南北长约5千米，东西长约4千米，分大城和小城两部分，如图2-12所示。燕下都位于易水之滨，城址由两个不规则方形组成，东西长约8千米，南北长约4千米，分内外两城。

2.宫殿

从春秋至战国，宫殿建筑的新风尚是大量建造台榭——在高大的夯土台上再分层建造木构架房屋。这种土木结合的方法，外观宏伟，位置高敞，非

图2-12
临淄齐城遗址/翁岩整理

常符合建造宫殿的要求。留存至今的台榭夯土基址有：陕西西安秦咸阳宫、河北邯郸赵王城的丛台、山西侯马新田遗址内夯土台、湖北潜江的楚国章华台等。图2-13、图2-14是战国秦咸阳一号宫殿遗址立面图和平面图。

3. 陵墓

战国时期的陵墓不仅垒坟，而且植树，并且在封土之上建有祭祀性质的享堂或祭殿。至今发现的战国墓的遗址有：河南辉县固围村的魏国王墓遗址、河北平山县的中山王墓群以及自成系统的战国楚墓。

河北平山县的中山王陵墓利用封土台提高了整群建筑的高度，使得从很远就能看到，很适合旷野的环境，有很强的纪念性，是一件优秀的建筑与环境艺术设计。战国时这种把高台与享堂相结合的方法，对秦、汉两朝的陵墓制度产生了一定的影响。图2-15是中山王陵园全景想象复原图。

4. 战国时期建筑材料、技术和艺术

战国时期，陶质建筑材料逐步提高了质量，增加了品种。铁器的使用促使木构建筑施工质量和结构技术大为提高。青瓦已大量使用在屋面上，板瓦、筒瓦的坚实程度和半圆形瓦当上所饰花纹比西周、春秋时期都进步了。战国晚期开始出现陶制的栏杆、砖和排水管。砖的种类除装饰性质的条砖外，还有方砖和空心砖，主要应用于地下墓室中，作基底和墓壁，可见当时制砖技术已达到相当高的水平。

高台建筑也得到进一步发展，在一些铜器上还镂刻若干二三层的房

图2-13
秦咸阳一号宫殿遗址
立面图

图2-14
秦咸阳一号宫殿遗址
平面图/翁岩整理

图2-15
中山王陵园全景想象
复原图

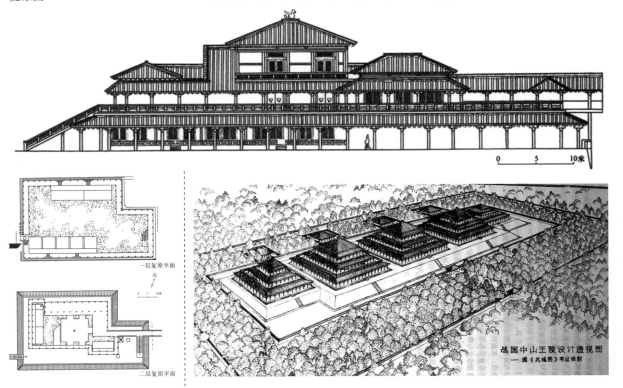

一层复原平面

北

0 5 10米

二层复原平面

战国中山王陵设计透视图
——据《兆域图》考证绘制

屋。战国时期铜器的装饰图案中已有了柱子上的栌斗形象，战国中山王墓中出土的一件铜案，四角铸出精确优美的斗拱形象，它是中国特有斗拱的雏形。

战国时期的木椁已出现榫卯，制作精巧，形式多样，如图2-16所示。可见当时木构建筑的施工技术达到了相当熟练的水平。

在建筑艺术方面，战国时期燕下都的瓦当有20多种不同的花纹（图2-17），其中有用文字作为装饰图案的。楚国墓葬的雕花板构图相当秀丽，线条也趋于流畅，使结构和装饰艺术在有机结合中达到完美。在色彩方面，则遵循春秋时期的规定并加以发展。

二、秦朝的建筑

公元前221年，秦始皇灭六国，建立空前的封建大帝国。秦建国伊始，修驰道，开鸿沟，凿灵渠，筑长城，在首都咸阳附近建造规模巨大的宫苑建筑。历史上著名的阿房宫、始皇陵，至今遗址犹存。

1.城市建设

秦都城咸阳的建设早在战国中期秦孝公时就已开始。秦始皇统一六国后又进行了大规模的扩建。在布局上摒弃了传统的城郭制度，具有独创性。在渭水南北范围广阔的地区建造了许多离宫，并迁富豪12万户于咸阳，当时咸阳城的规模是十分宏大的。

2.宫殿

秦始皇在统一中国的过程中，吸取了各国不同的建筑风格和技术经验，于公元前220年兴建新宫。首先建信宫，然后建甘泉宫和北宫。在用途上，信宫是大朝，咸阳旧宫是正寝和后宫，而甘泉宫则是避暑处。此外还有兴乐宫、长杨宫、梁山宫等，以及上林、甘泉等苑。公元前212年，秦始皇又开始兴建更大的一座宫殿——朝宫。其前殿就是历史上有名的阿房宫（图2-18）。现在阿房宫只留下长方形的夯土台，台上还残留不少秦瓦。

中国之最：秦始皇陵

秦始皇陵是古代陵墓中的宏伟作品，是中国历史上体形最大的陵墓。秦始皇陵在陕西临潼骊山北麓，现存陵体为三层方锥形夯土台，周围有内外两重城垣，陵北为渭水平原，陵南正对骊山主峰。在秦始皇陵东150米处，发现了世界文化史上罕见的巨大规模的兵马俑队列的埋坑。

图2-16
战国木构榫卯/翁岩整理

图2-17
战国半瓦当/翁岩、钟坤辰整理

图2-18
秦阿房宫遗址

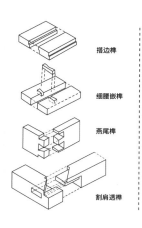

搭边榫

细腰嵌榫

燕尾榫

割肩透榫

3.秦始皇陵

秦始皇陵处于骊山北坡，为防止山洪冲刷，沿山麓修建东西向防洪沟，拦截山洪引向东流，而后折北入渭河。陵区本身发现陶水管及石水道，地上有大量的瓦砾，表明曾有规模宏大的地面建筑。秦始皇陵的形制对后世有较大的影响，它是中国历史上最大的工程之一（图2-19）。

4.秦长城

秦统一六国后，为了把北部的长城连为一体，西起甘肃临洮，东至辽宁遂城，扩建原有长城。秦长城所经地区包括黄土高原、沙漠地带、高山峻岭及河流溪谷，因而筑城工程采用因地制宜、就材建造的方法。在黄土高原，一般用土版筑，无土处则垒筑石墙，山岩溪谷则用木石建筑。这个伟大的工程是中国古代劳动人民汗水与鲜血的结晶。

三、两汉、三国时期的建筑

公元前206年西汉统一中国，其疆域比秦朝更大，并且开辟了通向中西贸易往来和文化交流的通道。汉代处于封建社会的上升时期，经济的不断发展促进了城市的繁荣和建筑的进步，形成我国古代建筑史上又一个繁荣时期。它的突出表现是木构建筑日趋成熟，砖石建筑和拱券结构有了发展（图2-20）。

1.城市建设

西汉时，经济的发展促进了城市的繁荣，出现了不少新兴城市。其中手工业城市有产盐的临邛、安邑，产漆器的广汉，产刺绣的襄邑；商业城市有洛阳、邯郸、成都、合肥等。长安是西汉的首都，是当时政治、经济、文化的中心，也是商、周以来规模最大的城市。东汉时期的洛阳和三国时期的邺城，都是当时具有相当规模的城市。

2.宫殿

西汉之初，修建未央宫、长乐宫和北宫。未央宫是大朝所在地，位于长安城的西南隅，宫殿的台基是利用龙首山岗地削成高台建成的。未央宫的前殿为其主要建筑，此殿面阔大而进深浅，呈狭长形，殿内两侧有处理政务的东西厢。长乐宫位于长安城的东南隅，供太后居住。北宫在未央宫之北，是太子居住地点。建章宫在长安西郊，是苑囿性质的离宫（图2-21）。

东汉洛阳宫殿根据西汉旧宫建造南北二宫，其间连以阁道，仍是西汉宫殿的布局特点。

3.陵墓

西汉陵墓宏伟壮观，坟的形状承袭秦制。累土为方锥形，截去其上部称为"方上"，高约20米，其上部多建有建筑，至今还残存许多瓦片。陵

图2-19
秦始皇陵

内置寝殿与范围，周以城垣，陵旁有贵族陪葬的墓。贵族的坟墓前置石造享堂，其上立碑；再前，于神道两侧排列石羊、石虎和附翼的石狮；最外，模仿木建筑形式建两座石阙。石阙的形制和雕刻以四川雅安高颐阙的最为精美，是汉代墓穴的经典作品。此外，东汉墓前还有建石制墓表的。

4. 两汉、三国时期建筑材料、技术和艺术

在建筑材料和技术方面，汉朝的制砖技术及拱券结构方面有了巨大进步，出现大块空心砖，精美的成套画像砖，还有特制的楔形砖和企口砖，砖表面压印各种花纹（图2-23）。石料的使用逐渐增多，从战国到西汉已有石础、石阶等。东汉时出现了全部石造的建筑物，如石祠、石阙、石兽、石碑及完全用石结构的石墓。这些建筑上多镂刻人物故事和各种花纹，刻石的技术和艺术也逐步提高。

以木结构为主要结构方式的中国建筑体系到汉朝则日趋完善，两种主要结构方法——叠梁式和穿斗式都已发展成熟。作为中国古代木构建筑显著特点之一的斗拱，在东汉已普遍使用。汉朝的木构架屋顶有五种基本形式：庑殿、悬山、囤顶、攒尖和歇山。此外，汉朝还出现了庑殿顶和庑檐组合后发展而成的重檐屋顶。

在建筑艺术方面，战国、秦、汉时期建筑的平面组合和外观多数采用对称方式以强调中轴，各时期也有所变化，形成了丰富多彩的风格。汉朝还创造了中国楼阁式建筑的特殊风格。

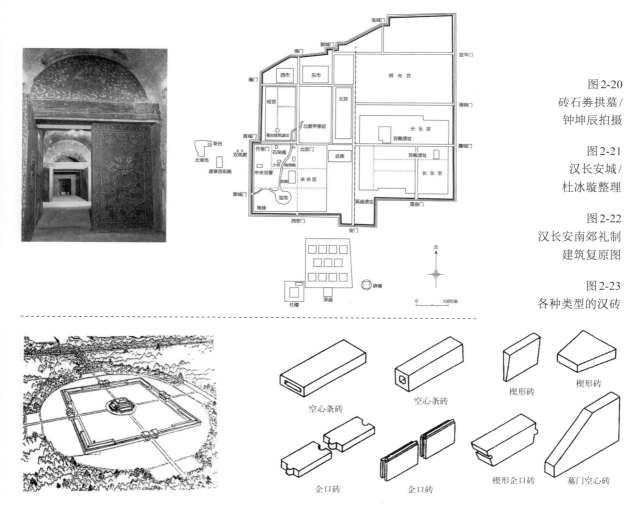

图 2-20
砖石券拱墓 /
钟坤辰拍摄

图 2-21
汉长安城 /
杜冰璇整理

图 2-22
汉长安南郊礼制
建筑复原图

图 2-23
各种类型的汉砖

在装饰方面，汉朝建筑综合运用绘画、雕刻、文字等各种形式的装饰，达到结构与装饰的有机结合，成为以后中国古代建筑的传统手法之一。

四、两晋、南北朝时期的建筑

两晋和南北朝300余年里，南、北方的生产发展比较缓慢，在建筑上也没有太多的创造和革新，主要是沿袭和继承了汉代的成就。但由于佛教的传入，佛教建筑尤其是佛塔和石窟的兴起（图2-24），带来了印度、中亚一带的雕刻、绘画艺术，不仅使我国的石窟、佛像、壁画等有了巨大发展，而且也影响到建筑艺术，使汉代比较质朴的建筑风格变得成熟、圆淳。

1.城市建设和宫殿建筑

西晋、十六国和北朝前后分别兴建了很多都城和宫殿，其中规模较大、使用时间较长的是邺城和洛阳。东晋和南朝则始终建都于建康。

（1）邺城　十六国时期的后赵，沿用曹魏旧城的布局，重新建造邺城。它的布局大体继承北魏洛阳的形式，宫城位于城的南北轴线上，大朝太极殿两侧并列含元殿和凉风殿，太极殿后面还有朱华门和常朝昭阳殿。宫城北面为苑囿，宫城以南建官署及居住用的里坊。北齐时仍以邺城为都城，在旧城西部建造大规模的苑囿。

（2）洛阳　洛阳是我国五大古都之一。从东周起，东汉、魏、西晋、北魏等朝均建都于此。洛阳北倚邙山，南临洛水，地势较平坦。北魏洛阳有宫城和都城两重城垣，都城即汉魏洛阳的故城。宫城在都城的中央偏北一带，基本上是曹魏时期的北宫位置。宫城之前有一条贯通南北的主干道——铜驼街，两侧分布着官署和寺院。洛阳城内的绿化也是很整齐的，河道两岸遍种植物。

（3）建康　建康即今天的南京，历经东吴、东晋、宋、齐、梁、陈，300余年间共有六朝迁都于此，东吴时称建业，东晋时改称建康。建康位于秦淮河入口地带，面临长江，北枕后湖（玄武湖），东依钟山，形势险要（图2-25）。建康城南北长，东西略狭，周长约8900米。北面是宫城所在地。宫城平面呈长方形，宫殿布局大体依仿魏晋旧制，正中的太极殿是朝会的正殿，正殿的两侧建有皇帝听政和宴会的

图2-24
单层塔 / 黄真真拍摄

图2-25
建康城平面图 / 杜冰璇
整理

东西二堂，殿前又建有东西两阁。

2. 寺院和佛塔

佛教在汉朝自印度传到我国，得到极大的推崇和发展，并建造了大量的寺院和佛塔。北魏洛阳的永宁寺是由皇室兴建的极负盛名的大刹。寺的主体部分由塔殿和廊院组成，并采取了中轴对称的平面布局。其他佛寺，很多是贵族官僚捐献府第和住宅所改建的，"以前厅为佛殿，后堂为讲室"。外来佛教建筑在中国很快被传统的民族形式所融合，创造出中国佛教建筑的形式，如图2-26所示。

佛塔原是佛徒膜拜的对象，后来根据用途的不同而又有经塔、墓塔等。我国的塔，在类型上大致可分为楼阁式塔、密檐式塔、单层塔、喇嘛塔和金刚宝座塔几种。在两晋、南北朝时期，佛塔的主要形式有木构的楼阁式塔和砖造的密檐式塔。

3. 石窟

中国的石窟来源于印度的石窟寺。南北朝时期，凿崖造寺之风遍及全国。著名的石窟有山西大同云冈石窟、河南洛阳龙门石窟、甘肃敦煌莫高窟、甘肃天水麦积山石窟、甘肃永靖炳灵寺石窟、河南巩义巩县石窟、河北邯郸响堂山石窟。这些石窟的建筑和精美的雕刻、壁画等是我国古代文化的一份宝贵遗产。从建筑功能布局看，石窟可分为三种：一是塔院型，二是佛殿型，三是僧院型，供僧侣打坐之用，如图2-27所示。

4. 陵墓

现存的南朝陵墓大都无墓阙，而是在神道两侧置附翼的石兽。其中皇帝陵墓用麒麟，贵族的墓用辟邪，左右有墓表、墓碑。其中萧景墓表的形制简洁、秀美，是汉以来墓表中最精美的一个（图2-28）。这个时期也偶尔发现一些彩色画像砖墓，墓室色彩处理手法和效果非常精彩。

5. 住宅

南北朝时期北方贵族住宅的大门用庑殿式顶，加鸱尾，围墙上有连排的直棂窗，内侧为走廊包绕庭院。一宅之中有数组回廊包绕的庭院及厅

图2-26
塔殿和廊院结合的泉州开元寺总平面/杜冰璇、钟坤辰整理

图2-27
敦煌莫高窟/杜冰璇拍摄

图2-28
南朝萧景墓表/翁岩拍摄

堂。有些房屋在室内地面布席而坐，也有些在台基上施短柱与枋，构成木架，在其上铺板而坐。

由于民族大融合的结果，家具发生了很大变化，床增高，上部加床顶，周围施以短屏。可以垂足而坐的高坐具——方凳、圆凳、椅子、束腰形圆凳等也进入中原地区。

6. 园林

我国自然式山水风景园林在秦汉时开始兴起，魏、晋、南北朝时期有了较大发展。由于贵族、官僚追求奢华生活，标榜旷达风流，以园林作为游宴享乐之所，聚石引泉，植树开涧，造亭建阁，以求创造一种比较朴素、自然的意境。比如北魏洛阳华林园、南朝梁江陵湘东苑等。

7. 两晋、南北朝时期建筑材料、技术和艺术

两晋、南北朝时期建筑材料的发展，主要是砖、瓦产量和质量的提高与金属材料的运用。其中金属材料主要用作装饰，如塔刹上的铁链、门上的金钉等。

在技术方面，大量木塔的建造，显示了木结构技术的水平。这时期的中小型木塔用中心柱贯通上下，以保证其整体牢固。这时斗拱的结构性能得到进一步发挥。木结构形成的风格使建筑构件在两汉的传统上更为多样化，不但创造了若干新构件，它们的形象也朝着比较柔和精美的方向发展。

砖结构在汉朝多用于地下墓室，到北魏时期已大量运用到地面上了。河南登封嵩岳寺塔（图2-29）标志着砖结构技术的巨大进步。

石工技术，到南北朝时期，无论在大规模石窟开凿上或在精雕细琢的手法上，都达到很高的水平，如麦积山石窟和天龙山石窟的外廊雕刻。

建筑装饰花纹在北朝石窟中极为普及，除了秦汉以来的传统花纹外，随同佛教传入我国的装饰花纹，如火焰纹、莲花、卷草纹、璎珞、飞天、狮子、金翅鸟等，不仅应用于建筑方面，还应用于工艺美术等方面（图2-30）。

概括地说，现存的北朝建筑和装饰风格，最初是茁壮、粗壮，略带稚气，到北魏末年后呈现雄浑而带巧丽、刚劲而带柔和的倾向。南朝遗物在6世纪已具有秀丽柔和的特征。总之，这是中国建筑风格在逐步形成的历史过程中一个生气蓬勃的发展阶段。

第四节　封建社会中期的建筑

自隋朝开始，经历唐、宋，以迄辽、金时代，即从589～1279年，历时约七百年的时间。这个时期的封建生产关系得到进一步调整，建筑技术更为成熟，木构建筑已有科学的设计方法，施工组织和管理方法更加严密，至今留有大量的古建筑实例。

图2-29
嵩岳寺塔/蒋璨拍摄

图2-30
佛教装饰花纹/蒋璨拍摄

一、隋、唐、五代时期的建筑

　　隋朝在建筑上的发展主要表现在兴建都城——大兴城和东都洛阳，以及大规模的宫殿和苑囿，并修筑长城和开凿大运河。大运河的开通对于沟通南北地区的经济、文化，推动社会繁荣起了重大的作用。名匠李春修建的世界上最早的敞肩券大石桥——安济桥是隋朝一个突出的建筑成就，如图2-31所示。

　　唐朝前期，社会稳定，手工业和商业高度发展，内陆和沿海城市空前繁荣；中叶，开元、天宝年间达到了极盛时期，建筑技术和艺术有了巨大的发展和提高。

　　五代十国时期各个割据政权攻战频繁，破坏很大，建筑上主要是继承唐朝传统，很少有新的创造，仅吴越、南唐石塔和砖木混合结构的塔有所发展，并对北宋初期建筑产生了不小的影响。

1.城市建设

　　在城市建设方面，隋、唐两代的都城长安与东都洛阳是最好的范例。

　　隋朝在汉长安东南龙首山南面建造都城——大兴城，把宫府集中于皇城中，与居民市场分开，功能分区明确，这是隋大兴城建设的革新之处。城内道路是严格均齐方整的方格网式道路，且宽而直，宫城与皇城间的横街宽200米，在皇城前轴线两侧相对建有规模巨大的寺庙，城外有皇帝的禁苑——大兴苑。

　　唐朝长安城基本沿用了隋大兴城的城市布局，建成了当时世界上最大、规划最严密的都城——长安城。长安城的市集中于东西二市，市的面积约为1.1平方千米，周围用墙垣围绕，四面开门。长安城有南北并列的14条大街和东西平行的11条大街。长安城道路系统的特点是交通方便，整齐有序。一般通向城门的大街都很宽，城市排水是在街道两侧挖明沟，街道两旁种有槐树，如图2-32所示。

　　隋、唐两朝继承了汉以来东西二京的制度，以洛阳为东都。洛阳规模比长安略小，以别于首都的规制。洛阳城内有谷水、洛水、伊水注入，水源充沛，漕运比长安畅通。

图2-31

安济桥/周承君拍摄

图2-32

唐朝长安城平面图/

杜冰璇整理

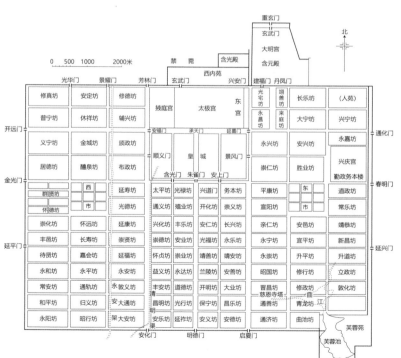

小知识：石窟

石窟在唐朝达到了高峰。凿造石窟的地区，由南北朝的华北地区范围扩展到四川盆地。隋朝基本上和北朝相同，多数有中小柱；初唐盛行前后室，后室供佛像，前室供人活动；盛唐改为单座大厅堂，只有后壁凿佛龛容纳佛像，接近于寺院大殿的平面。唐代主要凿就的石窟分布在龙门和敦煌。龙门奉先寺是龙门石窟中最大的佛洞，主像卢舍那佛通高17.14米，两侧有天神、力神等雕刻，这些像都覆以倚崖建造的多层楼阁，如图2-36所示。

2.宫殿

唐大明宫建于634年，位于长安城东北龙首原高地，宫城平面呈不规则的长方形。全宫自南端丹凤门起，北达宫内太液池，为长达数里的中轴线。轴线上排列全宫的主要建筑：含元殿、宣政殿、紫宸殿，轴线两侧建造对称的殿阁楼台，后部是皇帝后妃居住和游宴的内庭。太液池依北部低洼的地形开凿而成，池中建有蓬莱山，周围布置亭台楼阁，成为宫内御苑。

大明宫建筑是盛唐时期国家安定、财力雄厚、技术和艺术成熟的物质表现，同时也是以建筑暗喻皇权至上的精神象征，如图2-33、图2-34所示。

3.寺院

隋、唐时期佛寺的平面布局是以殿堂门廊等组成，以庭院为单元的组群形式，主体建筑采用对称布置。殿堂成为全寺中心，而佛塔退居到后面或一侧，或建双塔，矗立于大殿或寺门之前。较大的寺庙又划分为若干庭院。

唐朝，五台山是我国佛教中心之一，佛光寺和南禅寺是至今保存较完整的两处寺院。佛光寺作为典型的佛教寺庙，在其建筑和环境方面体现了佛教修行的独特特点（图2-35）。佛光寺的建筑常常设计在深山之中，远离尘世的喧嚣，为僧侣和修行者提供一个宁静的修行场所。这种寺庙的建筑风格通常体现了传统的古朴风格，并试图与自然环境相融合。这样的设计旨在营造宁静而神圣的氛围，有助于修行者远离世俗的纷扰，专心投入修行。建筑风格的古朴和与自然融合的设计，凸显了对宁静和心灵平和的追求。这不仅是宗教建筑，更是文化遗产，代表着中国古老的宗教传统和智慧。佛光寺的存在既是佛教信仰的象征，也是中国历史和文化的一部分，为人们提供了一个深入探讨佛教文化与建筑之间交融关系的场所。

佛光寺大殿内的菩萨像是珍贵的唐代原物，尽管如今的颜料和油漆经

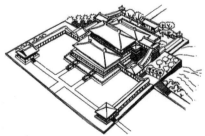

图2-33
大明宫遗址/翁岩拍摄

图2-34
大明宫麟德殿

图2-35
佛光寺/杜冰璇拍摄

图2-36
龙门石窟卢舍那佛/翁岩拍摄

过修复，呈现出一些新的外观，但它们依然承载着极高的历史价值。这些唐朝时期的佛光寺大殿和南禅寺大殿内的塑像被视为国宝，因此需要得到妥善的保护和珍惜。对于中国古建筑而言，特别是具有悠久历史的建筑，保护和维护是至关重要的任务。

4.陵墓

唐朝陵墓主要利用山形，因山而坟。在唐朝18处陵墓中仅献陵、庄陵、端陵三处位于平原，其余均利用山丘建造。在唐陵中，唐高宗与皇后武则天合葬的乾陵最具代表性。

乾陵位于乾县北梁山上。梁山分三峰，北峰居中，乾陵地宫即在北峰凿山为穴，辟隧道深入地下。乾陵地上情况是：主峰四周为神墙，平面近方形，四面正中各辟一门，各设门狮一对，神墙四角建角楼。南神门内为献殿遗址，门外列石像生。

给乾陵陪葬的永泰公主夫妇的墓，墓道、甬道、前后墓室壁面均加绘画，顶部绘日月群星天象，如图2-37所示。

5.住宅

隋、唐、五代，贵族宅第用乌头门，作为地位标识之一，常用直棂窗回廊绕成庭院，房舍不拘泥于对称布局。这时的贵族、官僚不仅继续了南北朝时期造园传统，还在风景秀丽的郊外营建别墅。

唐到五代是中国家具大变革时期，席地而坐的习惯已基本绝迹，取而代之的高坐式家具已普遍使用，建筑尺度也有所调整。

6.园林

隋唐时期，曾大规模兴建宫室园囿。隋文帝时建大兴苑，隋炀帝时在洛阳建西苑，唐朝建南苑，长安城的东南隅的曲江曾一度是名胜风景区。在洛阳，因有洛水与伊水贯城，达官贵戚则引水开池，营建私园。唐代园林的发展曾影响日本与新罗，同时也促进了盆景的出现。

7.隋、唐、五代时期建筑材料、技术和艺术

建筑材料有砖、石、瓦、琉璃、石灰、木、竹、金属、矿物颜料和油漆等。砖的应用逐步增加，如砖墓、砖塔，石砌的塔、墓和建筑也很多。石刻艺术则多见于石窟、石碑和石像方面。瓦有灰瓦、黑瓦和琉璃瓦三种。灰瓦用于一般建筑。黑瓦用于宫殿和寺庙。琉璃瓦以绿色居多，蓝色次之。还有用木作瓦，外涂油漆。在木材方面，木建筑解决了大面积、大体量的技术问题，并已定型化。特别是斗拱，构件形式及用料均已规格化。说明当时的用材制度、施工管理和建筑设计水平的高度成熟。在金属材料方面，用铜、铁铸造的塔、幢、纪念柱和造像等日益增加，如五代时期南汉铸造的千佛双铁塔。

在屋顶形式方面，重要建筑物多用庑殿顶，其次是歇山顶与攒尖顶。

图2-37
永泰公主夫妇墓室壁画/
周承君拍摄

极为重要的建筑则用重檐。

总的来说，隋、唐、五代时期的建筑风格是：规模宏大，气魄雄浑，用料考究，格调高迈。

二、宋、辽、金时期的建筑

960年，宋朝统一了黄河以南地区。北方则有辽朝政权与北宋对峙。北宋末年，金向南扩展，先后灭了辽和北宋，与南宋对峙。1234年蒙古族灭金，随后建立元朝，于1279年灭南宋。

北宋统一后农业得以恢复和发展，手工业分工更加细密，科学技术和生产工具更趋进步，产生了活字印刷术等伟大的发明创造。城市的繁荣和手工业、商业的发展，同时促进了建筑的多方面发展，整体上宋代建筑风格呈现出华丽纤巧的面貌。建筑艺术形象由于琉璃、彩画和"小木作"装修技巧的提高而丰富多彩起来。木建筑采用了古典模数制，形成了建筑构件的标准化。砖石建筑的水平达到新的高度，园林在此时日渐兴盛。

北宋时期在建筑方面为后世留下了一部工程技术专著——《营造法式》，这部书可称作是封建社会中期建筑技术的总结。在城市建筑方面，宋代出现了众多宏伟的宫殿、寺庙和园林。这些建筑在设计和布局上凸显了独特的审美理念，展现了建筑艺术的高度水平。特别是园林建筑，如扬州瘦西湖、苏州留园等，以其精致的设计和独特的景观成为中国古典园林的杰出代表。这些园林不仅在建筑布局上讲究意境，更注重与自然环境的融合，体现了宋代文人雅士追求清幽、淡泊的生活理念。宋代建筑风格强调优雅和精致，注重装饰和细节处理。建筑结构更加精密，屋顶、檐口、雕花等元素都表现出高度的艺术性。这一时期的建筑充分体现了工匠的匠心独运，通过细致的雕刻和独特的设计，展示了中国古代建筑的卓越工艺水平。

在中国历史上，尤其是在文化领域，宋代被认为是一个繁荣和成就斐然的时期。尽管在政治和军事方面相对较为弱小，但在经济和文化艺术方面却取得了显著的发展。特别是在文学领域，宋代的诗词成就卓越，成为中国古典文学中的亮点。宋代的文学成就主要体现在其诗词创作上。宋词以精致、清新、婉约的风格而著称，被誉为中国文学的瑰宝。在这一时期，许多杰出的文学家如辛弃疾、苏轼等崭露头角，他们的作品在表达情感和描绘自然方面展现了卓越的才华。这些文学家通过对人生、情感、风景的细腻描绘，创造出了许多经典之作，成为后来文学创作的重要参照。此外，宋代的绘画、书法、雕塑等艺术形式也取得了显著的成就。宋代绘画强调自然之美，注重意境的表达，尤以山水画和花鸟画为代表。书法方面，人们追求笔墨的灵动和用笔的工整。雕塑作品则以细腻的雕琢和栩栩如生的形象而著称。宋代绘画注重表现写意和意境，倡导以自然为师，这一理念在建筑中得到了具体体现。

辽的建筑技术和艺术受到唐末至五代时期建筑的影响，因此在建筑上保持了许多唐朝的风格。在宋代和辽代，建筑中的斗拱虽然相对唐代有所缩小，但仍然保持了较大的规模。随着时间的推移，斗拱逐渐减小的趋势在宋、元、明、清时期更为明显。然而，在宋代时，斗拱仍然保持相当的规模，充分展示了当时建筑领域的高度水平。独乐寺的山门和观音阁作为宋代佛教建筑的典型代表，生动地呈现了这一时期建筑风格和技艺的独特之处。其建立虽然始于辽代，然而由于历史朝代的更迭和地域的变迁，实际上被纳入了宋代的范畴。这些建筑中的斗拱，虽然在规模上相对缩小，但仍旧体现了宋代建筑注重装饰性和细节处理的特点。斗拱的设计不仅满足了建筑结构上的需要，还为建筑增色添彩，展现了当时建筑领域对艺术性和实用性相结合的高度追求。通过对独乐寺建筑的考察，我们可以更深入地了解宋代建筑技艺的卓越表现和文化风貌的独特之处。

金吸取了宋、辽文化，在建筑方面形成了宋、辽掺杂的情况，同时金代建筑的装修具有和宋代不同的作风，有不少的发展。

1. 城市建设

宋、辽、金时期，由于手工业和商业的发展，全国出现了若干个中型城市，主要有北宋东京、西京（今河南洛阳），南宋的临安（今浙江杭州），辽的南京与金的中都，以及宋的扬州、平江等。

（1）东京　东京即今天的河南开封，地处江南和洛阳之间的水陆交通要冲，建设规划较唐长安小，建筑密度大，土地利用率高。在城市布局上也打破了里坊制度，形成按行业成街的情况（图2-38）。住宅和店铺、作坊等都面临街道建造。城中主要街道均是通向城门的大街，路面宽阔，其他街道则比较狭窄。可以看出，唐长安城里坊制与北宋东京城坊厢制城市格局的演变。

（2）平江　平江（今江苏苏州）曾是春秋时期吴国的都城，自唐以来就是一座手工业和商业十分繁荣的城市。城内街道纵横平直，路面多为砖砌。城内河道密布，状如网络，河上共有大小桥梁300余座。平江城在交通方面布置了水道和陆路两套系统，成为水乡地区城市布局的典型。

2. 寺院、祠庙、经幢

中国寺庙建筑在保持传统风格的同时，随着中国建筑发展的进程，呈现出多样化的风格。这体现了宗教信仰与文化传统在建筑艺术中的有机融合，同时也反映了不同时代寺庙建筑的演变和发展。这一时期的寺院主要有河北正定隆兴寺，山西大同华严寺、善化寺和天津蓟州独乐寺。

河北正定隆兴寺是现存宋朝佛寺建筑总体布局的一个重要实例。平面呈狭长形，主要建筑自南向北排列于中轴线上，依次是山门、大觉六师殿遗址、摩尼殿、佛香阁、慈氏阁、转轮藏殿及弥陀殿。这组建筑是我国典型的佛教寺院布局。隆兴寺的建筑形式的确展现了典型的宋代建筑风格（图2-39），其中摩尼殿的设计更是引人注目。抱厦作为一种建筑形式，在宋代相对常见，其设计不仅起到一定的遮挡作用，同时增加了建筑的层次感和装饰性。摩尼殿采用了"四出抱厦"的独特屋顶形式，这为建筑赋予了丰富多彩的外观。屋顶的重檐歇山顶和山花的设计不仅展现了建筑的艺术性，同时也呈现出独特的审美特色。抱厦的布局使得整体建筑更显庄重而美观，凸显了宋代建筑注重细节处理和装饰性的特点。这种建筑形式的运用不仅体现了宋代建筑师在设计上的独到之处，同时也反映了当时社会对于建筑美学的高度追求。建筑内部柱网的设计是宋代建筑的独特特征之一，而在隆兴寺摩尼殿中的运用更是典型的代表。通过两圈内柱的巧妙组合，形成了内部支撑结构，为整个建筑提供了必要的稳定性。这种结构的运用不仅满足了工程上的实际需要，同时在艺术上呈现出独特的设计风格，彰显了宋代建筑注重艺术性和实用性相结合的特点。这种注重艺术性的结构布局为建筑增色不少，展现了当时社会文化的繁荣和寺庙建筑领域的艺术创新。

图2-38
宋 张择端《清明上河图》
街景局部

图2-39
河北正定隆兴寺/杜冰璇
拍摄

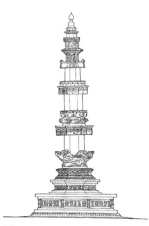

图 2-40
河北赵县陀罗尼经幢

图 2-41
河北赵县陀罗尼经幢
局部/翁岩拍摄

图 2-42
山西晋祠圣母殿/翁岩拍摄

图 2-43
圣母殿鱼沼飞梁/周承君拍摄

山西大同的华严寺和善化寺均是辽、金时期的代表建筑，华严寺上寺的大殿建于金朝，体形庞大，是至今发现的古代单檐木建筑中体量最大的一座。这一时期还留下了中国建筑史上最优美典雅的一座经幢——河北赵县陀罗尼经幢（图2-40、图2-41）。陀罗尼幢体全部用花岗岩石雕琢叠砌而成，外形似塔，当地人称石塔。经幢坐北朝南，由基座、幢体和幢顶宝珠几部分组成，为八棱多层形式，共七级，每节用独块巨石雕琢砌筑。幢高16.44米，幢身各节之间均置有八棱形华盖或幢，是中国建筑与雕刻艺术相结合的优良典范。

宋、辽、金时期，祠庙建筑最典型的是山西太原晋祠。现有建筑中，圣母殿、鱼沼飞梁建于北宋，献殿建于金代。圣母殿是一座带有园林风味的祠庙建筑，在建筑功能和结构上独具匠心，反映了宋代匠人处理建筑功能和结构技术的新水平，如图2-42所示。圣母殿作为典型的宋代建筑，其设计体现了这一时期建筑风格的精湛工艺和对美的追求。宋代建筑风格在设计中注重细节，建筑结构更为精致。圣母殿在屋檐、斗拱、雕刻等方面展现了精湛的工艺和精美的装饰，呈现出一种文化的精致与内涵。这种建筑风格不仅是对当时社会文化的反映，也是中国建筑发展演变的重要历史见证。

晋祠地理环境优越，周边环境清幽，绿树成荫，泉水潺潺。该地区以良好的气候和水源而闻名，水质清澈甘甜，为周边提供了丰富的水源。这种自然环境的保护与合理利用，使得晋祠地区成为一个宜居宜业的场所。维护这样的自然环境，尤其是保护水源，对于当地居民和文化遗产的可持续发展至关重要。这包括对周边植被的保护、水源区域的管理和对环境友好型农业的推动。通过合理的生态保护和管理，晋祠地区可以继续为人们提供清新的空气、清澈的水源，同时促进当地文化的传承和发展。晋祠地区的泉水因其特殊的性质而被当地居民视为神圣之地，被认为是一位圣母的庇佑，为这片土地带来了祥和与丰饶。人们在这里修建了圣母殿，以供奉和纪念这位圣母。

飞梁是圣母殿前方形的鱼沼上一座平面十字形的桥，四向通到对岸，对圣母殿起到殿前平台的作用。其结构是在水中立柱，柱上置斗拱、梁木，再覆以砖（图2-43）。

3.陵墓

宋有八陵：永安陵、永昌陵、永熙陵、永定陵、永昭陵、永厚陵、永裕陵、永泰陵。八陵形成一个陵区，集中在河南巩义境内嵩山北麓岗地上。

北宋是保持古代方上陵制的最后时期。南宋诸帝葬于绍兴，采取暂时寄厝的形式，以便将来归葬先茔。所有这些都说明宋代是陵制的转折点。

4.住宅

宋代的住宅，据当时留下的绘画作品和一些古书记载，一般分成三类。第一类是城乡一般住宅。农村住宅一般是简陋、低矮的茅屋；城市里的住宅多半为瓦屋，还有的在大门里边建照壁，呈四合院式布置，院内栽花植树，美化环境。第二类是贵族、官僚的住宅。房屋外均建有乌头门或门屋，住宅的整体布局基本上是沿袭汉朝以来的传统。第三类是园林住宅。宋代园林住宅随地区的不同，具有不同的风格。总的来说，住宅庭院的园林化对后世产生了很大的影响。

随着起坐方式的改变，家具的尺度也相应增高了，这对建筑室内门、窗高度有一定的影响。

5. 园林

北宋、南宋时建造了大量的宫殿园林和私家园林。洛阳园林规模大，具有别墅性质，采用借景是其突出的特点；江南一带对景是其造园的一个重要特点；杭州、吴兴等处的园林则多利用自然风景进行改造。

金代统治集团在宫殿制度上极力模仿宋代，园林兴建，也不亚于宋。

6. 宋、辽、金时期建筑材料、技术和艺术

新材料的出现、技术的进步和建筑功能及社会意识形态的要求，促使宋代建筑风格朝着柔和、秀丽的方向发展。

在材料方面，砖的生产和使用十分广泛，不少城市出现了砖砌城墙与砖铺道路，全国各地也出现了规模巨大的砖塔、砖墓。同时琉璃砖瓦应用于塔上，河南开封祐国寺塔则是在砖砌塔身外面加砌了一层铁色琉璃面砖，这是我国最早的琉璃塔，是预制贴面砖的一个重要典范，同时它在镶嵌方法方面体现出一种不同的艺术效果（图2-44）。

在技术方面，木构建筑有了许多变化，砖石建筑则达到了一种新的高度。在砖石结构技术方面，宋、辽、金时期已达到新的阶段。砖石建筑主要是佛塔，其次是桥梁。从砖塔的结构上可以看到，当时砖结构技术有了很大的进步，采用了发券的方法。这时期的砖石塔主要有河北定县开元寺瞭望塔、福建泉州开元寺双塔（镇国塔和仁寿塔，图2-45为镇国塔）。泉

图2-44
开封祐国寺琉璃塔/杜冰璇
拍摄

图2-45
泉州开元寺镇国塔/翁岩
拍摄

④ 装饰与结构的统一。

⑤ 建筑生产管理的严密性。《营造法式》一书对于北宋统治阶级的宫殿、寺庙、官署、府第等木构建筑所使用的方法的叙述，在一定程度上反映了当时中原地区的建筑技术和艺术的水平，为研究宋朝建筑乃至中国古代建筑的发展提供了重要资料，也是人类建筑遗产中一份珍贵的文献。

州开元寺双塔是我国规模最大的石塔，全部模仿木结构的形式，具有高度的艺术水平。北宋时泉州万安桥，反映了当时砖石加工与施工技术已相当进步了。

宋代手工业工艺水平的提高，使建筑装修与色彩有了很大发展。在室内装修上出现了精美的家具与和谐统一的小木作装修，发展了大方格的平衡与强调主体空间的藻井。在色彩上，唐以前建筑色彩以朱、白两色为主，明快端庄；宋代则在彩画和装饰的比例构图上取得了一定的艺术效果，使建筑显得柔和、华丽。

辽代建筑与宋朝不同，辽基本上继承了唐朝简朴、雄壮的风格，斗拱雄大硕健，檐出深远，屋顶坡度和缓，曲线刚劲有力，细部简洁，雕饰较少。金在建筑艺术处理上糅合了宋、辽建筑的特点。

总之，宋、辽、金时期，宫殿、庙宇和民间建筑的风格都在向秀丽而绚烂的方向转变。

第五节　封建社会后期的建筑

1279～1911年近700年间，农业、手工业的发展达到了封建社会的最高水平，在技术和艺术普遍发展的基础上，造园艺术和装饰艺术获得更为突出的成就。

一、元朝的建筑

元朝初期，封建经济和文化遭到极大摧残，对中国社会的发展起了明显的阻碍作用，建筑发展也处于停滞状态。由于各民族的不同宗教和文化的交流，给传统建筑的技术与艺术增添了许多新的因素，带来了一种新的装饰题材与雕塑、壁画的新手法。拱券结构较多地用于地面建筑，但木构建筑在质量与规模上都不如两宋时期的水平。在元大都的宫殿，还出现了若干新型建筑和新的建筑装饰。

1. 城市建设和宫殿建筑

元大都城的平面接近方形，城外绕以护城河。大都城内主要干道都通向城门，干道间有纵横交错的街巷。皇城在大都南部的中心，皇城南部偏东是宫城，东边有太庙，西边是社稷坛。大都城规划体制基本沿袭了《考工记》中记载的都城制度。

2. 宗教建筑

由于元代崇信宗教，致使佛教、道教、伊斯兰教等均有所发展，宗教建筑异常兴盛，出现了大量的庙宇。山西洪洞县的广胜寺和永济市的永乐宫以及北京妙应寺白塔，均为此时期的作品。

（1）永乐宫　山西永济市永乐宫是元朝道教建筑的典范。主要大殿三清殿为七开间、庑殿顶，立面各部分比例和谐、稳重、清秀，保持宋代建筑特点。屋顶使用黄、绿二色琉璃瓦，台基处理手法新颖，是元代建筑中的精品。三清殿的壁画构图宏伟，题材丰富，线条流畅、生动，为元代壁画的代表作品（图2-46）。因这组建筑位于三门峡水库修建范围内，1959年已全部按原状迁建至山西芮城县。

（2）妙应寺白塔　在北京，妙应寺的白塔是一座极具代表性的喇嘛塔，常被民众直接称为白塔寺。其建造始于元朝，至今仍是我国现存最为宝贵的喇嘛塔之一。它由塔基、塔身、相轮三部分组成，塔高约53米。此塔建在凸字形台基上，台上设平面亚字形须弥座两层，座上以硕大的莲瓣承托肥短的塔身（又称宝瓶），塔体为内砖外抹石灰并刷成白色。整体比例匀称，外观雄浑壮观，是喇嘛塔中最杰出的作品（图2-47）。

妙应寺白塔曾聘请来自尼泊尔的著名工匠阿尼哥，他是喇嘛教引进过程中最早从外国选招而来的优秀工匠代表。这使得妙应寺白塔在历史和建筑工艺的角度上显得尤为宝贵。妙应寺白塔的形制呈宝瓶状，上部覆以华盖，而底部则坐落于须弥座之上。这种独特的形状为该塔增色不少，使其在众多白塔中脱颖而出。白塔的设计精湛，既体现了藏传佛教的特色，又吸收了尼泊尔工匠的独特技艺，成为中国建筑历史上独一无二的珍品。

（3）嵩山少林寺　河南嵩山的少林寺同样是中国佛教的重要寺庙之一（图2-48），同时因其独特的武术传统而享誉世界。初祖庵作为少林寺的发源地具有极其重要的历史价值，是达摩祖师修行的地方。传说中，达摩祖师是佛教禅宗的创始人，也是少林寺的创立者。他在嵩山的初祖庵进行苦行和禅修，并传授禅宗的教义。这个地方被认为是少林寺的根本，是少林武术和佛教文化的发源地。尽管少林寺后来发展成为一个庞大的寺庙，但初祖庵保留了其历史原貌，成为朝圣者和游客探寻少林寺历史根源的重要场所。这个小而古老的院子见证了少林寺的起源，承载了达摩祖师的修行精神。初祖庵在其简朴的建筑中呈现出禅宗的深厚内涵，凸显了佛教修行的本源和精髓。它作为历史的见证者，向人们展示了少林寺在佛教和武术传统中的独特地位，激发了对这一文化遗产的探索和尊重。

（4）山西悬空寺　悬空寺坐落于山西大同恒山风景名胜区，是中国著名的佛教寺院之一（图2-49），以其建在悬崖峭壁上的独特形式而闻名。该寺的独特建造方式，通过在悬崖上挖洞和悬挑建筑，使其仿佛悬浮在空中，给人一种惊险而神秘的感觉。这种设计不仅凸显了宗教寺庙的虔诚和超脱尘世的精神，还表达了佛教中禅宗的修行理念。悬空寺之所以采用悬挑的建筑形式，既是为了迎合险峻的地理环境，同时也是为了表达佛教的禅修理念。这种建筑方式体现了佛教对修行者的启示，即通过远离城市、高挂悬崖的设计，引导人们远离尘世的纷扰，追求宁静和超越俗世的境界。从更宏观的角度看，佛教寺庙建筑在中国的发展呈现出一种明显的文化现象。佛教传入中国后，其建筑形式逐渐与中国本土文化相融合，形成

了具有独特风格的寺庙。

由于佛教起源于印度，印度的寺院建筑形式在中国并未直接复制，而是根据中国建筑的特点进行调整和创新，这一现象反映了佛教在中国传播过程中与当地文化相互渗透、相互影响的历史过程。悬空寺作为中国佛教寺庙建筑的瑰宝，不仅体现了宗教寺庙的精神内涵，同时也展示了佛教在中国传播和发展中与当地文化相互交融的独特面貌。这一建筑风格的独特性吸引了人们的广泛关注，同时也反映了中国寺庙建筑在历史演进中的独特发展轨迹。

二、明清时期的建筑

明代出现了许多手工业生产的中心，如瓷器中心景德镇、丝织中心苏州、冶铁中心遵化等。明朝的对外贸易很繁荣，社会经济、文化的发展促进了建筑的进步。清朝基本沿袭了明代的政治体制和文化生活，在建筑上也是一脉相承，没有明显差别。

1.明代的建筑

在建材方面，明代的制砖业与琉璃瓦都有较大的发展。砖已普遍用于地方建筑，因大量应用空斗墙等砖墙，创造了"硬山"建筑形式，并出现了明洪武年间（1368～1398年）建造的南京灵谷寺无梁殿为代表的一批全部用砖拱砌成的建筑物。由于在烧制过程中采用陶土（亦称高岭土）制胎，使琉璃砖的硬度有所提高，预制拼装技术与色彩质量也都达到了前所未有的水平。

木结构经元代的简化，到明代又加之砖墙的发展，形成了新的定型化木构架，其官式建筑形象不及唐、宋舒展开朗，以严谨稳重见长。因各地区建筑的发展，使建筑的地方特色更显著了。群体建筑也日趋成熟，如明十三陵利用起伏的地形和优美的环境创造出陵区庄重、肃穆的氛围。私家园林在此时期十分兴盛，特别是江南地区造园之风尤甚。

2.清代的建筑

清代建筑艺术发展的划时代成就表现在造园艺术方面，在明代西苑基础上扩建三海（北海、中海和南海），在承德兴建避暑山庄，到乾隆时已达到造园高潮。喇嘛教建筑在这时期逐渐兴盛，布达拉宫雄伟峭拔，显示出高度的创造才能。在建筑艺术上，清工部颁布的《工程做法则例》统一了官式建筑的规模和用料标准，简化了构造方法。这时期工艺美术艺术对建筑装饰产生了深刻的影响，鎏金、贴金、镶嵌、雕刻、丝织、磨漆，配以传统彩画、琉璃、装裱、粉刷，使建筑更加丰富、绮丽。

3.清代官式建筑

在清代木结构建筑中，官式建筑占有很重要的位置。而大木作在官

深度阅读

斗拱的演化

式建筑中起到极其重要的作用，它是我国木构架建筑的主要承重构件，由柱、梁、枋、斗等组成，是木构架建筑形体和比例尺度的决定因素。

木构架建筑在结构上基本采用简支梁和轴心受压柱的形式（图2-50），局部使用了悬臂出挑和斜向支撑，同时还采用了斗拱。在构造上各节点使用了榫卯，在设计和施工上实行类似近代建筑模数制（用"斗口"作标准）和构件的定型化。清代的《工程做法则例》是当时的官式建筑在设计、施工、备料等各方面的规范和经验总结（图2-51）。

大木作在清代的《工程做法则例》已作详尽规范。装修分为外檐装修和内檐装修。外檐装修指在室外，如檐下的挂落、走廊的栏杆和外部门窗；内檐装修指在室内，如隔断、天花、罩、藻井等。

4.明清城市、宫殿、坛庙、陵墓、园林建筑

明清两朝的建筑成就主要是营建了气势恢宏的北京城、故宫、天坛、皇家园林，支持推动布达拉宫等宗教建筑，并完善了私家园林、民居建筑。这些我们都将在后面的章节来专题介绍和讲解，请查阅第五章、第七章、第八章的具体内容，这里不再详述。

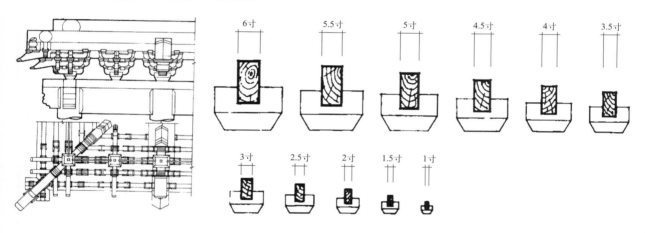

图2-50 斗拱简支梁和轴心受压
柱的构造

图2-51 清工部《工程做法则例》中的斗口尺寸图
（清营造尺每寸等于3.2厘米）

第三章
中国古代城市
建设

城市是人民生活的中心，从原始社会氏族部落的聚落到明清北京城，从里坊的形成到胡同的构建，古代工匠们在城市的选址、防御、道路、市肆建设上都做出了充分的思考，其中《周礼·考工记·匠人》中的王城规划思想便是极具代表性的内容之一。

第三章要点概况

能力目标	知识要点	相关知识
掌握中国古代城市历史发展的简单脉络	古代城市历史沿革； 古代城市建设若干共性问题	不同时期的城市遗址介绍；城市的选址、防御、道路、市肆等的处理与建设；城防建筑建设
能分析中国古代都城的平面布局特征	周代王城规划思想； 隋唐长安的严整方格网布局； 北宋东京的三重城垣布局； 明清北京中轴线的思想	古代都城规划布局实例：汉长安、隋唐长安、北宋东京、明清北京等

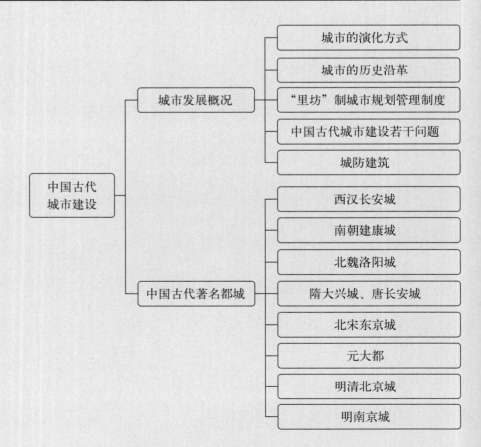

1. "城"与"市"

我们的话题先从"城市"这个词语开始说起，我们今天的"城""市"是连接使用的，但是在古人的理念之中"城"与"市"两者之间是有区别的。

首先"城"指的是一座孤立的、四周有城墙的地方，里面既有平民百姓的住宅，又有帝王居住的宫殿。古人留下了一句话"筑城以卫君，造郭以守民"，这就是"城"所具有的基本功能，君与民都居住在这里，是人居住的地方。

"市"指的是一个交易场所（图3-1）。古人说"日中为市"，"市"在古人的理念之中是一种临时性的交易场所，完成交易后各自散去。这种临时性的交易场所一般位于城的边缘地带，于是拥有农产品的农民和需要这些产品的城里人就在城的边缘地带各取所需，完成交易。久而久之，这种拥有商业活动的"市"从城的边缘地带转移到了城之中，从这个时候开始，"城"与"市"就结合为一体，便就此形成了古代城市的基本格局。

2. "宫"与"城"

这里的"宫"主要指的是帝王的居住区。中国的城市不同于我们正常情况下认知的城市，在中国古代很长一段时间内，"国"与"城"的含义是很接近的。无论是今天简写的"国"字，还是过去我们使用的"國"字，它们都有两个非常重要的特征，首先是围有一圈"围墙"，其次它们的中心是"玉"和"口"，代表着某个重要的东西（王权或者是政治统治中心）。也就是说，中国古代的城市一个非常重要的特征是，它有城墙保护，并且是一个为帝王或统治阶级服务的空间。

图3-1
明 仇英《南都繁会景物图》
局部

建筑是凝固的诗，历史是流动的河。习近平总书记在2014年中共中央政治局第十八次集体学习时指出："中华优秀传统文化是我们最深厚的文化软实力，也是中国特色社会主义植根的文化沃土。"而中国古代城市建设是中国古代建筑历史长河中特色鲜明、成就卓然的一个重要方面。中国古代城市是如何形成、发展起来的？历史上著名的城市如汉长安、唐长安、北宋东京、明清北京究竟是如何规划设计的，又有着怎样的特色？我们将带领大家去一一领略。

第一节　城市发展概况

原始社会氏族部落的聚落，已建有半地穴式住房、窖穴及"大房子"，外围筑防御壕沟。《吴越春秋》记载："鲧筑城以卫君，造郭以守民。此城郭之始也。"说明夏代已开始营建城郭。伴随着私有制和阶级的产生，需要营建防御性的"城郭沟池"来保护人们的私有财产，进而形成了"货力为己""城郭沟池以为固"的社会状况。而后，人们又需要在一定的场所来交换私有财产和剩余产品，这就产生了"市"。

一、城市的演化方式

在中国古代城市的演进过程中，城市可划分为两个主要类型：一是按照系统的规划和建设而逐渐形成的城市，二是自然演化而来的城市。后者的发展往往起源于"市"这一最初的交易场所。现今我们所熟知的城市，例如北京市、上海市等，实质上起源于古代最初的交易场所。在原始社会末期，随着人类生产力的提升和社会分工的逐渐形成，个体开始专注于不同的生产活动，包括农业、铁器制造、纺织等。为促进商品的交换，人们纷纷聚集到一个地方，并在那里进行长时间的交易。这个地方逐渐演变成一个市场，成为商品交流的中心，人们携带各自的产品前来，按照一定的周期性在这个地方进行交易。随着时间的推移和货币的引入，市场上的买卖活动频率增加，逐渐形成了一个具有城市特征的区域。这种城市的形成并非经过严格的规划，而是在自然的情况下逐渐生成。

1. 自然演化而来的城市

这样的自然形成的城市，其发展过程中呈现出一种有机而自发的趋势，人们对于商品交换的需求不断扩大，从而推动了城市的形成。这种城市模式展现了古代社会在经济发展和社会组织方面的动态演变，是一个自然而有序的过程。这样的城市往往是沿着河流发展壮大的。因为在古代，陆地上最常见的是马车，但其运载能力有限，因此船只成为非常重要的交通工具。在市场和商品交换方面，运输是至关重要的因素，这些城市通常是在沿河地区逐渐形成和发展的。

2. 有意识地规划和建设的城市

另一类城市呈现有意识地规划和建设，主要体现在作为都城的中心城市。在古代中国，每座都城的兴建通常伴随着迁址和重新规划，这一过程的首要步骤就是城市规划。城市规划的初期阶段常涉及规划师的考察，通过相地和对当地水源的深入了解，以此为基础来选定合适的地点。在基于相地的选址基础上，规划师再来设计城市布局。这种城市规划强调两个主要因素，一是政治权力，二是风水文化，大多数都城必定拥有一条轴线，皇宫位于这一轴线上。中国历史上的都城基本遵循这一规律，将政府中心作为基点，设有中心区，并在周边布置商业和居住区。

中外建筑史

二、城市的历史沿革

商人活动的中心地域在今天的河南中、北部一带。城市遗址有郑州商城、偃师商城、湖北盘龙商城、安阳殷墟等。上述城市一般都有成片的宫殿区、手工业作坊区和居民区，但各种功能区的分布无秩序，有的中间有大片空白区相隔。

西周初年，都城为丰京及镐京。周武王时，又在洛阳附近建王城和成周二城，传说这些城市是经过规划而成的。《周礼·考工记》中记载："匠人营国，方九里，旁三门。国中九经九纬，经涂九轨，左祖右社，面朝后市，市朝一夫。"这种以宫室为中心的都城布局突出表现了奴隶主贵族至高无上的地位和尊严，宋人聂崇义据此绘制出了周王城示意图（图3-2）。"匠人营国"体现的思想，被认为是一种具有礼制等级性质的城市规划制度（诸如旁三门、左祖右社等），是中国最早的一种城市规划学说，对中国古代后来的都城布局有很大的影响。

春秋战国时期是奴隶制向封建制过渡的时期。这个时期铁器得到运用，出现了很多繁华的商业城市，是中国历史上第一个城市发展高潮期，如赵国离石（山西吕梁市离石区）、韩国的郑（河南新郑）、楚国的郢（湖北江陵）、越国的吴（苏州）等。国与国之间经常互相攻伐，导致城市的防御作用十分突出。

战国时期较大的都城有燕下都、齐临淄、赵邯郸、韩故城等。燕下都（公元前4～前3世纪，今河北易县易水岸边）由东、西二城并联组成，是现存战国城址中最大者（图3-3）。城垣全由夯土筑成，基深0.5～1.7米，墙厚十余米。东城东垣外发现护城河（西城相当于东城的附属之郭），东城北部是宫室区，内部还有手工业作坊及民居区等。此外，曲阜作为鲁国的古都也初具规模（图3-4）。

秦都城为咸阳，秦孝公初建时主要限于渭北，后渐向南扩充。到秦始皇时，继续扩充咸阳的规模范围，并持续向南拓展，最终形成了横跨渭水南北的宏大都城。秦自商鞅变法后对居民采用了什伍之制，并设"里监门"对闾里进行严格管理。因此其闾里应是经过了统一规整的。

汉代政权建立之后，大力发展城市建设。其都城为长安城（见本章第

小知识：《考工记》

《考工记》出自《周礼》，是中国春秋战国时期的一部文献，它记述了官营手工业各工种的规范和制造工艺。这部著作主要记述了齐国对于手工业各个工种的设计规范和制造工艺，其中保留了先秦时期大量的手工业生产技术和工艺美术资料。同时，书中也记录了一系列生产管理和营建制度，这在一定程度上反映了当时的思想观念。

图3-2
宋人聂崇义在《三礼图》中据《考工记》所画的王城示意图／杜冰璇整理

图3-3
燕下都遗址／杜冰璇整理

图3-4
曲阜鲁城遗址平面（西周—西汉）／杜冰璇整理

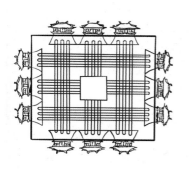

二节详述）。到东汉时，营建都城洛阳城。

三、"里坊"制城市规划管理制度

春秋至汉，"里坊"制布局模式产生。"里"是封闭的居住区，商业与手工业则在一些定时开闭的"市"中，"里"和"市"都环以高墙，由吏卒和市令管理（图3-5）。

从三国至南北朝300多年的分裂局面，使城市建设处于停滞状态。但此时的曹魏邺城，开创了都城规划严整布局的先例，采用了功能分区明确的里坊制城市格局：长方形平面，宫殿位于城北居中，全城作棋盘式分割，居民与市场纳入这些棋盘格中组成"里"（"里"在北魏以后又称"坊"），继承了古代城与郭的区分方法和汉代宫城与外城区分的布局方法。在整个城市的布局中，道路正对城门，干道"丁"字相交于宫门前，采用中轴线对称的布局（图3-6）。这种规划手法对以后的都城布局有很大影响，如唐长安城等。

隋初，隋文帝杨坚建造了规模宏大的大兴城和东都洛阳城。隋唐时期，长安是当时世界上最大的城市，规划布局严整，实行里坊市肆制度。

三国至唐初是"里坊"制兴盛期，唐长安城是这类城市的典范。唐后期的"里"与"市"管制已有所放松，一些里坊中甚至还产生了夜市的热闹景象。

北宋时代，城市的布局和面貌也发生了很大改变，店铺密集的商业街代替了严格管理的里坊和集中的市肆。如北宋都城东京城（今开封），甚至成为"天下之枢""万国咸通"的繁华的商业都市（图3-7）。南宋都城临安是政治、经济、文化中心，人口达到百万以上。

自宋代开始，城市成为开放街市模式，封闭的里坊制正式消亡（图3-8）。

图3-5
里坊制空间格局示意图

图3-6
曹魏邺城平面推想图/杜
冰璇整理

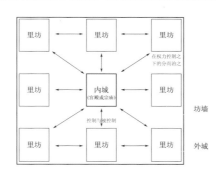
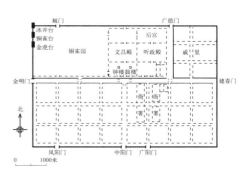

图3-7
宋 张择端《清明上河图》
局部

元代，元大都的建设体现了中国古代城市建设的优良传统：采用三重方城、中轴对称、宫城居中的布局；宫与苑相结合；上、下水道系统完善，河道既满足饮用水的需求，又满足漕运需要；排水系统完善。元大都是当时世界上规模最大、最宏伟壮观的城市之一。

明清时期，封建社会经济发展到顶峰，其城市发展首先表现在人口规模扩大，如明代都城南京有119万人；其次，城市的商业和经济功能增强，如南京、杭州等是纺织中心，开封、济南、常州等是粮食中心，徽州、徐州是印刷及文具交易中心，福州、泉州则是专门的沿海外贸港口城市。明清时期城市已经发展成为较成熟的自由开放模式，但城市一般要经过规划，封建等级制度在城市及建筑上的表现更加明晰，明清都城北京的建设就是典型例子（见本章第二节详述）。

四、中国古代城市建设若干问题

在中国古代的城市建设中需要考虑的问题有很多，不过最具代表性的还是选址、防御、道路规划与市肆建设。历史中的北方战争格局根植于春秋战国时期和秦朝建立之前，并在后续的历史发展中持续演变，形成了一系列复杂的冲突与变迁。在春秋战国时期和秦朝建立之前，北方地区少数民族频繁南下侵入中原地区，与汉族展开激烈的争夺。产生这一现象的根本原因是北方地区的环境与资源条件，使得少数民族通过商业贸易等手段向南迁徙，引发了北部边界的诸侯小国纷纷建立长城以抵御南下威胁。秦始皇时期，这种防线得到了强化，他将北方各个诸侯国的原有长城连接起来，形成了一个整体的长城系统，以防范北方少数民族的南下侵袭。

汉代，在汉武帝及其名将如霍去病、卫青等的领导下，进行了对匈奴的抵御战争。然而，东汉、魏晋南北朝时期，五胡乱华的局势使得多个少数民族涌入中原地区，导致了一场复杂的混战。北方中原地区的汉族人口大量南迁促成了各个少数民族与中原文化的交流。隋、唐及五代十国时期，北方少数民族不断南下，对中原地区施加压迫，这一时期的历史动荡导致了北方中原地区的大量汉族人口南迁，造成了南方建筑、文化等方面的独特特色。

随着时间的推移，北方少数民族的南下压力持续存在，在宋、辽、西夏、元、明、清等朝代，北方战争局势未曾平息，不断有北方少数民族向南侵扰，对中原地区进行冲击，导致北方中原地区的汉族人口不断南迁，这一历史进程塑造了中国历史上的复杂局面。

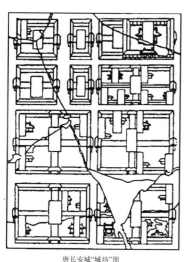

唐长安城"城坊"图

街坊变革后的汴京城

图3-8
唐长安城里坊制与北宋
东京城坊厢制城市格局
的演变

直到鸦片战争时期，西方列强通过海上途径介入中国，战争焦点逐渐向东方转移。这一历史过程形成了南北建筑、文化、社会制度等方面的差异。北方的历史战乱与南方的相对稳定形成鲜明对比，这对中国文化的多元发展产生了深远的影响。

当前南方的汉族人口一部分为北方汉族人的后裔，这一人口迁徙的历史过程对南方各省独特的文化、建筑风格和社会结构的形成产生了深远的影响。以客家人为例，他们在人口迁徙历程中具有特殊的地位，其移居与土楼建筑的形成不仅是地域历史的产物，更是文化、社会制度的集合体现。在明、清晚期，由于南方地区人口密集，特别是平原地带已无生存空间，为了寻找新的居住地，汉族人被迫选择迁往山区。因而在江西、广东、福建三省交界的山区，客家人的数量相对较多。

由于南下家族和村庄在迁徙过程中面临当地居民的排斥以及潜在的不安全因素，自我保护成为迁徙过程中的重要考量。这体现在客家人建造的土楼上，福建的圆形土楼便是其典型代表之一。与之不同的是，江西的土楼多为方形，被当地人称为"围屋"（图3-9）。这些土楼在建筑形式上呈现出独特而有趣的风格，通过在四个角上凸起碉堡的设计，增强了其防御性。广东地区也存在类似的建筑，被归类为客家人的典型建筑。这些土楼的底层的两到三层通常没有窗户，用于储存柴草和其他物品，同时也用于养牛、羊、猪等。而居民一般选择在土楼的三层以上居住。这种居住方式是整个家族占据整个建筑，而不是按照楼层划分不同家庭的住宅单元。土楼的外侧通常由厚实的土墙构成，具备强大的防御性能，而内部则是全开放的设计，包括木质栏杆和走廊。土楼中心区域通常建有集体使用的公共建筑，如祠堂，用于祭祖。这种建筑设计既满足了防御和生活功能，同时也体现了家族、社群之间的紧密联系。

1.选址

古代都城选址受古代阴阳、五行五方哲学思想影响颇深（图3-10）。历代王朝对都城的选址都很重视，要派遣亲信大臣勘察地形与水文情况，主持营建。如春秋时吴王阖闾派伍子胥"相土尝水"，建造阖闾大城（今苏州）。汉刘邦定都时，从政治、军事、经济上反复争论分析才定都长安，由丞相萧何主持建造。

图3-9
方形土楼/翁岩拍摄

图3-10
阴阳、五行五方思想与建筑/杜冰璇、陆子胥整理

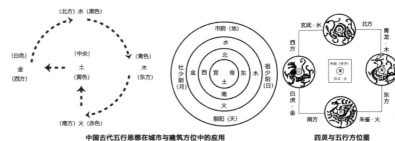

中国古代五行思想在城市与建筑方位中的应用　　　　四灵与五行方位图

在选址时，水源问题是极为重要的。首先要保证饮用水，其次要保证供应苑囿用水和漕运用水。如汉长安开郑渠，元大都开挖通惠河与南北大运河相接等（图3-11）。《汉书·晁错传》曰："相其阴阳之合，尝其水泉之味，审其土地之宜，观其草木之饶，然后营邑立城。"

2. 防御

古代都城为了保护统治者的安全，有城与郭的设置。各个朝代对城、郭的称谓不同：或称子城、罗城；或称内城、外城；或称阙城、国城等。图3-12是故宫的阙城午门。从春秋到明清，各朝的都城都有城郭之制。都城一般有三重城墙：宫城（大内、紫禁城）；皇城或内城；外城（郭）。为使城门防御能力增加，城门设两道，形成"瓮城"；城墙每隔一定距离凸出为敌台或"马面"，以便从侧面射击攻城的敌人。此外还有窝铺（士兵值宿使用）、城楼、敌楼、雉堞等防御设施。

3. 道路规划

根据我国地理位置和气候条件，中国古代城市道路多采用南北向为主的方格网布置。城市道路系统有等级和宽度的区分。如周王城以"轨"作为道路等级和宽度的基本单位；唐长安城的道路有主要交通干道和连接里坊的次要干道之分，而坊内又另有道路系统，道路性质和宽度区别明显。道路数目与城门的数目有关，如元大都、明清北京等每边开三门（北面有开二门的），各有三条东西向及南北向的主要干道。当然，为了适应各地的不同条件，方格网道路系统也是因地制宜的。如汉长安城由秦离宫扩建而成，故其道路系统和轮廓就不规则；明南京城中有水面和山丘，其道路系统及布局很自由。

4. 市肆

《考工记》的城制中有"面朝后市"的记载，汉长安城有九市，北魏洛阳城有三市（图3-13），隋唐长安城有东、西二市。早期的市场主要具有商品交换功能。宋代以后，城市中的市形式多样，除了集中的市，还增加了一些酒楼饭馆、杂耍游艺等。两宋的都城靠近商业中心成立有"瓦肆"，或称瓦舍、瓦市、瓦子等，来表演各种杂耍、小唱等。明清时北京有一年一度的集中庙会等。

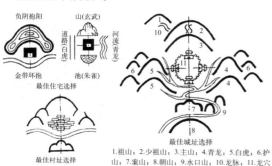

负阴抱阳　山（玄武）
道路白虎　　　河流青龙
金带环抱　　　池（朱雀）
最佳住宅选择

最佳村址选择

1.祖山；2.少祖山；3.主山；4.青龙；5.白虎；6.护山；7.案山；8.朝山；9.水口山；10.龙脉；11.龙穴

最佳城址选择

图3-11
最佳选址图示/杜冰璇、陆子鬻整理

图3-12
故宫的阙城午门/杜冰璇拍摄

五、城防建筑

在中国历史的春秋战国时期、三国时期、五代十国时期以及魏晋南北朝时期，社会处于长期的分裂和战乱状态，表现为各个小诸侯国的竞争和冲突，中国的政治地图呈现多国分立的局面，各国为了自卫和稳固国土防线，纷纷兴建城防建筑，构筑城墙及城楼以抵御外敌。在这一背景下，城防建筑成为中国古代建筑中一个重要范畴。长城作为其中最为著名的代表之一，实际上是整个古代小诸侯国边界的象征。

城防建筑的显著特征之一是城墙的巍峨壮观。古代城墙通常由坚实的砖石构成，沿城市周边延伸，目的是阻挡外敌入侵。城墙的高度和厚度取决于当地的地理环境和安全需求。城墙的兴建是对动荡时期社会不安全因素的直接回应，为城市提供了坚实的防护屏障。

城楼是城防建筑的重要组成部分，通常分布在城墙上的关键位置，如城门、角楼等。城楼的设计不仅有防御功能，还提供了更广阔的视野，以便及时发现潜在的威胁。在长城上，城楼更是构建起守望相助的防线，使防御体系更为完备。长城是城防建筑的杰出代表，它是中国古代防御工程的顶峰之作，它的兴建起源于春秋战国时期，但真正成为世界奇迹的规模和宏伟则是在秦始皇时期。

在秦始皇统一六国、建立秦朝后，他对北方防线进行了整合和加固。春秋战国时期已存在的各北方小诸侯国的边界城墙被秦始皇逐步连接，形成了横贯东西、绵延数千里的万里长城。这一规模宏大的工程，实质上是将各个小诸侯国的城防系统整合为一个整体，以适应统一国家的战略需求。

1. 城墙

城墙与一般围墙在结构上存在显著差异，其主要特征之一是其上部具备供军队行走用的马道（图3-14）。城墙的平面形态呈梯形，即上窄下宽，上部设有宽阔的马道。该马道的宽度因时期而异，从古代描述来看，最小宽度为一至两丈，最大宽度可达十余丈。

此外，城墙的梯形平面形态使得上方的马道更加宽广，能够容纳更多的士兵和军事装备。这不仅有助于提高城防建筑的抵抗能力，还为城内守军提供了灵活而广阔的行动空间。城墙上的方形垛子和凹口则为弓箭手提供了有利的射击条件。垛口的设置使得弓箭手可以迅速切换射击位置，同时通过凹口进行瞄准和发射。这样的设计考虑到了城防建筑在战争时的实际需求，既能够最大化守军的射击效果，又能

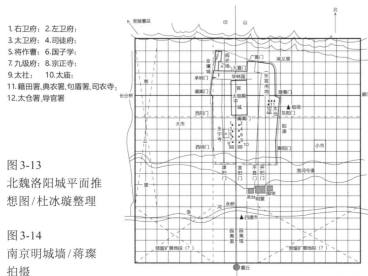

1.右卫府；2.左卫府；
3.太卫府；4.司徒府；
5.将作曹；6.国子学；
7.九级府；8.宗正寺；
9.太社；10.太庙；
11.籍田署,典农署,句盾署,司农寺；
12.太仓署,导官署

图3-13
北魏洛阳城平面推想图/杜冰璇整理

图3-14
南京明城墙/蒋璨拍摄

中外建筑史

够保护弓箭手在射击时的相对安全。

城墙的结构和砌筑往往蕴含着历史的痕迹。明显的缺口、破损或修复的痕迹，常常代表着历史上发生的战争或其他事件。这些痕迹不仅见证了历史的沧桑变迁，也让人们更直观地感受到过去的战争和生活。在现代城墙的保护中保留这些痕迹，有助于让人们更深入地理解历史事件的经过和影响，使城墙成为一本生动的历史书。修建一段假的城墙可能会吸引一些旅游者，但它却缺少真实历史的价值。真正的历史建筑是承载着时间和文化的见证者，是历史的史书，而非简单的景点。因而，在保护和修复古代建筑时，保持其原有的历史痕迹和风貌，还原其真实的历史面貌，更有助于传承和弘扬文化遗产。

2. 城楼

城墙的设计注重对城市出入口的防御和控制，每隔一定距离设有城楼，这些城楼作为城市入口的防御结构，如图3-15所示。在城墙的布局中，城楼作为防御结构发挥了重要作用，这些城楼分布在城墙的入口处，通过其独特的建筑形式和布局，实现了对城市入口的有效防御和控制。城楼的高处视野使其成为城市防线的关键节点，有利于守军监视城外动态，提前发现潜在威胁。城楼的设置还为守军提供了有利的射击位置，增强了城市的防御能力。在敌人进攻时，城楼成为城防的堡垒，守军可以在其中与敌军进行战斗，有效抵挡外来威胁。

3. 烽火台

长城沿山脊蜿蜒而行，形成一道天然屏障。在长城的最高山峰上，人们建造了烽火台。这是一种古代通信设施，具有远距离传递信号的功能。因而烽火台之间形成一套通信网络，通过点燃柴草产生浓烟的方式，实现了在极短时间内将信息快速传递至较远地区。这种系统为军事防御提供了高效而迅速的手段，使得边境地区能够迅速响应敌军入侵，并实现及时预警和通信。

图3-15
宁海西门城楼/蒋璨拍摄

烽烟，有时也称为硝烟，是指点燃的烟火，常被用于古代通信系统中，其中烽火台是一个典型的代表，如图3-16所示。在文学作品中，"烽烟滚滚""硝烟四起"等描写往往象征着战争的爆发。当敌人进攻时，烽火台上点起的烟火成为一种显著的信号，标志着战争的爆发。烽火台内部结构通常设计有瞭望孔，四面环绕，以便军队在平时守卫中观察外部情况。这些瞭望孔不仅提供了广阔的视野，还有助于军队发现潜在的威胁。军队在烽火台内可以遮风避雨，一旦发现敌人来袭，立即采取行动，登上平台点火，完成烽火传递信号的任务。这一系统的设计使得烽火台成为古代防御体系中重要的组成部分。在古代通信系统中，烽火传递信号的方式不仅限于点燃烟火，还包括其他形式的信号，如巡逻兵在烽火台上发出的音响信号或旗语。这种多样化的信号体系提高了通信的灵活性和可靠性，

图3-16
陕西榆林镇北台/
周承君拍摄

使得长城的通信系统更为完善。

4.瓮城

嘉峪关地处长城的最西端，位于祁连山脚下的河西走廊，这个走廊是从西北延伸至东南的一条长条状峡谷。河西走廊作为一个重要的地理通道，嘉峪关则位于其中部，充当了扼守河西走廊的要冲。尽管如今嘉峪关看起来类似于一个小城市，但它在古代并不提供普通百姓居住的功能，而纯粹是军队驻扎的地方。嘉峪关的特殊地理位置使其成为长城系统中巧妙设计的一部分，将关口布置在重要地理位置，以实现对要冲的防守和控制。

在城门的主要入口处，城墙通常呈两道夹角的形状，形成一个围合的院子状结构。一般城墙只有一道，但在城门口会向外延伸一部分，形成一个较小的围合空间，这就是瓮城（图3-17）。瓮城的存在体现了嘉峪关作为一个军事防御要塞的特征，瓮城在需要时可作为军事防御的要塞，为城内军队提供安全的避难场所。这种城关设计的优势在于其相对封闭的结构，有助于抵御外敌入侵，在城门口的前后通常分别有一座城楼，两座城楼前后相接，形成一个相对封闭的结构。

瓮城的设置是一种具有防御性和战术优势的布局，旨在提高城门的安全性，同时允许守军在相对安全的位置上对敌军进行射击，形成一种"瓮中捉鳖"的战术优势。当敌军攻破第一道城门进入瓮城内部时，面对第二道城门就陷入了一个被动局面。在古代，攻城的方法主要包括用云梯攀爬城墙和用大木头撞击城门。如果敌军采用后一种方法，试图撞击第二道城门，城内的防守士兵就能够站在周围的城墙上，向瓮城内部射箭，有效地将敌军困于瓮城之中。这种瓮城设计的优势不仅在于防守者可以迅速切换位置，通过城墙向下射击，而且还在一定程度上增加了攻城者的困难，攻城者在狭窄的空间中难以展开有效的军事行动。而且瓮城的结构可以为防守者提供足够的掩体，保护他们免受来自城外的攻击。

5.护城河

城防的设计体现了多重层次的防御措施，为城市的安全提供了坚实的保障。城防的外围是外层城墙和环绕在墙外侧的护城河，这一层次的设计旨在为城市提供一道坚实的防线。护城河的设置不仅使攻城者需要跨越水域，增加了攻克城墙的难度，而且外层城墙本身就是一道强大的物理屏障，如图3-18所示。

城防的外层通常是老百姓、商业区域以及街道等的主要居住和商业区域，通过这种层次分明的设计，城市的生活与商业活动能够在一定程度上得以保护。第二区域同样包括护城河和城墙，形成了更为坚固的防御层。这一区域通常包括衙门等政府机构，以及贵族的住所。内层的设计使得政府和贵族阶层的生活区域得以更好地防御，提高了城市的整体安全性。进入第三区域，即内部的皇宫，同样有外层的护城河、中层的城墙，再加上第三道城墙，构成了最后的防线。

图3-17
嘉峪关瓮城/杜冰璇拍摄

图3-18
西安护城河/山棋羽拍摄

6.箭楼

城楼中的箭楼是长城系统中的重要组成部分。箭楼通常是直的，直接面向城门，具有迎敌、防守和射箭的功能，如图3-19所示。箭楼的建筑中常设有方形的窗洞，打开这些窗洞，守军可以射箭，有效地阻止外敌的侵入。因此，箭楼既是城防体系的关键组成部分，也在设计中兼具了防御和装饰的功能。在箭楼的结构中，窗户通常具有较大的尺寸，以满足射箭的需要。这些窗户呈现出较大的洞口，窗扇通常是一块板状结构。在平时，守望者可以通过窗户内的圆洞进行观察，随时监测外部动态。一旦发现敌人进攻，可以迅速掀起板子，露出较大的开口，以便进行射箭行动。这种窗户设计体现了箭楼在战争中的实际应用，其主要作用是直接迎敌，并且强调了箭楼在军事防御中的战略意义。

北京的大前门及其箭楼和城楼的布局，以及西安城的类似设计，都是中国古代城市规划和防御系统的代表。这些城市结构不仅在形式上体现了对军事防御需求的考虑，而且在布局上巧妙地融入了城市的实际需求。这种城市结构不仅仅是对外抵御敌袭的军事设施，更是城市文化和历史的象征，为人们提供了了解古代城市发展和文明演进的窗口。

7.典型建筑

（1）长城　长城作为中国古代防御工程的代表，其每个关口都设计有城门和城楼，成为里外相通的主要交通干道。长城蜿蜒起伏，沿着国家边界的山脊，将前方地域有效地隔离（图3-20）。然而，长城并非旨在完全阻隔人们交往，因为人们仍需进行外部交往，这种交往通常发生在山脉之间的凹口、峡谷中，形成了一条重要的里外交通通道。在这些地方，城墙从两侧延伸下来，一直延伸至高处的凹口，而在凹口处建有城门和城楼，用以守卫这个重要的通道。沿着长城的线路上存在许多关口，这些关口在整个长城沿线起到了重要的守护作用，形成了一道道防线，以确保国境的安全。著名的关口包括山海关、嘉峪关、娘子关、平型关、居庸关等，这些关口不仅具有重要的军事防御功能，还在历史上成为重要的商贸和文化交流中心，促进了国内外的交流与合作。南京城墙也是典型的一个代表（图3-21）。

（2）凤凰古城　凤凰古城以其独特的魅力和保存完好的历史风貌而备受瞩目。作为国家级历史文化名城，它通过精心的修复和保护工作，成功地呈现了湖南湘西地区丰富的历史文化内涵。凤凰古城的城墙虽然不再完整，但经过修复，一些标志性的城楼仍然屹立不倒，为游客提供了深入了解历史的机会。这座古城被诗人沈从文赞美为湘西人文风情的代表，同时，新西兰作家路易·艾黎也评价其为中国最美丽的小城，彰显了其独特的吸引力。城墙是凤凰古城的重要组成部分，尽管不再完整，但城墙的保留和修复让其依然具有历史的厚重感。城墙的修复工程使游客能够亲身感受古代建筑的雄伟和工艺的精湛。城墙上的城楼是古代军事防御的象征，也是古城的标志性建筑，其独特设计和位置使其成为城市的制高点，既有军事防御的功能，也是欣赏风景的理想之地。古城的格局保持了原貌，古街道的设计展示了

图3-19
正阳门箭楼

图3-20
北京八达岭长城/
黄真真拍摄

凤凰古城丰富的历史文化内涵。这些街道见证了古代商贸和文化交流的繁荣，沿街的古建筑、传统店铺等都是历史的见证者。这种历史的延续感让游客仿佛穿越时光，感受古代文明的魅力。

最引人注目的是凤凰古城外围环绕的沱江，这条自然护城河为城市提供了一道天然的防线。在鸟瞰凤凰城时，沱江如一条丝带，巧妙地环绕在城墙周围，为古城增添了独特的景观魅力。沱江的水被引入城内，形成了一条内围的河流，构成了完整的护城河系统。这一设计既提升了城市的防御性，又为凤凰古城带来了水乡般的风情。

而凤凰古城的城墙则凭借其保存较好的状态，让人们得以一窥不同时期的建筑风格变迁。明代城墙使用的大青砖展现了工艺的精湛，后世的加筑则留下了时代的印记。这种历史沿革的连贯性让城墙不仅仅是一道城市的防线，更成为历史的见证，为游客提供了感受过去时光的独特体验。凤凰古城的独特设计和丰富的历史内涵使其成为中国古代城市建筑的杰出代表。其保存完好的城墙、古街道、河流环绕等元素不仅是城市防御的体现，更是历史文化的传承（图3-22）。

（3）长沙城墙　长沙在宋元时期历经了三次惨烈的城市保卫战，使得长沙城遭受巨大的威胁。这些保卫战动员了全城的军民，包括岳麓书院的学生，大家齐心协力，拼死抵抗，希望捍卫长沙城的尊严。然而，保卫战的代价是沉重的，许多学生在城墙底下英勇牺牲，这段历史表达了长沙人民坚韧和英勇的精神。

近年来的考古发掘工程在长沙城墙的原址揭示了历次保卫战的痕迹，成为宝贵的历史记忆。社会上引发了对这段历史遗迹保护的激烈争论。有人主张保留这些遗迹的原址，因为这是真实历史的见证。将遗迹搬离原地可能导致失去其真实性，变成一堆砖块而非城墙。有人提议将城墙搬到博物馆里，但这被认为可能使历史遗迹失去其原有的意义。还有一种提议是将城墙移动到其他地方，然后在原地建造一段模拟的城墙，但这样的做法也被认为是无意义的。因为城墙的位置是时代的产物，将其移动可能会误导后人，使他们错误地认为古代城墙就在那个位置。

长沙城墙的原址与当代的城市地理信息存在差异，这可能是湘江在漫长岁月里逐渐移动，或者湘江逐渐收窄的结果。这种地理变化对于科学研究具有重要的价值。城墙原本是借湘江作为护城河，而今天发现的城墙却离湘江相当远，这可能是城市地理演变的一个见证。对于科学研究来说，这种地理信息的保存方便对城市演变过程的深入洞察。在这个背景下，保留长沙城墙的原址，尤其是借助护城河等地理元素，对于科学地理信息的保存和研究具有极高的价值（图3-23）。这不仅有助于理解历史时期长沙城市的防御体系和城市演变过程，同时为后人提供了深入了解古代城市规划和防御工程的机会。在城市地理学、历史学等学科领域，这样的信息对于推动研究取得新的进展具有积极的意义。

图 3-21
南京城墙/钟坤辰拍摄

图 3-22
湖南凤凰古城/翁岩拍摄

图 3-23
长沙天心阁古城墙/陆子鬻
拍摄

（4）平遥古城　平遥古城在城楼下方设置了一个额外的城门，攻城者需要先克服这个城门的防线。攻占第一道城门时，防守军队位于城楼上方向下方射箭，形成威胁。随后，攻城者面对内部城门，而此时周围的防守军队则环绕城楼四周，向下方展开射击。这样的设计使得瓮城有一种高效的防御策略，形成了多层次的城防结构，提高了城市的安全性（图3-24）。

第二节　中国古代著名都城

一、西汉长安城

汉长安城位于今陕西西安市西北渭水南岸，由原来秦咸阳的离宫——兴乐宫的基础上逐步增扩而来。长安城平面很不规则，后人附会城址曲折仿北斗星，称为"斗城"。实际上是为了配合渭水河岸的地形，体现了"天人合一"的哲学思想（图3-25）。

1.城墙、道路

长安城墙全部由黄土夯筑，周边有8米宽的壕沟，每面各有3座城门。长安城的街道有"八街""九陌"之说，考古已探明通向城门有8条主干道，最长的安门大街长5500米。街道都是土路。这些街道都分成3股道，中间为皇帝专用的御道。街道两旁植槐、榆、松、柏等树木。

2.宫城

长安城主要被5座宫城占据，每座宫城由高墙环绕的殿宇组成。主要宫殿未央宫位于西南，正门向北，形成一条轴线。东为长乐宫，这两座宫殿均位于长安城中地势最高之处，向北地势渐低，布置着桂宫、北宫、明光宫。

3.闾里、市肆

据文献记载，长安城共有160个闾里，多在城内各宫殿之间（闾里也可能不全在城内）。闾里内建筑布局规整，"室居栉比，门巷修直"。闾里四周筑墙，每面设门。共有九市，在横门大街北段东西两侧，"六市在道东，三市在道西"，集中设市，市中按行业集中成肆。大臣的甲第区以及衙署分布在未央宫北阙附近，称"北阙甲第"。

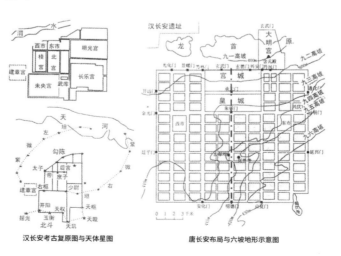

汉长安考古复原图与天体星图

唐长安布局与六坡地形示意图

图3-24
平遥古城/杜冰璇拍摄

图3-25
体现"天人合一"的哲学思想的汉长安城

4.礼制建筑及其他

　　长安城南面有社稷坛、明堂辟雍、宗庙等礼制建筑。城西面是建章宫遗址。城南及建章宫以西是始于秦始皇时期的广阔的上林苑，经汉代修复建设，苑中有30处离宫及湖面浩渺的昆明池（作为城市生活用水和漕运用水）。城东南和北郊分布着7座陵邑（长陵、安陵、霸陵、阳陵、茂陵、平陵、杜陵），共同组成了以长安城为中心的城市群。

二、南朝建康城

　　南朝建康城所在地便是今六朝古都南京。在东吴时期名建业，到西晋末年改称建康。建康城位于丰沃的秦淮河入江口一带，西临长江，北枕后湖（玄武湖），东依钟山，地势复杂且险要。青溪和玄武湖分别位于建康城的东部和北部，另有秦淮河于城南贯穿而过。建康城的城市建设已经达到了相当高的水平，今天考古发现的各种砖石所建的路面、下水道、城墙和房屋基础等都是很好的例证。

1.城市布局

　　建康城的城市布局受地形的影响十分明显，这也是建康城市规划的特色之一。整个建康城受地形影响，而形成了不规则的城市布局形式。牛首山作为城市的天然的阙，仿佛一道屏障屹立在城南。城中除了中心的御街笔直向南，其他道路均是"纡余委曲，若不可测"。这种独特的城市结构从东晋开始一直沿用到陈末，直到隋朝初期被平毁。所以我们现在只能通过历史文献以及近年考古发掘成果，了解其大概的城市样貌：其都城周围约20里，前后曾有6～12个城门于此建设；宫城位于都城的北部，官署则大多建于宫城前向南的御街上；都城以南秦淮河两岸的广阔地区和青溪以东、潮沟以北分别是普通居民与大臣贵戚的居住之处（图3-26）。

2.居民区、市肆

　　因为建康城独特的地理环境因素，山丘起伏，因而不方便建造方整的居民区。据推测，城中的居民

图3-26
南朝建康平面推想图/
杜冰璇、陆子鬻整理

区布局多为自由式的街巷布置方式，因而形成的里巷与当时北方的里坊在布局方式上有很大的差异。城中的居民区和市场多建于秦淮河两岸。建康城的居住区也用"里"来命名，有大长干、小长干、东长干等多处，如秦淮河南岸最著名的吏民居住的里巷——长干里。所谓"干"，指的是山陇之间的平地。

秦淮河两岸有著名的谷市、牛马市、盐市、小市等多个市。建康城内市的数量比北方大多数城市的数量都要多，且分布在城市各处，更方便居民生活。此外还有南市、北市等，这些市有些是专业性的市，有些则是以不同的地名和方位命名。

3. 水运、绿化

城中有秦淮河道用以连通长江运输四方贡赋，又由秦淮河引运渎直达宫城西侧的太仓旁，皇室物资的供应。玄武湖水在潮沟和青溪北源注入青溪和运渎，作为漕运和城壕用水的主要保障。又在湖侧作有水窦，经由华林园天渊池引水入殿，以供殿内诸渠使用。

在绿化方面，城内树木种类丰富，不同位置所植树木种类有所区别。都城南部御沟旁多植槐树、柳树，城墙内侧则种植石榴树，殿内槐树居多，宫城外壕沟旁多为橘树。

三、北魏洛阳城

作为我国五大古都之一的洛阳，其地理位置相当优越。自古以来，无论在经济还是军事上，在历史上都占有重要的地位。自东周开始，便有都城在此营建。在随后的300余年间，更是成为我国北方乃至全国的政治、经济、文化的重要根据地。

北魏都城最早建于平城（今山西大同）。在孝文帝时受经济发展的影响，同时为了便于加强对北方大部的统治，于太和十八年（494年）迁都于位置更加优越的洛阳。北魏洛阳城的建设主要是受到了西晋都城洛阳的影响，以西晋洛阳的废墟为参考，共历时7年，完成了北魏洛阳城的主体工程建设。

1. 城市布局

洛阳城地理位置较为优越，地势相对平坦，北依邙山，南邻洛水，地势坡度由北向南而下。从目前的考古发掘来看，已经明确发现的道路布局显示，北魏洛阳城的重建对于旧城的原状做了相当大程度上的沿用。受到旧城的影响，最终它的城市结构呈现为不规则的方格网的布局特点。洛阳宫城正门的形制也在近年的考古发掘中变得愈发清晰：中作城门，门楼七间，前列双阙，门和阙之间由土墙联结。

根据考古发现，洛水在历史上逐渐北移，而位于洛水北侧的北魏洛阳城在此影响之下，其遗迹的南面大多数部分已经被冲毁。目前发现了局部的郭墙，和大部分的都城城墙、宫城、城门、街道以及永宁寺遗址等。北魏洛阳城形成由外郭、京城、宫城组成的三重城的城市结构。京城位于宫城的南侧，同时又处于外郭的中轴线上，宫城前面的御道两旁建有太庙、太社、太稷、官署和灵太后所建的永宁寺九层木塔等建筑。皇子的居住区——寿丘里靠近西郭墙附近，又称为王子坊。城中的贵族宅第也大多数位于京城西面郭中。城南之中建有灵台、太学、明堂等重要建筑。位于城东边的建春门作为洛阳士人的重要通道，他们大多在此门迎送亲朋好友。建春门外的郭门也是通向东西方交通要道的出入口，人流不息，甚是繁忙（图3-27）。

2. 里坊、市肆

据《魏书·广阳王嘉传》记载，北魏洛阳城东西长约20里，南北长15里，其中共有320个里坊。城东部和西部分别有洛阳小市和洛阳大市两处市场，这两处是洛阳城的市场集中地区。四通市作为外国商人的主要聚集地在南郭门外，其周围还设有接待外国商人的夷馆区。

洛阳城中的商人和手工业者大多聚居在洛阳大市附近。在京城东面设有太仓作为皇室粮库，其周围的租场是征收各地贡赋的主要场所，周围有众多的小市围绕，所以这一带十分热闹繁华。在周边的里坊中居民密集，共有两三千户之多。里坊的规模大约为一里（300步）见方，每一个里开4座门。每门中有里正2人，吏4人，门士8人，在每一个门中管理其中的居民，对于居民管控的严格程度可见一斑。

在中国历史中，商人们的文化交流发挥了重要作用，他们的流动促使南北方文化相互影响。商人们穿越全国各地，南方人涌入北方，北方人涌入南方，他们在异地建立会馆的同时，在建筑风格上也展现了明显的地域特色。

以福建商人在山东烟台建造的天后行宫为例，该建筑明显采用了福建传统风格，包括独具特色的高翘燕尾脊和典型的闽南建筑风格。这座建筑所使用的材料甚至通过南方海运运输而来。商人们通过建筑不仅传递文化，还将地域特色融入异地的建筑之中。这种跨地域的文化交流不仅令商人之间的联系更为紧密，也为各地文化的融合提供了具体而有力的范例。

在湖北省襄阳市樊城区，山西商人兴建的山陕会馆也展现了中国建筑显著的地域性特征。该会馆在建筑屋顶上采用了彩色琉璃拼成的菱形图案，这一设计风格在地域上源自山西，如图3-28所示。商人们将山西建筑的独特风格引入湖北，实现了地域文化和艺术的深层次交流。建筑中采用的彩色琉璃以菱形图案的形式呈现，不仅具有装饰性质，更彰显了山西建筑传统的艺术特色。商人们的文化交流不仅在建筑领域显现，更深刻地影响了社会各个层面。他们通过贸易、建筑、宗教等多个方面的活动，促使

图 3-27
北魏洛阳平面推想图/
翁岩、钟坤辰整理

图 3-28
山陕会馆/周承君拍摄

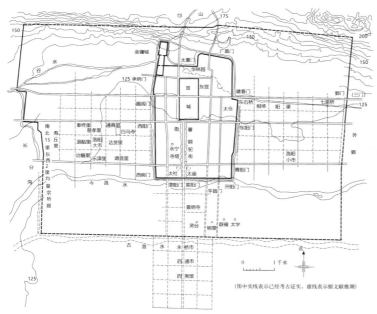

南北方文化在多元元素中相互交汇、融合，为中国历史文化的多样性和繁荣做出了卓越的贡献。这一历史现象也为当代社会提供了借鉴，强调跨地域文化交流的重要性，推动不同地域文化的共同发展。

3.绿化、漕运

北魏洛阳城中的树木种类丰富且相当茂密。登临高处，便可看到绿柳成荫、列树成行的壮阔景象。城中的谷水是洛阳城的主要用水来源，城中的御街、城壕、宫苑、漕运等用水均来源于此。又因为谷水的地势相对较高，从城西北穿过外郭和都城，流入华林园天渊池和宫城前铜驼御道两旁的御沟之中，后向东流出城，最终汇入阳渠、鸿池陂等地用以漕运。

四、隋大兴城、唐长安城

隋文帝在长安建都时，放弃了已经破败且地下水有盐碱的原汉长安城，新城选址在汉长安旧址东南龙首山南面。城市建设具体负责人为高颖和宇文恺。新城定名为大兴城，由陆续建筑完工的宫城、皇城、罗城组成，功能分区明确。"皇城之内惟列府寺，不使杂居，公私有辨，风俗齐整"，这是大兴城在城市规划方面比汉长安城的进步之处。全城之内为严整的棋盘式布局，中轴线北端为皇城、宫城，其余规划为109个里坊和2个市（东为都会市，西为利人市）。城外北面是广阔的大兴苑。并陆续开挖永安渠、清明渠、龙首渠、广通渠等作为城市、苑囿、漕运用水。全城面积达84.1平方千米，其规模在中国古代历史上及世界古代历史上都是最大的。唐代改名长安城，在隋大兴城原布局基本不变的情况下，新建了诸如大明宫、兴庆宫等工程，形成了唐都长安的面貌特征（图3-29）。

1.道路

严整的方格网道路系统，共有11条东西大街和14条南北大街，互相直角相交。南北向道路和子午线方向实测只差1°多。通向南面三门的3条街道和通向东西两面三门的3条街道是全城的主干道。道路很宽，如主干道宽度大部分在100米以上，明德门内的朱雀大街宽度达150米，其他街道最窄的也有25米。道路多为泥土路面，也有砖瓦碎块填铺的少数路面，因此遇雨行走困难。街道两旁种槐树，两侧开挖排水沟，沟处就是高大的坊墙。

2.宫城、皇城

宫城在城市中部偏北，东西宽2820米，南北长1492米。主要宫殿均坐北朝南，由三区宫殿组成：中为皇帝听政和居住的太极宫（宽1967米），西为宫人居住的掖庭宫（宽702米），东为太子居住的东宫

图3-29
唐长安城复原模型/
周承君拍摄

（宽150米）。宫城南面是皇城，皇城东西约2820米，南北约1843米，有文武官府、宗庙、社稷坛及官营手工作坊（如将作监、军器监等）。皇城与宫墙之间由宽约220米的道路分开，实乃一个大广场，可能为举行庆典之用。整个唐长安城中轴线为：承天门（宫城正门）→朱雀门（皇城正门）→明德门（外城正门），长约5316米。贞观八年（公元634年）以后又在城外东北的龙首原上建大明宫。唐高宗以后这里成为政治统治中心。

3. 里坊、市肆

唐长安城共布置109坊（不同时期坊数划分会略有变动），各里坊四周均筑夯土的坊墙，墙基厚度2.5～3米，墙高2米左右，封闭如城。每天坊门关闭后，禁止行人在街上活动。贵族府邸和寺庙可以开门向大街，普通百姓只能坊内开门。小坊约一里见方，只开东西坊门，大坊可开四面坊门。贵族府第和寺庙在坊内占地面积很大，普通居民住宅则处在府第、寺庙之间，条件很差，形成弯曲的"坊曲"，鄙陋低矮。唐长安城内有东、西二市（各占二坊），对称布置在皇城南面两侧。每市内各有东西和南北向街道两条，每市中央部分是市署、平准署，市门也按规定时间开闭。东市主要是为贵族官府服务的商业，西市拥有很多外国商人的店铺，是国际贸易中心（以波斯人、阿拉伯人为最多）。后来，又将河道渠水引入东市、西市。

隋唐长安是在曹魏邺城之后第一个新建的都城，是我国严整方格网式布局城市的典范，对诸如宋东京、金中都、元大都等，以及日本古都平城京和平安京的规划营建产生了巨大影响。

五、北宋东京城

北宋东京城位于今河南开封，其先后是隋唐汴州治所和五代都城等所在地，因其位于江南和洛阳之间的水路要冲地带，漕运十分方便。北宋王朝在此基础上不断扩建，最终形成了包含城墙、城门、护城河、城内大街小巷、河道、桥梁、宫观寺院、祠庙、皇宫衙署、府第住宅、苑囿等在内的繁华商业都市。建筑史学家张驭寰对北宋东京城做过专门复原研究，从他绘制的北宋东京复原图中可较为详细地了解北宋东京的全城面貌。

1. 城市布局

考古实测已经证明该城由宫城（子城）、内城（里城）、外城（罗城）三重城垣套叠组成。最内层是宫城，也称大内（紫禁城），处于原唐代宣武节度使衙署所在位置。城南中门是宣德门，两侧为左、右掖门。城东、西分别是东华门、西华门。城北是拱宸门。内城共有10门，其中南城墙有3门：保康门、朱雀门、崇明门。外城在北宋时也多次重修、扩建。考古实测已证明近似为平行四边形（图3-30），东墙7660米、西墙7590米、南墙6990米、北墙6940米。外城水门、旱门共20个，其中南面城墙中门为

中外建筑史

南薰门，两侧分别为戴楼门和陈州门。全城的南北中轴线是宣德门→朱雀门→南薰门，宣德门和朱雀门之间是宽阔的御街。

2.防御

为了加强防御，东京城的三重城墙均有护城河环绕，各门均有瓮城。考古证明，河南开封新郑门遗址形制即为瓮城，瓮城平面呈长方形，南北长165米，东西宽120米（图3-31）。瓮门开于瓮城西部正中，宽度未能探明。瓮墙宽10～20米，被瓮城包围的城墙主体上的城门宽约30米，各瓮城上建城楼、敌楼。城墙每百步设马面、战棚。

3.里坊、市肆

北宋初年，东京城仍实行过里坊制，并设有东、西两市，商品交易仅限于在"市"内进行。后来宋太祖废除夜禁，准许开夜市。宋仁宗时又拆除坊墙，景佑年间又允许商人自由开设店铺，这样"市"就可以分布全城。随之而来的是封闭的里坊、市肆制被打破，实现了从封闭的里坊制向开放的街巷制的转变。城内逐渐形成夜市和晓市，如州桥夜市。许多饮食店、酒楼等颇多，通宵营业。城内还有"瓦子"，集中着各种杂技、游艺、茶楼、酒馆，反映了城市经济和市民阶层发达的需要。北宋张择端所画的《清明上河图》描写了宋东京城沿汴河一带的热闹街市场景，街道上人头攒动，繁忙异常，街市中各种店铺林立，形象地反映出了北宋东京城是一个繁华的商业大都市。

北宋东京城市布局改变了隋唐长安、洛阳宫城位于北部的做法，布置在其内城中心偏北位置。北宋东京城三城相套的布局及宫城基本居中等规划思想对以后都城的规划影响很大。

六、元大都

元大都地处华北平原北侧，属于通向东北地区的咽喉要道。早在战国

小知识：瓦子

瓦子，又称"瓦市""瓦肆""瓦舍"，是一种娱乐兼营商业的场所。这种场所以极其丰富的曲艺、说唱、杂技等表演为内容，是一种大众性的享乐消费场所。在北宋东京城内，共有50余座瓦子及大小勾栏，包括桑家瓦子、中瓦、里瓦等。

图3-30
北宋东京城复原图/
周承君、翁岩整理

图3-31
河南开封新郑门遗址/
周承君拍摄

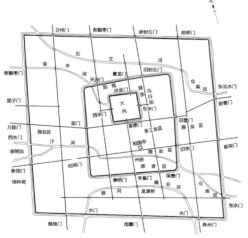

时，此处就已有城市在此处建立，辽代时在此建立陪都，金代在辽的基础上建立金中都，将辽代都城向东西方向进行延展，并设为都城。到了元代元世祖忽必烈时，建立大都城，并且依托金中都东北部水面一带为核心建造起全新的宫殿，并深刻影响明清两代都城建设。

1. 城市布局

元朝并没有完全沿用金朝旧城，而是将都城向北移动，在新建的都城中迁入官员以及富庶的市民，而一般的平民则居住在旧城中，形成了一种南城与北城、新城与旧城二城并存的样貌。元大都选址地势相对平坦，同时又是新建的都城，所以道路系统在此优良的条件之下，形成了相当规整笔直的样貌。其都城的核心是皇城、宫城以及大片的水面，整体的布局形制为轮廓近似正方形的方格网状。城市的中轴线与宫城的中轴线两者为一，城中的中心台便是元大都的几何中心所在之处（图3-32）。

2. 胡同、市肆

元大都城内道路由干道和胡同两种类型所组成。这里的胡同和唐代以前的里坊是完全不同的居住区规划方式，胡同大多是以东西方向为主，两胡同间空隙的地段则分布住宅基地，形成一种独特的、有规律的布局方式。

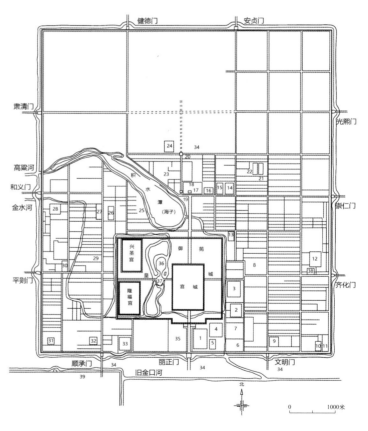

图3-32
元大都平面复原图/资料来源：《中外建筑史》潘谷西，杜冰璇整理

1. 中书省；2. 御史台；3. 枢密院；4. 太仓；5. 光绿寺；6. 省东市；7. 角市；8. 东市；9. 哈达王府；10 礼部；11. 太史院；12. 太庙；13. 天师府；14. 都府（大都路总管府）；15. 警巡院（左、右路警院）；16. 崇仁倒钞库；17. 中心阁；18. 大天寿万宁寺；19. 鼓楼；20. 钟楼；21. 孔庙；22. 国子监；23. 斜街市；24. 翰林院、国史馆（旧中书省）；25. 万春园；26. 大崇国寺；27. 大承华普庆寺；28. 社稷坛；29. 西市（羊角市）；30. 大圣寿万安寺；31. 都城隍庙；32. 倒钞库；33. 大庆寿寺；34. 穷汉市；35. 千步廊；36. 琼华岛；37. 圆坻；38. 诸王昌童府；39. 南城（即旧城）

城中的市肆的分布相对来说是比较分散的。其中皇城东西两侧的交叉路口和漕运终点的海子东岸是城中最热闹的场所，而城北部地区则较为荒凉。

3.皇城

元大都共有皇城、宫城、都城三重城墙围绕。其皇城布局方式和传统的宫殿有所不同，位于元大都的偏南侧。其中包括宫城、太液池西岸的隆福宫、兴圣宫和御苑，在一片广阔的水面周围依次展开，是元代宫殿布局方式上的一种创新之举。在元大都独特的城市布局影响之下，新建的城区大部分在皇城的北部，皇城则与南面的旧城更加接近，在其东西两侧分别为太庙和社稷坛。

4.漕运、市政设施

在元世祖忽必烈时期，将西山和昌平一带的泉水注入通州与元大都之间的通惠河，用以漕运，因此从大运河和海上运来的物资便可方便地从通州直接运输到琼华岛北面的海子。大都城在城内的市政设施建设上也是十分出色的，在城内的南北大道上分别建有用石料所砌的沟渠用来排泄雨水，同时在全城的中心地带建设有鼓楼和钟楼。

七、明清北京城

明代北京城是在元大都基础上进行一系列改造、扩建而成的：把元大都北面部分向南退入约2500米，南面则把墙向南推出500米多，东西城墙仍沿用元大都城墙。明中叶（32年）又在上述城垣之外筑外城，限于财力，仅建成了城南的一段就不再继续修筑了，从而北京城形成了一个"凸"形平面（图3-33）。清代北京城的平面形状未再变动（图3-34）。

1.城市布局

北京城总体结构布局为外城在南，内城在北，内城中心偏南是皇城，皇城中心位置是宫城（紫禁城）。外城东西7950米，南北3100米，南面3座门，东西各1座门，北面共5座门，其中东西两角门面向城外。内城东西6650米，南北5350米，南面3座门，东、北、西各2座门。内城外面四面设置天坛（南）、地坛（北）、日坛（东）、月坛（西）等礼制建筑。皇城呈现为不规则的方形，东西2500米，

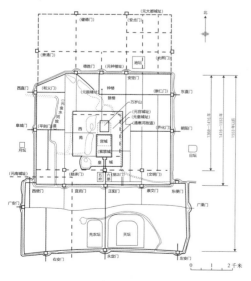

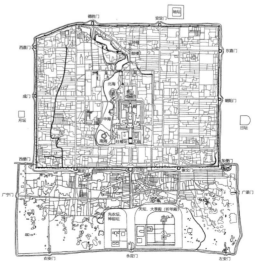

图3-33
元、明两代北京发展示意图

图3-34
清代城市格局平面示意图/杜冰璇、朱慧悦整理

南北2750米，四向开门，南门为正门（明叫承天门，清叫天安门），皇城内包含了宫殿、苑囿、坛庙、衙署等众多建筑。宫城布局严整，南北长961米，东西长753米，四向开门：南是正门（午门），庄严肃穆，北门正对景山，东、西是东华门、西华门。主要建筑由高踞于大理石台基上的三大殿组成，宫城采用"前朝后寝"的形制，后部是御花园。宫城前左（东）为太庙、右（西）为社稷坛。

2.防御

北京各道城垣厚重高大，各城垣的城门均有瓮城。为便于各城门之间的相互支援，相邻两座城门都是遥相对开，城门上建有城楼。内城的东南和西南两个城角并建有角楼，宫城四角建有角楼，各重城墙外侧均有护城河环绕。如内外城护城河，宽约30米，深约5米，距离城墙约50米。

3.里坊、市肆

皇城四周是居民区，如明代有37坊，此时的里坊并无围墙等的约束，只是城市用地管理上的划分。这些居民区由胡同分割为一个个间距约70米的居住地段，每个居住地段中间多为三进的四合院并联组成。内城多住官僚、贵族等，外城多住一般老百姓。市肆多集中在皇城周围，形成四个商业中心：城北鼓楼一带；城东、城西的东、西四牌楼一带；城南正阳门外一带。诸如果子市、罐儿胡同、盆儿胡同之类就分布在这些位置。

4.苑囿、寺庙

北京城园林绿化在明代有较大的发展，城内利用北海、中海、南海和琼华岛建设了西苑，在中轴线上又人工堆筑景山。清代在西郊建造了著名的"三山五园"（香山、玉泉山、万寿山、圆明园、畅春园、静宜园、静明园和颐和园），是世界上最大的皇家园林组群。清代喇嘛教兴盛，除原有佛教、道教寺院建筑外，增建喇嘛庙，如雍和宫等。

北京城市布局艺术运用了烘托中轴线的手法，重点突出，主次分明，形成宏伟壮丽的城市景观，在世界城市史上也不多见。明清北京城还体现出由建筑单体、建筑群到整个城市空间格局的高度统一和同构，无论是空间形态还是生活方式，都体现出高度的和谐，是中国古代城市规划建设经验的集中体现（图3-35）。

八、明南京城

明南京城因为它独具特色的不规则城市布局的形制，在我国城市建造的历史中占有重要的地位。同时南京地理位置优越，地形错综复杂，地处山川江湖交汇地带，同时旧城在商业、交通方面有良好的基础，且拥有大量的居民，在明朝初期更是全国最重要的政治中心。

1.城市布局

　　南京城城市规划的指导原则是充分考虑旧城以及地形的面貌，对其进行更好的利用与顺应，也因此形成了南京城独特的面貌。南京宫城避开了旧城，在旧城东面的富贵山南大片空地上进行营建，后来又把旧城西北侧的土地纳入城内，供军队营地使用。由此在南京城内的东侧、南侧、西侧，自然形成了三大功能区划分：东侧为皇城区；西北侧为军事区；南侧为居民区和商业区。南京城的城墙也就顺应着三大功能区，形成自然围合的状态（图3-36）。

2.宫城、皇城

　　宫城坐落于三大功能划分区域之中的东城区。在营建时以填平半个燕雀湖为代价，而获得了一片完整且平坦的基地。此地北依富贵山，南有秦淮河，为背山面水的宝地。且由于其独特的城市结构，宫城西边紧邻市区，可让旧城的原有设施更好地为其所用。不过因其填湖所致，此处部分地段排水状况欠佳。新宫的布局以富贵山为基础，向南方延展，宫城东西宽约为800米、南北长约为700米，以《考工记》中标准的"左祖右社"格局进行布置，前列太庙和社稷坛。

　　宫城外有皇城围绕，皇城南面的御街两侧设有文武官署。大祀殿、山川坛和先农坛等礼制性建筑置于正阳门外。此布局范式对明清两代的都城产生了重要的影响。

图3-35
由建筑单体、建筑群到整个城市空间格局的同构示意图/翁岩、董纪萌整理

图3-36
明南京都城平面复原图/资料来源：《中外建筑史》潘谷西，杜冰璇、董纪萌重绘

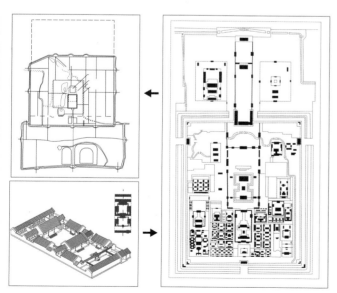

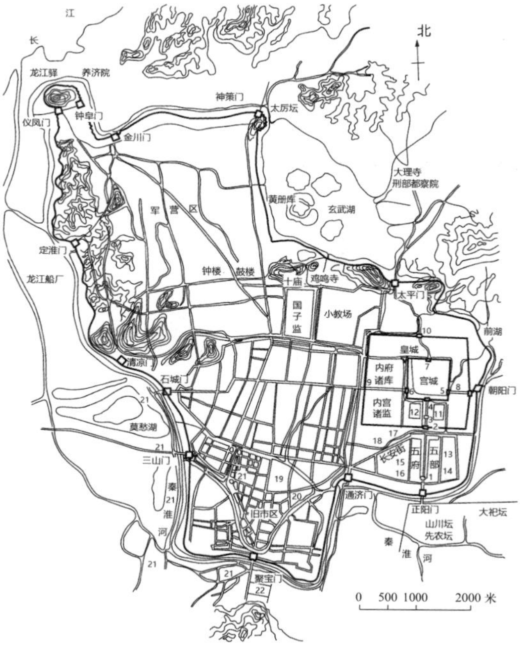

1.洪武门；2.承天门；3.端门；4.午门；5.东华门；6.西华门；7.玄武门；
8.东安门；9.西安门；10.北安门；11.太庙；12.社稷坛；13.翰林院；
14.太医院；15.通政司；16.钦天监；17.鸿胪寺；18.会同馆、乌蛮驿；
19.原吴王府；20.应天府学；21.酒楼；22.大报恩寺

南京城墙的建设凝聚着中国劳动人民的智慧与汗水，是一项浩瀚且伟大的工程。城墙各段相加，总计长约33.68千米，城墙高度为14～21米不等，宽度为4～10米。城墙的建造材料由长江周边的各个省供给，主要材料为条石和大块城砖，并在石材上刻有工匠和官员的信息，严格保证砖石材料的质量。南京城墙城门有13座之多。为了加强防御，均建有瓮城。在这座砖城墙之外，还围有一道土城墙。这便是南京城的外郭，共开16座郭门，最终形成包围宫殿的四重城墙（宫城、皇城、都城、外郭），如图3-37所示。
■■■■■■■■■■

3.街道、商市

南京城中的居民大多被迁移到江北、云南等相对落后地区，城中新搬来的居民则为全国选调而来的工匠和富户。所以其城市的居民结构发生了相当大的变化，不过旧城区的街道依然是沿袭元集庆路。新搬来的工匠所住的街坊是按照其行业种类而划分的，城中的商人则沿着官街盖起大量的商铺、行铺。除了商人自己营建的行铺外，官府也盖了一批铺面和货仓租给商人使用，同时在城外的秦淮河码头附近繁华的街市上新建了15座酒楼。旧城中秦淮河附近也是大臣和富民的理想居住地，他们大量在此居住，因为这里离宫城相对较近，同时此处的商铺、市场较多，交通也比较便利。

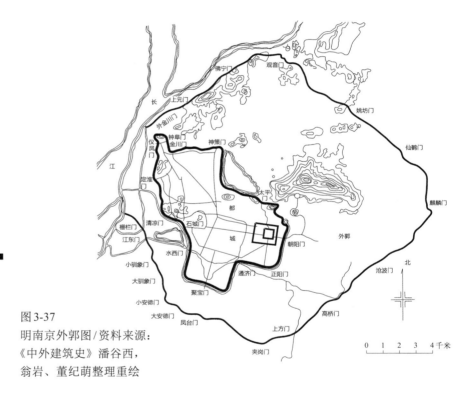

图3-37
明南京外郭图/资料来源：
《中外建筑史》潘谷西，
翁岩、董纪萌整理重绘

深度阅读

元大都与明清北京

深度阅读

古代城市规划制度

深度阅读

钟楼和鼓楼

深度阅读

工官制度

第四章
中国古代住宅
建筑

中华民族是一个历史悠久、底蕴深厚的伟大民族。在广袤的祖国大地上，不同的地貌与气候环境让我们的建筑也有了更多元的发展，人们为了获得比较理想的栖息环境，以朴素的生态观和最简便的手法创造了宜人的居住环境。不同地区因气候、地貌、文化传统等多种因素呈现出独特的建筑风貌。南方的水乡建筑注重水系的利用，展现了水乡文化的独特韵味；北方的建筑则因干旱的气候和寒冷的温度而形成独特的庭院格局。这些地方特色既反映了地域文化的多元性，也丰富了中国建筑的艺术表达。

地理环境和文化类型带来的不同地域的建筑差异将成为住宅建筑研究关注的焦点。其中北京四合院、徽州住宅、福建客家土楼、窑洞、云南"一颗印"等都属于经过岁月考验的典型住宅样式，是建筑传承与创新的核心研究课题。

第四章要点概况

能力目标	知识要点	相关知识
掌握我国古代住宅建筑的发展脉络	中国古代住宅建筑概况	住宅形制的演变；住宅建筑的特点
能分析不同民族和区域住宅建筑的特征	中国住宅建筑典型形态	北京四合院、徽州住宅、客家土楼、云南"一颗印"、窑洞、毡包、藏式碉楼、新疆"阿以旺"等的介绍

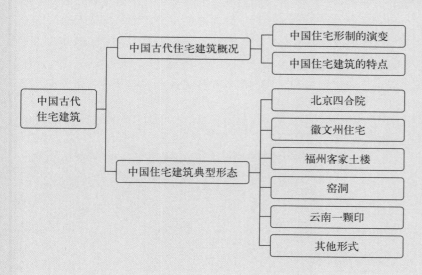

闽南红砖厝是中国传统建筑文化在民居上的完美体现，其屋顶作为建筑中独具特色的部位，有"美丽的冠冕"之称（图4-1）。比如像燕尾一样的燕尾脊和有着多重魅力的马鞍脊，兼容并蓄，展现出多元化的面貌。红砖大厝的屋顶正脊曲翘反弧，中间比较平整，给人以高低起伏之感。具有代表性的是主厝的燕尾脊和用于护厝的马鞍脊。燕尾起源于中国宫廷建筑的鸱尾，这代表了神圣不可侵犯的意义。而脊上面不同的纹饰又象征着不同的寓意，屋脊翘起的曲线，有些弯曲轻巧，有些则挺直厚重，都体现了闽南红砖厝传统建筑屋顶的独特魅力。热闹欢喜的红砖、青灰的瓦片是它的主色调。"红砖白石双坡曲，出砖入石燕尾脊，雕梁画栋皇宫式。"便是对其最好的形容，闽南红砖厝喜庆的颜色加之大格局的房屋布局，使其风格在热烈之上又添了几分富丽（图4-2）。

走遍中国、走遍世界，我们领略得最多的还是住宅建筑。住宅建筑是人类历史上最早的建筑类型，从原始人类穴居、巢居的居住方式，到明清时期各具地域特色与民族特色的住宅建筑的形成，了解古代社会住宅的特点及其发展的推动意义，树立历史唯物主义的建筑历史观。中国古代住宅建筑经过了怎样的发展之路？北京四合院、徽州住宅、福建土楼、黄土高原窑洞等有着怎样的独特之处？接下来将为大家一一讲述。

第一节　中国古代住宅建筑概况

住宅建筑是人类历史上最早的建筑类型。从旧石器时期的巢居、穴居开始，人类就进入了住宅建筑的历史时期，而"巢""穴"也就成了人类建筑的雏形。

一、中国住宅形制的演变

图4-1
红砖厝屋顶细节/杜冰璇
拍摄

图4-2
闽南红砖厝/杜冰璇拍摄

在漫长的石器时代，形成了相对固定的居民点。从新石器时期出土的大量遗址，如浙江余姚河姆渡遗址、陕西西安半坡遗址等可以看出，人类已经开始有意识地改造自然条件，利用工具改造自己的居住生存环境。

在原始社会向奴隶制社会过渡的时期，手工业、商业从农业中分离。居民点细化，出现了城市型居民点和农村型居民点。在不同的居民点，根

据居住要求和社会等级等的不同，住宅类型也丰富起来。

有文献记载的住宅历史可以追溯到春秋时期。根据《仪礼》记载，春秋时期士大夫的住宅由庭院组成，入口有屋三间，明间为门，左右次间为塾；门内为庭院，上方为堂，既为生活起居之用，又是会见宾客、举行仪式的地方；堂左右为厢；堂后为寝（图4-3）。

汉代的住宅形制主要有两种：一种是继承传统的庭院式，规模较小的住宅有三合院、"L"形院、"口"字形院、"日"字形院等；另一种是创建新制——坞壁，即平地建坞，围墙环绕，前后开门，坞内建望楼，四隅建角楼。

魏晋南北朝时期住宅继承传统建筑形制，崇尚山水。住宅由若干大型厅堂和庭院回廊组成，有不同用途，当时不少官僚舍宅为寺。

隋、唐、五代时期，宅第大门有些采用乌头门形式，有些仍用庑殿顶；庭院有对称的，有不对称的。随着当时的宫殿布局、城市建设的变化等发生变化。

宋、辽、金、元时期住宅形制是城市与农村之间的居住建筑形态差别比较明显，主要表现在空间布局上。自宋代起街巷制代替里坊制，建筑平面布置较为自由。有的院子闭合、院前设门，有的沿街开店、后层为宅，有的两座或三座横列的房屋中间连以穿堂呈"工"字形等多种形制（图4-4）。

明清时期，住宅建筑已达到古代民居炉火纯青的程度。北方住宅以北京四合院为代表，按南北中轴线对称布置房屋和院落（图4-5）。南方（江南地区）住宅以封闭式院落为单位，沿纵轴线布置，但方向并不一定是正南正北（图4-6）。

二、中国住宅建筑的特点

1.历史悠久，形式随时代变化而丰富多样

中国民居绵延数千年，基本结构相对稳定，但外在形式变化多端。

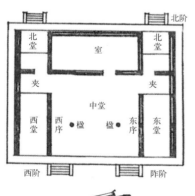

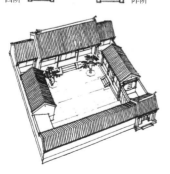

图4-3
春秋时期士大夫住宅

图4-4
宋画《文姬归汉图》
中的住宅

图4-5
一进四合院鸟瞰图

图4-6
"四水归堂"天井院旁加
窄长形附院/翁岩整理

2. 地域结构性强

中国古代文化多以地域性划分，地域的文化特征比民族的文化特征强。这些在不同地域的住宅建筑中可以看出（详见本章第二节），如图4-7所示。

3. 结构是向心的

许多中国民居形式中，结构是向心的，以四合院的形式为主（最符合古代社会伦理形制的需要）。

4. 结构类型丰富

主要的结构类型有：木构抬梁式、穿斗式（图4-8）与混合式，竹木构干阑式（图4-9），砖墙承重式，碉楼，土楼，窑洞，阿以旺，毡包等（详见本章第二节）。虽然类型多样，但木构架建筑是其正统方法。

第二节　中国住宅建筑典型形态

图4-7
多样与主流的地域特征/
杜冰璇整理

中国古代建筑具有显著的地方特色，即各地区建筑在形式和风格上呈现出独特的差异，这反映了中国地域辽阔、民族众多、文化悠久的特点。各地区的文化传承几千年，形成了各具特色的地域文化。

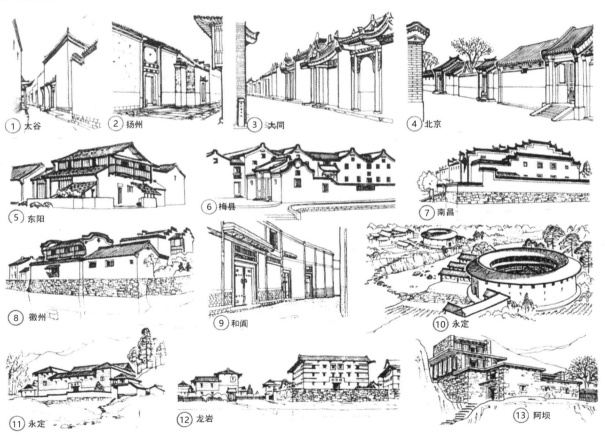

① 太谷　② 扬州　③ 大同　④ 北京
⑤ 东阳　⑥ 梅县　⑦ 南昌
⑧ 徽州　⑨ 和阗　⑩ 永定
⑪ 永定　⑫ 龙岩　⑬ 阿坝

举例而言，即使在相同的建筑类型中，不同地区的建筑风格仍存在显著的差异。这种地域特色在各个方面都有所表现。以民居为例，北京的四合院与山西的四合院不同，南方的天井院落又呈现独特的风格。北方地区的建筑风格通常表现为温柔而敦厚，山西四合院通常采用狭长的庭院空间，而北京四合院则更趋向方正的庭院布局。山西四合院的设计经常将两侧的厢房向中间移动，遮挡了正房两侧的视线。北京四合院则更注重整体空间的开阔感，正房通常完全暴露在庭院中，旁边有宽敞的庭院，中间摆放着石桌、石凳，甚至可能种有葡萄架，提供了更大的活动空间。南方的天井院则呈现出更为小巧的特点。这些差异主要受气候条件的影响，建筑风格在满足当地气候需求的同时，也反映了地域文化的独特性。

在中国各地，建筑展现了丰富多彩的地方特色。在西北的甘肃，建筑以平顶为特征，保留了传统的设计风格。而福建则展示了燕尾脊的独特风格，各具特色。西南山区的吊脚楼是一种特殊的建筑形式，底部为架空结构，上部供人居住，采用全木结构，包括墙壁和地板都采用木材制作。贵州侗族的建筑不仅采用吊脚楼的干阑式风格，还融入了民族的独特元素，他们尤其喜欢高高的鼓楼，每个村寨都建有鼓楼，成为侗族建筑的显著特点。云南傣族的竹楼同样采用干阑式结构，其构架使用木材，而屋顶、墙壁和地板则完全由竹子编织而成，使其在炎热气候条件下保持凉爽。在西北地区，回族的住宅呈现出比较封闭和厚重的特点，这是为了适应西北地区寒冷干燥的气候条件。在西藏的高原上，雕楼式住宅成为一种显著的建筑风格。而在新疆，常见土筑的厚墙平顶结构，屋顶上经常搭建支撑葡萄干的棚子，这种设计也是对该地区气候特点的一种应对方式。

古代住宅建筑保留下来的较少，因为从实用方面讲其与宫殿、坛庙等不同，没有长久保留的必要，随生活之需随时修改重建。故现存住宅多为百余年的建筑，主要以明清时期的住宅建筑为多。

一、北京四合院

北京四合院（图4-10）是北方住宅的代表，由元大都住宅形制演变而来，并于清代达到其发展的巅峰时期。受封建宗法礼教的影响很大，按南北中轴线对称布置房屋和院落，宜于反映主次明确、长幼有序的生活方式（图4-11）。房屋为木构抬梁式屋架，砖墙为围护结构，不承重。住宅的大门一般开在东

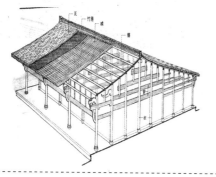

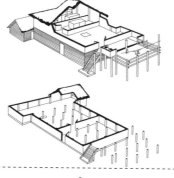

图4-8
穿斗式木构架

图4-9
傣族高楼干阑剖视图/翁
岩、董纪萌整理

图4-10
北京四合院/翁岩拍摄

图4-11
多进四合院鸟瞰图

影壁是中国传统建筑中的重要构件之一，也称为照壁、影墙、照墙。它通常位于寺庙、宫殿、官府衙门以及大型私宅的大门前，作为门外的屏障，起到隔离内外的作用，同时也能增强建筑的威严和肃静氛围，具有装饰性功能。《现代汉语词典》（第七版）上的定义为："大门内或屏门内做屏蔽作用的墙壁"。它常常将宫殿、王府或寺庙大门前的空地围合成一个广场或庭院，为人们提供一个停留和活动的场所，

南角上，宅之巽位，有"坎宅巽门"之说，讲究紫气东来，迎合吉利。入口对面是影壁（图4-12），向西进入前院，前院较浅，以倒座为主。南边的倒座用作客房、书塾、杂用间和男仆住房。从前院经垂花门（图4-13、图4-14）进入内院。内院是家庭的主要活动场所，对面是正房三间，是全宅地位和规模最大者，为长辈起居处，正房两侧有耳房用作套间。内院两侧配东、西厢房，为晚辈起居处，与抄手游廊（图4-15）相连。在院内种植花木、摆设盆景，以营造自然的生活环境。正房左右耳房可附小跨院；正房后亦可建一排罩房，布置厨房、杂屋和厕所。大型住宅可沿轴线纵深方向建两个以上的四合院，为进院；亦可向左右建跨院。更大的住宅在其左右或后面建有花园。

整个四合院布局上中轴对称，等级分明，秩序井然，宛如京城规制缩影，如图4-16所示。其中门是分界内外、引导秩序、身份地位的体现。入口大门分为屋宇式和墙垣式两种。屋宇式等级高，如王府大门和一般贵族的广亮大门、金柱大门、蛮子门、如意门等，等级依次降低。内宅门为垂花门，位于中轴线上，是内院的起始，做法华丽考究，显示着居住者的社会地位。而与门相关联的门当（抱鼓石）和户对等装饰元素，更体现出居住者的文化追求，如图4-17所示。

北京四合院做法规范化且成熟。主要建筑为抬梁加硬山，次要房屋也可用平顶。房屋墙垣厚重，对外不开放，靠朝向内庭院的一面采光，

图4-12
北京四合院影壁/翁岩
拍摄

图4-13
垂花门/蒋璨拍摄

图4-14
垂花门示意图/周承君、翁岩、陆子霈整理重绘

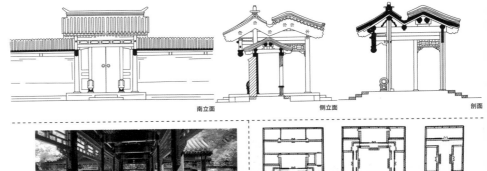

南立面　　　侧立面　　　剖面

图4-15
抄手游廊/黄真真拍摄

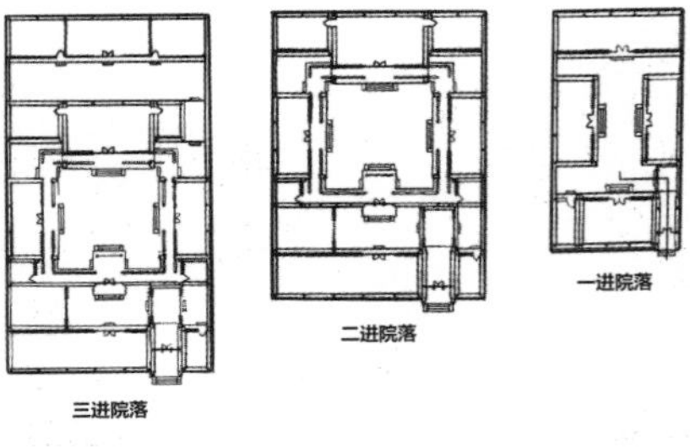

图4-16
四合院布局与组合形式

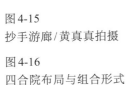

一进院落
二进院落
三进院落

故院内噪声低、风沙少。四合院朴素、实用，色彩以灰色屋顶和青砖为主。但在规制中仍体现出它和京城相通的尊卑分别、秩序井然和雍容大度的气质。

二、徽州住宅

徽州住宅是明代住宅中最具代表性的住宅（图4-18）。古代徽州按地理情况选择村址，民居建筑群常沿地面等高线灵活地排在山腰、山脚或山麓，村镇随地形和道路方向逐步发展，大都依山傍水或靠山近田。宅第多选在山水聚会、藏风得水之处。

徽州住宅建筑以楼层为主，一般为封闭庭院式住宅，规模不大，多以一家一宅为单位的小型住宅，大型住宅数量较少（图4-19）。主要是方形或矩形的四合院、三合院，大多为二楼。布局紧凑，装饰华美，用材精良，采用冬瓜梁结构体系（穿斗式、梁截面呈冬瓜形）。正房朝南面宽3间，或单侧厢房，或两侧厢房，用高大墙垣包绕，庭院狭小，成为天井。楼下明间为客厅，次间为住房。楼上明间为祖堂，次间为住房。外观简朴，白色高墙。柱子做成梭形，梁架用彻上露明造，构件均用雕花装饰；外用封火山墙，装修入口正门。利用屋顶高低错落、窗口形状位置、屋檐的变化和墙面镶瓦披水等方法，使之活泼多变。

住宅内部木雕精美（图4-20），刀法流畅，丰满华丽而不琐碎。室内彩画淡雅醒目，既起到装饰效果，又改善了室内的亮度。各间梁架，中间两缝常用偷柱法，而上面则每步有柱落地，这样内部空间就较为开敞。楼

成为人们进入大门前的休息场所。

影壁作为中国传统建筑的重要组成部分，与房屋、院落建筑相互配合，构成一个不可分割的整体。精美雕刻的影壁不仅具有建筑学上的重要意义，还具有人文学上的意义。它具有很高的建筑和审美价值。

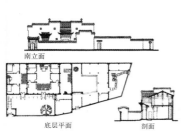

图4-17
门当、户对（门簪）、门钹/
黄真真拍摄

图4-18
徽州住宅/山棋羽拍摄

图4-19
歙县呈村降村李宅

图4-20
徽州住宅门楼木雕/
钟坤辰拍摄

土楼的主要类型有：圆形土楼、方形土楼、五凤形土楼、椭圆形土楼、八卦形土楼、半圆形土楼等。以福建永定客家土楼最为典型（图4-24）。永定区的"承启楼"是内通廊式。它由3个同心圆的环形土楼环环相套，中心是祖堂与回廊组成的单层圆屋，独具特色。方楼也有内通廊式与单元式之分，平面布局与圆楼相似，只是外围聚居建筑围合成方形或长方形。

层表面铺方砖，利于防火、隔声。

三、福建客家土楼

土楼是客家人的民居形式。客家人原是中原一带汉民，东晋时因战乱、饥荒等各种原因被迫南迁。至南宋时历经千年，辗转万里，在闽、粤、赣三省边区形成客家民系。客家人居住于偏僻的山区或深山密林之中，由于建筑材料匮乏，又为避免战争，抵御野兽、流贼的外来冲击，客家人便营造高耸而墙厚，用土夯筑成的"抵御性"的城堡式建筑住宅——土楼（图4-21、图4-22）。

土楼的特点是防御性强，居住方式为同宪同楼聚居；同居异财；超大规模（大的土楼可以容纳几百人，楼内有大量仓储用房，可以不出土楼而生存几个月的时间）；平等聚居；向心聚居（图4-23）。

福建土楼的建筑特色表现在突出的防卫性能，奇特的外观造型与内部空间，群体与环境的有机结合，以及高超的建造技术（图4-25）。

土楼底层外围土墙一般厚约1米，墙脚用大卵石干砌，一、二层不开窗，三层以上只开小窗洞（图4-26、图4-27）。

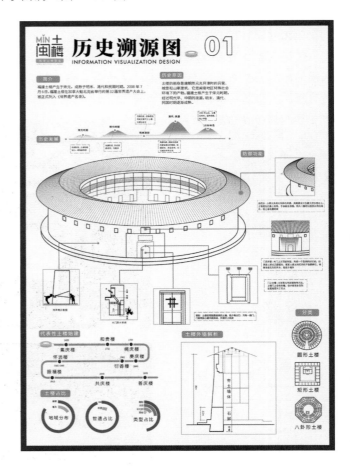

图4-21
福建土楼的奥秘1/冉光斌

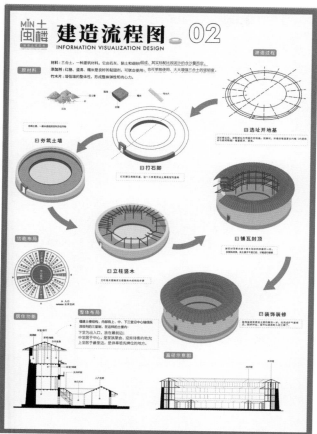

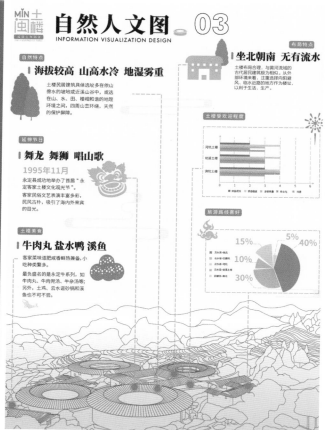

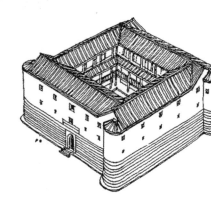

图 4-22
福建土楼的奥秘2/冉光斌

图 4-23
福建土楼的奥秘3/冉光斌

图 4-24
福建永定土楼/周承君拍摄

图 4-25
福建土楼/周承君拍摄

图 4-26
福建土楼结构

图 4-27
福建土楼

四、窑洞

"上古穴居而野处"。窑洞与穴居有着密切的历史沿袭关系，但与穴居却有极大的区别。我国窑洞（图4-28）主要分布于中原与西北的黄土高原地区，常见的窑洞主要如下。

1. 靠崖窑

有天然的崖面。豫西地区丘陵起伏，地形变化极大，在平原上突然低下去4～5米，又出现一块台地，壁面如削，沿这陡壁即可开凿靠山窑。每间窑的尺寸为3.5米×6米左右。正面以砖护面（图4-29）。

2. 地坑（天井）窑

是竖穴与横穴组成的下沉式窑洞（图4-30）。从平地往下挖，深5米以上，宽达20米。一户一个天井，天井四壁皆可开窑，天井当中有渗水井。在洞口部位用砖砌筑护坡墙。可在旁侧开挖一斜坡隧道进入天井院内。

3. 混合窑

将靠崖窑与地面建筑组成一个院落，可夏居窑洞，冬住土房。

窑洞的特点是一土多用，经济，就地取材；节能（原状黄土，不用烧结）；防火，防噪声；维持地面绿化；顺应自然，冬暖夏凉。但也存在着潮湿，空气不流通，排水、抗震性能差等问题。

五、云南一颗印

云南"一颗印"是房屋转角处互相连接，外观方正似一颗印章。三间四耳，即正房三间，厢（耳）

图4-28
靠崖式多层窑洞/翁岩拍摄

图4-29
靠崖窑/杜冰璇整理

图4-30
下沉式窑洞/翁岩拍摄

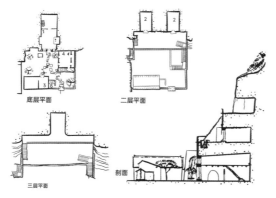

底层平面　　二层平面

三层平面　　剖面

房东西各两间，也有三间六耳、明三暗五的做法（图4-31）。正房常作楼居，下有前廊，称为"宫楼"；上下廊皆称为"游春"。

"一颗印"三面住房，正面围墙开门，也可做成倒八座（如北京四合院的倒座）。一条中轴线可以串联两个以上的一颗印，组成较大的宅院；亦可由两个以上的轴线组成更大的宅院，将耳房改成"两面口"以互相联络。城市"一颗印"往往正、耳、倒均为楼房，且全有前廊，楼上也各廊相通，环行无阻，称"跑马楼"。院内植花木，宅对外不开窗，形成封闭空间。住宅外围为高墙，用夯土、土坯或砖外砌，称"金包银"。木雕精美，略用彩色勾勒，或黑漆勾金边，不满施彩绘。

六、其他形式

1. 毡包

蒙古族、哈萨克族等多为游牧业，以易搬迁的毡包为宅。木条编骨架，外覆毛毡，高2米多，直径4～6米；室内用地毯、壁毯以保暖、防潮，用顶部圆形天窗通风、采光（图4-32）。

2. 藏式碉楼

石木混构；外墙明显收分，呈现上小下大的梯形轮廓；石墙的材质粗犷，小窗的尺度窄小；建筑通体稳重、敦实、封闭（图4-33）。

3. 竹木构干阑式住宅

西南各少数民族常依山面溪建造木结构干阑式楼房。楼下空敞，楼上居住，坡屋顶。以云南傣族名为"竹楼"的木结构干阑式住宅最有特色，房顶用草排或挂瓦，楼房四周以短篱围成院落，院中种植树木花草，体现浓厚的亚热带风情（图4-34）。

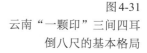

图4-31
云南"一颗印"三间四耳
倒八尺的基本格局

图4-32
毡包

图4-33
藏式碉楼/杜冰璇拍摄

图4-34
云南傣族干阑式住宅

4.阿以旺

"阿以旺"是新疆维吾尔族住宅,多为平顶,土墙,一层或两三层围成院落,外观朴素。室内利用石膏板划为壁龛,墙头贴石膏花,木地板上铺地毯,舒适亲切。院内常有宽阔的敞廊,廊柱雕花(图4-35 ～图4-37)。

图4-35
新疆和田维吾尔族"阿以旺"/杜冰璇拍摄

图4-36
廊檐垂柱雕饰/杜冰璇拍摄

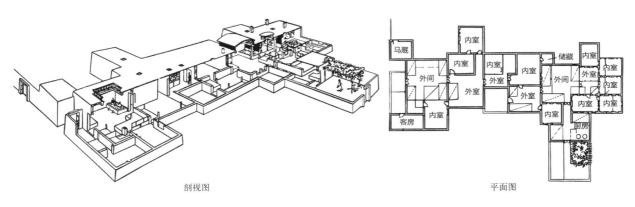

剖视图

平面图

图4-37
"阿以旺"结构

深度阅读

四合院

深度阅读

红砖厝

深度阅读

封山火墙

第五章
中国古代宫殿建筑

　　规模巨大、气势雄伟的古代宫殿建筑是帝王的居所与政治的中心，更是各朝各代建筑的精华所在。四阿重屋、前堂后室、前朝后寝、三朝五门、六宫六寝、象天立宫、罗城制度，深刻地体现着中国古代的礼制文化、尊卑观念和吉祥观念。由"茅茨土阶"到纵向布置"三朝"的发展演变，我们可以深刻感知到经济、物质、文化、思想对建筑的深刻影响。

第五章要点概况

能力目标	知识要点	相关知识
能简单分析古代宫殿建筑群的整体布局特征	唐大明宫整体布局特征；明清故宫整体布局特征	唐大明宫平面布局、明清故宫平面布局
能简单分析古代宫殿单体建筑的特点	含元殿的特征；太和殿的特征	大明宫含元殿，故宫前三殿和后三宫单体建筑

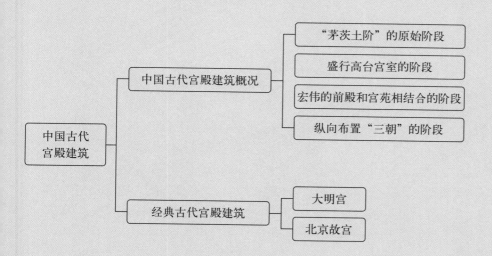

唐大明宫是唐长安城三大宫之一，内廷中心为太液池，池东、西、北三面建有40多处殿宇，池西有麟德殿、大福殿等。麟德殿（图5-1）是非正式接见和宴会之处，殿基长130余米，宽近80米。其上建有前、中、后毗连的三殿，建筑面积达5000平方米。周围绕以回廊，规模十分宏伟（面积约为故宫太和殿的3倍）。池东有太和殿、清思殿等，是宫内范围区。内廷殿宇布置自由，并和太液池、蓬莱山的风景区结合，建筑布局比较疏朗，建筑形式多种多样，堪称唐代园林建筑的杰作。这是汉、魏以来前殿与宫苑结合的传统布局。

建筑史长河中，宫殿建筑总是所处时代的焦点。中国古代宫殿是最重要的建筑，是帝王朝会和居住的地方，规模宏大，格局严谨，给人强烈的精神感染，凸显了王权的尊严。与西方以宗教建筑为主，注重单体建筑的宏伟、典雅、豪华不同，中国传统文化注重巩固人间秩序，以群体布局的空间处理见长，在基址选择、因地制宜地塑造环境，以及空间、尺度、色彩处理等方面都有严格的等级制度，形成了自己的特色。中国古代宫殿建筑带来审美享受，为研究历史和古建筑构造提供实证，为新建筑设计和新艺术创作提供借鉴。中国古代宫殿建筑究竟有着怎样的面貌，又是如何发展演变的？明清北京故宫见证着怎样的宫殿建设思想和建筑成就？我们将带领大家去一一领略。

第一节　中国古代宫殿建筑概况

中国历代朝廷都耗费大量的人力、物力，使用当时社会最成熟的技术和艺术来营建宫殿建筑，因此宫殿建筑反映了一个时期建筑的最高水平和成就，深深地印刻着所处时代的政治、经济和文化的烙印。没有任何一种

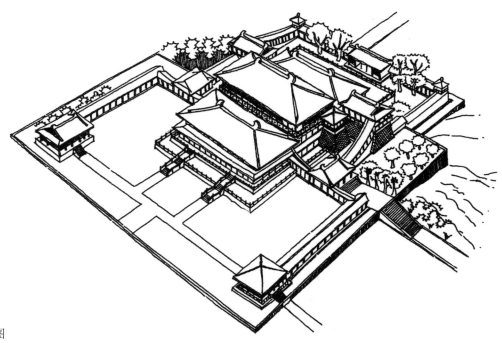

图5-1
大明宫麟德殿复原图

建筑可以比它更说明历史和传统。

一、"茅茨土阶"的原始阶段

在瓦没有发明以前，即使最隆重的宗庙、宫室，也用茅草盖顶，夯土建造。其中河南偃师二里头夏朝晚期宫殿遗址与安阳殷墟商朝后期宫室遗址是中国3000余年院落式宫室布局的先驱。从原始社会到西周早期，均属于这一阶段。此阶段的宫殿建筑经历了一个由功能混沌不清（即把首领居住、聚会、祭祀等多种用途混在一起）到后来发展为同祭祀功能分化，而仅用于君王后妃居住与朝会。

二、盛行高台宫室的阶段

虽然在西周早期瓦已经出现，但广泛应用是在春秋战国时期。同时各诸侯国为了政治统治和享乐的需要，竞相建造高台宫室。在这一时期的建筑遗址中发现了大量的高台建筑。加上春秋时期建筑色彩已很丰富，使宫殿建筑彻底摆脱了"茅茨土阶"的简陋状态，进入一个辉煌的新时期。

三、宏伟的前殿和宫苑相结合的阶段

秦统一中国之后，在咸阳及其疆域内建造了规模空前的宫殿，广袤数百里，数量众多，布局分散。有旧咸阳宫、新咸阳宫、信宫、兴乐宫、阿房宫、甘泉宫等（图5-2、图5-3）。西汉初期有长乐宫、未央宫，后期建北宫、桂宫、明光宫、建章宫等。各宫都围以宫墙，形成宫城，宫城中又分布着许多自成一区的"宫"，这些"宫"与"宫"之间布置有池沼、台殿、树木等，格局较自由，富有园林气息。

四、纵向布置"三朝"的阶段

据战国时《考工记》记述，周代宫殿分前朝、后寝两部分。前朝以正殿为中心组成若干院落。但汉、晋、南北朝都在正殿两侧设东西厢或东西

图5-2
秦咸阳宫立面图

图5-3
秦咸阳宫遗址位置

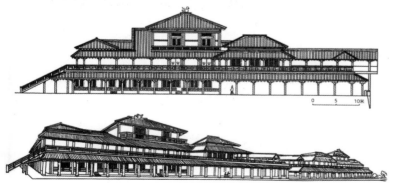

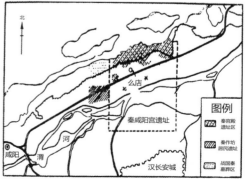

堂，备日常朝会及赐宴等用，三者横列。至隋文帝建新都大兴城时，遵循周礼制度，纵向布置"三朝"：广阳门、大兴殿、中华殿。唐高宗迁居大明宫，仍按轴线布置含元殿、宣政殿、紫宸殿三殿为"三朝"。后朝的宫殿布局基本上遵循纵向布置"三朝"的模式（元朝除外）。

从汉、唐、明三朝宫殿可见其发展趋势为：一是规模渐小；二是宫中前朝部分加强纵向的建筑和空间层次，门、殿增多；三是后寝部分由宫苑结合的自由布置演变为规则、对称、严肃的庭院组合。唐大明宫是历史上最宏伟的宫殿之一，根据遗址做出的大明宫含元殿和麟德殿复原图充分体现了当时的宫殿艺术成就。现存宫殿还有北京故宫和沈阳故宫两座，北京故宫规模最大也最完整。

第二节　经典古代宫殿建筑

一、大明宫

大明宫位于唐长安城北的禁苑中，坐北朝南，居高临下，气势宏伟。从唐高宗时起，历朝皇帝多在此听政，是二百余年间唐代的政令中枢所在。其遗址位于今陕西省西安市郊龙首原上。

大明宫分为外朝、内廷两大部分，是传统的"前朝后寝"布局（图5-4）。平面略呈梯形，面积约3.2平方千米（约为明清北京紫禁城的4.5倍）。宫墙周长约7600米，四面共有11座门，已探明的殿、台、楼、亭等基址有40余处。宫南部为前朝，自丹凤门到紫宸殿长达1200米的中轴线上建有3组宫殿：含元殿、宣政殿、紫宸殿。含元殿（图5-5）是大明宫正殿，为大朝。殿基高15米多，东西长75.9米，南北长41.3米，是一座面阔11间、进深4间的殿堂。殿前坡道长70余米，形似龙尾，称为龙尾道（图5-6）。殿前左右有翔鸾、栖凤两座阙楼，以飞廊与含元殿相连，充分体现了当年"九天阊阖开宫殿"的磅礴气势。其后为宣政门、宣政殿。宣政殿为日朝（又称"正衙"），位于含元殿后300余米处，是皇帝每月朔望见群臣之处。东西有横亘全宫的第二道横墙，四周有廊庑围成宽300余米的巨大殿庭。东廊之外为门下省、史馆等，西廊之外为中书省、殿中省等官署。宣政殿之后的紫宸门、紫宸殿为寝区主殿，是朝会所在的天子便殿（又称"内衙"），群臣入紫宸殿朝见，称为"入阁"。含元殿以飞廊与翔鸾、栖凤两座阙楼相连形成的"Π"形平面对明清午门的形制产生了重要影响。

从大明宫各殿布置上可以看出，其总体布局规模宏大，规划严整，建筑群处理愈趋成熟（图5-7）。

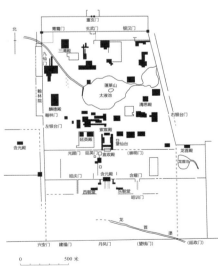

图5-4
大明宫遗址实测/杜冰璇整理

图5-5
大明宫含元殿复原图

图5-6
大明宫含元殿龙尾道遗址/周承君拍摄

各殿下部都用夯土台基，四周包砌砖石，绕以石栏杆。初期建筑的含元殿殿身东、北、西三面用夯土承重墙，麟德殿三面各宽一间处用夯土填充，表现出北朝和隋朝惯用的土木混合结构建筑的残迹。以后所建各殿即为全木构架建筑，木建筑解决了大面积、大体量的技术问题。但房屋之墙仍为土筑，不用砖，表面粉刷红或白色。殿的地面铺砖或石，踏步或坡道铺模压花纹砖。建筑的木构部分以土红色为主，上部斗拱用暖色调彩画，门用朱红色，窗棂用绿色，屋顶用黑色渗炭灰瓦，脊及檐口有时用绿色琉璃。晚期建筑遗址曾出土黄、蓝、绿三色琉璃瓦，说明唐代中晚期建筑色彩由简朴凝重向绚丽的方向发展。

二、北京故宫

现存北京故宫始建于明永乐四年（1406年），是明代皇帝朱棣以明南京宫殿为蓝本，从大江南北征调能工巧匠，役使百万夫役，历经14年（1407—1420年）在元大都的基础上建成的。其位于北京城的中心，明清时称紫禁城，1925年开始称故宫（图5-8）。在1420—1911年这491年间，从明成祖朱棣到清末代皇帝溥仪，共有24位皇帝（明代有14位，清代有10位）先后居住在这座宫殿内，对全国实行封建统治。

故宫平面呈长方形，南北长961米，东西宽753米，占地面积72万多平方米。周围城墙环绕，周长3428米，高10米。城墙四角各有一座结构精巧的角楼（图5-9）。城外有一条宽52米、长3800米的护城河，构成完整的防卫系统。宫城辟有4门，南面午门（图5-10）是故宫正门，北为神武门（明朝叫玄武门，清康熙年间因避康熙帝名字玄烨之讳，改称神武门，沿用至今），东为东华门，西为西华门，门上设重檐门楼。宫内有各类殿宇9000余间，都是木结构、琉璃瓦顶、青白石底座饰以金碧辉煌的彩画，建筑总面积达15万平方米。

图5-7
大明宫遗址/周承君拍摄

图5-8
北京故宫鸟瞰图

图5-9
角楼

图5-10
午门（阙门形制）

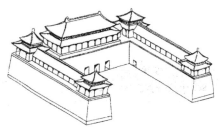

中国之最：太和殿

太和殿是我国现存最大的木构大殿，它的一切构件均属最高级。重檐庑殿顶的正吻高3.4米，檐角小兽达10个之多，外檐斗拱精巧丛密，上檐11踩斗拱，下檐9踩斗拱，室内外梁枋、天花全部为沥粉贴金和玺彩画。室内金砖铺地，明间中央设有7层台阶的高台，上置镂空金漆宝座和屏风。宝座上方为金漆蟠龙吊珠藻井，宝座周围6根通体沥粉贴金龙柱直抵殿顶，整个建筑金碧辉煌、雄伟壮丽。

故宫由外朝与内廷两部分组成。外朝以太和殿（图5-11）、中和殿、保和殿三大殿为中心，东西以文华殿、武英殿为两翼，是皇帝处理政务、举行重大庆典的地方。太和门（图5-12）距午门160米，门前形成开阔的广场；金水河萦绕其前，跨河有五龙桥。太和门地位较高，为常朝听政处，实际上是一座殿宇，为重檐歇山7间殿。

太和殿是皇帝举行登基、朝会、颁诏等大典的地方。面阔11间，进深5间，通面阔63.93米，通进深37.17米，高26.92米，建筑面积达2376.27平方米。重檐庑殿顶坐落在高达8.13米的三层汉白玉台基上，殿前有宽阔的月台，月台上陈列有铜鼎、铜龟（图5-13）、嘉量、日晷、铜鹤（图5-14）等器物。太和殿前有30230平方米的庭院，可举行万人集会和陈列各色仪仗陈设。太和殿后的中和殿是皇帝大朝前的休息之所，方形，3开间，单檐攒尖顶。再后的保和殿是殿试进士、宴会的地方。三大殿共同坐落于"工"字形的汉白玉雕琢的三重须弥座台基上，建筑形体变化丰富，主次分明。

内廷是皇帝平日处理政务，及供后妃、子女等居住、礼佛、读书及游玩的地方。以乾清宫、交泰殿、坤宁殿三大殿为中心，东西两侧对称布置东西六宫（妃嫔居所），辅以养心殿、奉先殿、斋宫、毓庆宫以及御花园等，再向东西有宁寿宫（乾隆做太上皇而修的一组宫殿）、南三所（皇子们居所）、慈宁宫（太后太妃居所）等。内廷三大殿也共同坐落在"工"字形台基上，其中乾清宫是皇帝正寝，重檐庑殿顶，面阔7间。坤宁宫为皇后正寝。内廷建筑尺度减小甚多，较为宜人，增加了生活气氛。内廷最北端是御花园，有岁寒不凋的苍松翠柏，有秀石叠砌的玲珑假山，楼、阁、亭、榭掩映其间，幽美而恬静。

故宫建筑群是我国古代建筑群的经典范例。在总体局面上，强调中轴

图5-11
太和殿

图5-12
太和门/杜冰璇拍摄

图5-13
太和殿前的铜龟/山棋羽拍摄

图5-14
太和殿前的铜鹤/山棋羽拍摄

对称布置和纵深发展，符合中国传统宗法礼制思想（图5-15）。主要建筑都建在中央主轴线上，左右严格对称布置。这条主轴线不仅是紫禁城的中轴线，而且是整个北京城的中轴线，南达永定门，北到鼓楼、钟楼，贯穿整个城市，气魄宏伟，规划严整，表现了"居中为尊"的传统礼制思想，把皇权的至高无上表现得淋漓尽致。紫禁城前部东、西两侧分别为太庙和社稷坛，以此附会《周礼·考工记》中"左祖右社"的记载。"三朝五门"制度也在三大殿和大清门至太和门的五门上体现出来。

在建筑组合上，充分运用院落和空间的变化，以空间序列来衬托太和殿的崇高和宏伟。在自大清门起1600米的轴线上，对称连接地布置了六个或狭长、或开阔、或压抑、或宏伟的封闭院落，依次形成了天安门、午门、太和门三个建筑高潮，并在太和殿达到最高潮。在建筑处理上，运用形体的变化和尺度的对比，来衬托突出主体建筑，丰富视觉效果。在故宫建筑中，不同形式的屋顶就有10种以上，午门、太和殿、乾清宫为重檐庑殿顶，天安门、太和门、保和殿为重檐歇山，其他宫殿为单檐歇山等较低级形式。建筑的台基也有不同的高度和形式，外朝三大殿用三层汉白玉须弥座台基，而东西六宫等殿宇则为普通台基。

建筑的色彩也是绚烂富丽，细部装饰丰富华丽。建筑屋顶铺满各色琉璃瓦件，主要殿堂以黄色为主，绿色用于皇子居住区的建筑。其他蓝、紫、黑、翠以及孔雀绿、宝石蓝等五色缤纷的琉璃，多用在花园或琉璃壁

图5-15
北京故宫平面图/周承君、翁岩、陆子骞整理重绘

图5-16
金水河桥及天安门/黄真真拍摄

图5-17
华表/钟坤辰拍摄

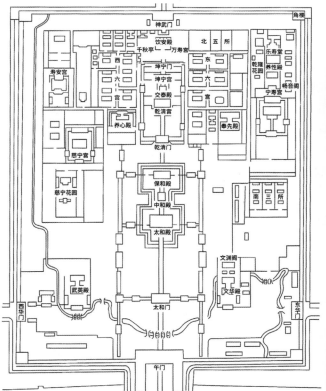

上。与红色的殿身、白色的台基和绚丽的彩画组合起来，金碧辉煌，在北京城灰色的基调上格外突出。太和殿屋顶正脊两端的琉璃吻兽，稳重有力，造型优美，檐角有龙凤、狮子、海马等小兽，象征吉祥的威严，这些构件在建筑上起装饰作用。图5-16、图5-17是天安门前金水河桥和华表，金水河在故宫建筑中起到防卫、排水、防火的作用。

故宫建筑群从整体规划、平面布局、空间组合，到每一座单体建筑的设计都是独具匠心的，充分体现了中国古代皇家宫殿建筑所应有的雄伟、庄严、富丽、和谐等特征。整个建筑群气势雄伟、豪华壮丽，是中国古代建筑艺术的精华。它标志着中国悠久的文化传统，显示着五百多年前匠师们在建筑上的卓越成就。

故宫在利用建筑群烘托皇帝的崇高与神圣方面达到了登峰造极的地步，主要是在1.6千米的轴线上，用连续、对称的封闭空间和逐步展开的建筑序列衬托出三大殿的庄严、崇高与宏伟。故宫建筑在形体、空间、色彩等方面采用了一系列的对比手法，形成了一种多样的统一。

大与小的对比：在宏伟的天安门城楼下，巧妙地安置了两间小屋。小屋除了它特有的用处外，在艺术上起到对天安门烘云托月的作用。

高与低的对比：为衬托太和殿的崇高，周围采用了低矮连续的回廊。

宽与窄的对比：这是一种欲放先收的手法，从正阳门到太和殿所形成的狭长空间与太和殿前广阔的空间形成强烈的对比。

明与暗的对比：故宫在色彩上给人的强烈印象是金碧辉煌，金黄色的琉璃瓦与青绿色为基调的檐饰相对比，在蓝天、白云辉映下显得非常辉煌。

繁与简的对比：雕梁画栋，镂金错彩，这就是繁。这与殿外单色调红墙和黄色琉璃瓦屋顶形成一种繁简对比。

方与圆、曲与直对比：如天安门、端门门洞是圆形，午门的门洞是方形。又如笔直的中轴线与弧形的金水河桥形成曲与直的对比。

动与静的对比：建筑本身是静止的，但由于空间与形体的变化却呈现出流动的节奏感，有序曲、有高潮、有尾声。正阳门是序曲、太和殿是高潮、景山是尾声。另外故宫在内部空间、色彩、内部结构、装饰等方面都各有特点，不同于其他的一般建筑。

深度阅读

故宫脊兽

中国是一个多宗教的国家，其中影响范围较大的有佛教、道教、伊斯兰教、天主教和基督教等。其中佛教和道教的影响力最大，留下的建筑遗产也最多，如五台山佛光寺、蓟州区独乐寺、西藏布达拉宫……这些宗教建筑因其教义和使用要求的不同而呈现出不同的平面布局和建筑风格。

第六章要点概况

能力目标	知识要点	相关知识
掌握中国古代宗教建筑简单的发展脉络	佛教建筑、道教建筑、伊斯兰教建筑的发展概况	不同时期的佛教、道教、伊斯兰教建筑的文献记载或遗迹及实例介绍
能简单分析佛殿建筑的外观艺术特点和木构特征	佛光寺大殿木构和外观特点；独乐寺高山门、观音阁的木构和外观特点；西藏布达拉宫外观特征	山西五台县佛光寺、天津蓟州区独乐寺观音阁、山西五台县南禅寺、西藏拉萨布达拉宫
能简单分析佛塔的类别和外观特征	佛塔的类型与主要特征	陕西西安大雁塔、山西应县释迦塔、江苏苏州虎丘塔、河南登封嵩岳寺塔、陕西西安荐福寺塔、北京妙应寺白塔、北京碧云寺金刚宝座塔等

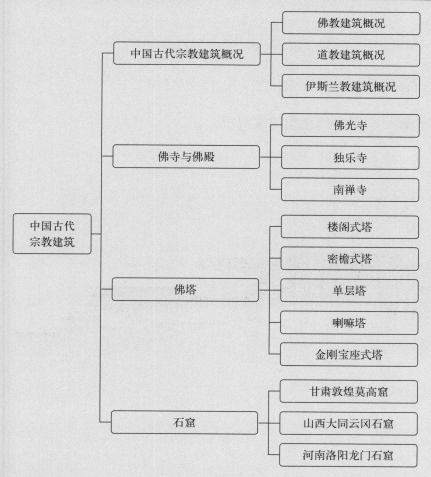

布达拉宫既是历世达赖喇嘛的宫室，又是最大的藏传佛教寺院建筑群。它位于西藏自治区拉萨市西约2500米的布达拉（普陀）山上，始建于松赞干布时期，清顺治二年（1645年）重建，主要工程历时约50年，后又增建，延续300年之久（图6-1）。

它由宫前区的方城、山顶的宫室区及后山的湖区组成。宫室在山顶最高处，以红宫为主体，和白宫相连构成庞大的建筑群。红宫总高9层，由主楼、楼前庭院及围廊组成。红宫之上建金殿3座和金塔5尊，使这组建筑成为构图中心。红宫是达赖喇嘛接受参拜及其行政机构所在。白宫也由主楼、楼前庭院及围廊等组成，是达赖喇嘛处理政教事务及起居生活的宫室。白宫主楼高7层，东西宽约60米，南北深近50米。整个建筑群从体系、位置、色彩等方面强调了红宫的重要性，达到了重点突出、主次分明的艺术效果。

布达拉宫依山就势，好似从岩石上长出，达到了人工和自然的高度融合，整个建筑群显得雄伟、粗犷、神圣。

从原始的木骨泥墙到汉代飞张的屋宇、夸张的斗拱，中国建筑史的长河一直以自身的逻辑缓慢地流淌着、发展着、完善着。其间也有过东西南北各种不同风格的支流交汇、融合，总体说来，它的历史依然可以看作是一条不断向前延伸的直线。

东汉永平七年（64年），一件事的发生在中国古代建筑史的长河中激起了飞溅的浪花，这就是佛教的西来，拉开了宗教建筑的序幕。基于完整的价值框架,本章节介绍了中国古代宗教建筑文化，使读者可以接受正确价值观念的熏陶，培养人文情怀与社会责任感，全面提高道德素养。

中国是一个多宗教的国家，其中影响较大的宗教有佛教、道教、伊斯兰教等，它们在传入（产生）与发展的过程中，是如何形成各具特色的宗教建筑形式的呢？下面一起去探索中国宗教建筑的魅力。

第一节　中国古代宗教建筑概况

中国古代宗教文化丰富多彩，最具代表性的有佛教、道教与伊斯兰教等，它们都依托各自的文化在中国古代建筑史上留下了浓墨重彩的一笔。

在中国的宗教建筑中，不同宗教通常有着独特的建筑命名体

图6-1
布达拉宫

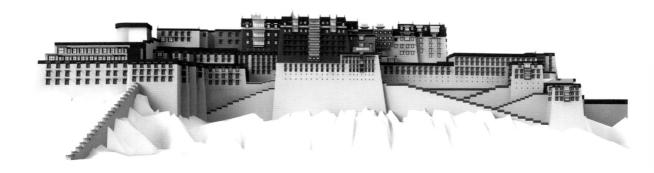

系，这反映了宗教文化的多样性。在佛教中，常见的建筑名称包括"寺""院""庵"等，如"峨眉寺""普陀庵"等。这些名称不仅用于指代宗教场所，还反映了寺庙在佛教信仰体系中的地位和功能。在道教中，建筑通常被称为"宫"和"观"，例如"武当宫""白云观"等，这些名称体现了道教建筑的独特身份和宗教属性。宗教建筑的命名不仅仅是一种符号，更是对信仰和教义的呼应。这种命名体系有助于建筑在宗教文脉中定位，使信徒能够在这些场所找到宗教仪式、修行和学习的场所。传统祭祀建筑的命名还包括"坛""庙""祠"，如"土地庙""妈祖祠"等。尽管在一些地方，老百姓可能会一概称为"庙"，但在宗教学或建筑学的专业背景下，确实需要注意这些术语的准确使用，以反映宗教的特有特征和传统。因此，在对宗教建筑进行描述或分类时，准确使用这些术语有助于传达建筑的宗教属性和背后的信仰文化。

一、佛教建筑概况

佛教建筑的演变过程是一场宗教传播与文化融合的复杂历史。从中国向东亚、东南亚传播的路径中，每个传播节点都见证了佛教在地域、文化和建筑方面的演变。这一历史过程中，佛教不仅在地域上拓展，更在文化、建筑等多个层面发生了深刻变革。在接受文化的同时，佛教逐步融入当地元素，形成了独特的地域性特色。每个传播节点都承载着这种文化的交流与整合。佛教建筑成为宗教信仰与地方文化相互融合的产物，为各个地区的佛教建筑和信仰实践注入了多元而富有创新的元素。这种多元性和创新性不仅体现在宗教仪式、经典翻译上，更深入建筑风格、艺术表现等方面。其中，日本法隆寺作为东亚佛教建筑的杰出代表，具有特殊的历史价值。法隆寺的金堂建于圣德太子时代，是全球最古老的木构建筑之一。这一建筑既反映了对中国唐朝风格的学习，又在本土化过程中产生了独特的特色，为东亚木构建筑的发展提供了珍贵的历史参照，展现了对中国建筑传统的敬仰与融合。因此，法隆寺的金堂不仅在技术层面体现了建筑的卓越，更在文化层面呈现了对历史传统的尊崇与创新。

佛教是在东汉初期，由古印度经中亚（古称西域）传到中国内地。最早见于记载的佛寺，是汉明帝（58—75年）时所建的洛阳白马寺。其为方形庭院，佛塔在寺院中央，仿照印度及西域的形式而建（图6-2）。三国东吴时，康居国僧人康僧会于247年来建业传法，建造了建初寺和阿育王塔，为江南佛寺之开端。

佛教在两晋、南北朝时期得到很大的发展，建造了众多佛教建筑，种类有寺院、石窟和佛塔等。其中北魏洛阳的永宁寺是当时由皇室兴建的名寺之一。据《洛阳伽蓝记》记载，永宁寺主要是由塔、殿和廊院等组成的，平面为中轴对称而且采用以突出佛塔为主的"前塔后殿"布局形式。此时期以殿堂为主的佛寺也很多，某些利用原有的房舍，把前厅改为佛

图6-2
洛阳白马寺/杜冰璇拍摄

殿、后堂改为讲堂的"舍宅为寺"的情况即是如此。另外，肇始于这一时期的云冈、龙门、天龙山、敦煌等石窟，其建筑与艺术水平均很高，尽管石窟寺的局部装饰仍保留印度等的外来特征，但在很多方面已具有中国建筑的风格。

隋、唐、五代到宋，是中国佛教的大发展时期，虽然其间出现过唐武宗和周世宗灭佛事件，但为时短暂，并没有影响整个佛教的发展。隋代主要佛寺仍然是以佛塔为主且呈中轴对称的"前塔后殿"布局形式。唐代佛寺，居中立塔已非主流，而是以佛殿为寺院的核心，佛塔一般建在侧面或另建塔院。唐代佛寺中已出现了钟楼和藏经楼对称布置在佛殿两侧的格局，还产生了刻有经文的经幢。唐代建筑的特色在于其独具雄伟、庄重和宏大的风格，具有深远的影响，为后世建筑提供了宝贵的启示。唐代寺庙的屋顶坡度相对平缓，呈现出舒展和谐的线条，赋予建筑庄重的外观，强调整体建筑形态的宏伟感。五代时期出现了"田"字形的罗汉堂。转轮藏创于南朝，现存实物以宋代的几例为最早（如河北石家庄正定县隆兴寺转轮藏殿）。宋代律宗寺院还出现了戒坛。

元代，西藏和蒙古一带流行藏传佛教，其寺院建筑采用厚墙、平顶的样式（图6-3），但对中原佛教建筑的影响不大。藏传佛教在其传播范围上呈现出一定的地域性，主要在中国北方地区传扬，而在南方地区流传较为有限。这一地域差异导致了藏传佛教的建筑类型如金刚宝座式塔，在南方地区极为罕见，主要分布在北方地区，如山西、陕西、河北、内蒙古等地。藏传佛教的建筑相对较为普遍，这与当地较为丰富的藏传佛教信仰有关。这些地区的建筑中常见喇嘛塔，其中一些保存至今，成为文化和历史的见证。这些喇嘛塔在设计上融合了藏传佛教的独特元素，展现了宗教信仰与建筑艺术的完美结合。长江以南的地区，如苏州、杭州等城市，尽管偶然可以发现一些小型的喇嘛塔，但其存在主要源于清朝初年的历史原因。由于清朝皇族信仰喇嘛教，并对江南风光产生兴趣，因此清朝皇帝时常"南巡"至江南。为了迎合皇帝的兴趣，一些地方官员选择在皇帝即将巡游之际，在风景秀丽的地方兴建一些喇嘛塔。这种地域性的传播差异使得藏传佛教在中国的建筑遗产呈现出多样而分布不均的特点。

明清时期普遍在中轴线的两侧对称布置建筑，如山门、钟鼓楼、天王殿、大雄宝殿、配殿、藏经楼等，塔已很少，另外又围绕主要建筑群建造诸多配套的别院。

二、道教建筑概况

老子为道家学派创始人，东汉时张陵利用其名创立道教，并尊老子为道教始祖。唐、宋时期均推崇道教，元代道教继续发展，明代曾在首都设道录司掌天下道士，清代日益衰微。道教建筑一般称为宫、观，其建筑没有形成独立的风格体系，依照的是我国传统的宫殿、祠庙体制，一般为中

图6-3
藏传佛教建筑/周承君拍摄

轴线布局，以殿堂楼阁为主，不建塔和经幢。

现存的唐代建筑中，山西芮城永乐宫为整体布局保存较好的道教建筑，主要建筑沿中轴线依次为宫门、龙虎殿（无极门）、三清殿（图6-4）、纯阳殿、重阳殿和邱祖殿（已毁）。三清殿是主殿，面阔7间（34米），进深4间（21米）；单檐四阿顶。平面使用减柱法；檐柱有生起、侧脚；檐口及正脊都呈曲线。殿前有二重月台，踏步两侧用象眼做法；殿身除门窗通扇外，其余均用实墙封闭。斗拱六铺作，为单抄双下昂（假昂），补间铺作除尽间施一朵外，均为两朵；殿内有元代所绘三百六十值日神壁画，线条生动流畅。

山西芮城永乐宫原址位于山西省永济市，在20世纪50年代进行三门峡水利工程修建之际，鉴于永乐宫的独特历史和建筑价值，决策者做出了将其迁移至今日芮城县的决策。这一迁徙过程是对中国文化遗产的重要举措，旨在确保永乐宫完整保存，并将其珍贵的文化内涵传承给后代。永乐宫的迁徙不仅仅是对其建筑的移植，更是对其文化和艺术元素的保护与传承。永乐宫作为元代建筑的杰出代表，体现了高度的艺术成就，同时也是道教建筑中极具典型性的宫观之一。永乐宫的保存与搬迁，既是对道教文化遗产的珍视，也是对国家文化历史的保护（图6-5）。

在三清殿内珍藏着中国美术史上一件杰出的壁画瑰宝——《朝元图》（图6-6）。这幅壁画位于整个殿堂的三面墙壁上，高4米以上，总长度超过90米，总面积400多平方米，这在中国的建筑遗产中属于极为罕见的巨制。《朝元图》作为永乐宫的文化财富，在中国美术史上占据着极为重要的地位。其宏大的规模、精湛的艺术表现以及完好的保存程度，使其在全国范围内独树一帜。这一壁画作品不仅见证了中国古代绘画艺术的高峰，同时也为后人提供了珍贵的历史、艺术和文化资料。《朝元图》以道教中的约300位神祇为主题，呈现了他们朝拜元始天尊的场景，每一位神明的神态各异，尤其是服饰的细致描绘，表现出飘逸灵动的艺术特质。因此，永乐宫不仅是建筑史上的瑰宝，同时也是美术史上的杰出之作。这一壁画作品的独特性不仅体现在其精湛的技艺上，更在于其呈现了丰富而细致入微的道教信仰场景。《朝元图》不仅是对当时宗教文化的生动记录，也是对中国绘画历史的重要贡献。这幅壁画详实描绘了神祇的形象和祭祀仪式的场景，不仅反映了道教信仰的丰富内涵，还展示了艺术家对细节的精心关注和创造性表达。《朝元图》不仅具有宗教和艺术的双重价值，更为研究古

图6-4
山西芮城三清殿/
杜冰璇拍摄

图6-5
山西芮城永乐宫/
钟坤辰拍摄

图6-6
《朝元图》（局部）/
蒋璨拍摄

代信仰和艺术表达提供了宝贵的资料。在这幅壁画中，艺术家通过细腻的表达，生动地呈现了道教信仰的多元性和深厚内涵。对于研究中国古代宗教文化、绘画艺术以及社会风俗的学者来说，这一作品具有不可估量的价值。

永乐宫建筑群，包括山门和三清殿等主要构筑物，均由元代原木构建，展现出典型的元代建筑风格。其外观造型以及建筑技术的具体实践都代表了元代建筑的经典范例。这一建筑群的特殊之处不仅在于建筑元素的使用，更在于形式与技术的完美融合，充分展示了元代建筑的独特魅力。元代建筑风格强调实用性与美学的结合，注重建筑材料的选择与搭配，同时在建筑结构和装饰方面展现了独到的艺术造诣。永乐宫作为道教建筑的代表性典范，为研究元代建筑风格和技艺提供了珍贵的实例，同时也为理解元代宗教文化和建筑传统提供了有益的参考。元代建筑注重横梁纵柱的布局以及斗拱的应用，这些元素在永乐宫得到了精湛地展现。建筑外观的独特造型与细致雕刻进一步凸显了元代建筑的独有风格。

道教名山有江西龙虎山、江苏茅山、湖北武当山和山东崂山，另外还有四川青城山、陕西华山等。湖北的武当山和四川的青城山等，以其寺庙建筑而闻名。具体而言，武当山的牌楼和山门在古代寺庙建筑中具有显著的象征意义。武当山的牌楼自古以来历经风雨，尽管如今呈现出一定的破旧状态，然而这种古老的外观在保留历史痕迹的同时，亦呈现出一种独特的历史感。对于古建筑而言，其原貌的保留往往能够更好地传递历史的厚重感。相较于修复完好的建筑，破旧的古建筑更能够引发人们对历史岁月的沉思，激发历史情感。因此，武当山的牌楼作为古建筑的代表，展现了历史演变的过程，为研究中国古代寺庙建筑、宗教文化和历史传承提供了丰富的实例。

武当山的山门（图6-7）作为道教宫观的入口，其建筑主要采用砖石砌筑，与一般木质殿堂有所不同。这种砖石结构的山门呈现出比较原始的风貌，更好地保留了历史感。山顶金殿的建筑规模较小，整体体量相对较小，其所有构件，包括屋顶的屋脊、瓦底下的斗拱、墙面、柱子，甚至外围的栏杆，均采用铜材制作。由于金殿全部采用铜材，在阳光照射下呈现出金光闪闪的效果，因此被人们称为"金殿"。金殿的铜质结构不仅赋予了建筑物出色的光泽，同时也凸显了其独特的材质和精湛的工艺。这种铜质结构的运用不仅强调了建筑的材料创新，也为其赋予了独特的审美价值。铜质结构在武当山金殿中的运用，既反映了建筑工艺上的高超技术，也体现了对材料的精妙运用，使金殿成为武当山寺庙建筑中的瑰宝。金殿的存在不仅为武当山增色添彩，更在建筑艺术领域中留下了独特的艺术印记。

岱庙（图6-8）位于山东泰安泰山之巅，是一座著名的道教宫观。"五岳"包括东岳泰山、西岳华山、南岳衡山、北岳恒山、中岳嵩山，本质上具有明显的政治性质，属于皇家祭祀的范畴。祭祀活动是为了皇帝寻求天下太平，获得五方大神的庇佑。因此，皇帝可能亲自进行祭拜，或者委派朝廷大臣代表进行祭拜，这体现了一种国家政治的仪式，而非宗教性质。五岳的祭祀活动在历史上被视为一种国家治理的手段，通过此类仪式追求天下安宁与神灵庇佑。这种政治性质的祭祀实践，反映了古代中国皇权与宗教信仰的交融，对国家统治产生了积极的影响。随着时间推移，佛教和道教在五岳山脉内建立了寺庙，将这些山峰作为宗教信仰的重要基地。因此，五岳中的一些山峰可能归属于佛教，一些则属于道教。例如，湖南的南岳地区被视为南岳圣地，既非佛教寺庙所属，亦非道教宫观的附庸。然而，在南岳周边地区，东部有八个道观，西部有八个佛寺，它们分别与南岳形成依存关系。

北京的白云观（图6-9）是著名的道教宫观，展现了道教建筑的独特魅力。与佛教寺庙相比，道教宫观在供奉的神祇上呈现出一些微妙的差异，反映了不同宗教信仰的特色。在道教宫观中，特定神祇的供奉是关键的区别之一。岱庙主要供奉太上老君、玉皇大帝以及三清元始天尊等神祇。太上老君作为道教的重要神祇，是至高无上的存在，而玉皇大帝则是天宫的主宰。三清元始天尊是道教三清神之一，负责宇宙的创造与管理。这些神祇在道教信仰中占据着重要的地位，塑造了宫观内部的宗教氛围。与之不同的是，在佛教寺庙内，神祇包括如来佛、观音菩萨、文殊菩萨、弥勒佛等。每尊神祇都有其独特的教义和地位，反映了佛教的教化与慈悲理念。佛教注重对众生的救度，因此寺庙内的佛像常常以慈悲的表情和仁爱的姿态呈现。

除了神祇的不同之外，道教宫观和佛教寺庙在内部陈设和布置上也存在差异。在道教宫观中，祭坛、香炉、经龛、神龛等元素的摆放和安排都遵循着道教的仪式和教义。祭坛是祭祀的核心场所，香炉则象征着虔诚的信仰。经龛和神龛用于安放经书和神祇的塑像，彰显了道教对文化传承和神灵崇拜的重视。在佛教寺庙中，祭坛同样是中心场所，用于进行供养和忏悔仪式。香炉的存在也象征着信徒的虔诚。与道教不同的是，佛教寺庙内通常设有佛堂、菩萨殿、经堂等不同的殿堂，分别用于供奉不同的佛菩萨和经典。

从建筑外观上来看，道教的宫观和佛教的殿堂通常呈现出相似的特征，使得它们在外观形式上的区别相对模糊。必须深入建筑内部，参考命名方式如佛教的寺、院、庵，道教的宫、观等，才能确定其宗教归属。然而，这种相似性反映了中国宗教建筑在一定程度上共享一些设计元素和建筑传统。更为明显的区分需要通过对建筑内部的宗教标识和仪式场所的认知。这包括了对祭坛、香炉、经龛、神龛等元素的研究，因为它们在不同宗教中具有特定的用途和象征意义。通过深入研究这些细节，我们可以更全面地理解不同宗教建筑之间的异同，以及它们在宗教文化中的独特地位。

塔和石窟在宗教建筑中是两种具有特殊和重要地位的类型。塔在中国最初并不存在，随着佛教传入中国后开始出现，成为佛教建筑的典型形式。在印度佛教建筑中，塔是一种常见的类型，但当这一建筑形式传入中国后，经历了一些演变。佛教塔通常被用作保管佛经、舍利的圣地，其外形呈多层塔式结构，象征着通向佛教法界的阶梯。与之不同的是，道教在宗教建筑中并没有类似的塔形式，而更注重宫观的布局和环境的考量。石窟作为佛教和道教建筑的独特形式，常常被用于雕刻宗教题材的石刻艺术。佛教石窟以莫高窟为代表，是佛教壁画和雕塑的杰出表现，展现了佛陀的生平事迹和佛教教义。相比之下，道教的石窟往往包含了道教经典的雕刻，呈现了道教的宗教理念和神话故事。

三、伊斯兰教建筑概况

伊斯兰教由阿拉伯半岛麦加人穆罕默德（约570—632年）于7世纪初创立，唐代由西亚传入中国，在中国旧称"回教""清真教"等。所建寺院一般称为"清真寺"或"礼拜寺"，在寺中建有召唤信徒用的"邦克楼"或"光塔"，还有供膜拜者净身的浴室。大殿内没有造像，仅设朝向圣地麦加供参拜的神龛。建筑装饰纹样只用古兰经文和植物、几何形图案。

早期的礼拜寺受外来影响很大，保留的外来特征有：高耸的光塔、葱头形的尖拱门和半球形的穹隆结构。建筑较晚的清真寺，除了神龛和装饰题材外，所有建筑的结构和外观都采用中国传统的木构架建筑形式，如西安化觉巷清真寺和北京牛街清真寺。

　　某些少数民族聚集区的清真寺，基本还保持本民族地区固有的特点。如新疆喀什阿巴伙加玛札伊斯兰式家族陵墓（图6-10、图6-11），始建于17世纪中叶，包括大门、墓祠、礼拜寺、教经堂、墓地、浴室、水池、庭院和阿訇住所等，整个建筑群的艺术环境处理得十分和谐、生动。墓祠为玛札的主要建筑，平面略呈长方形。中央主体高达24米，穹隆圆顶直径达16米（是新疆现存穹隆最大者），穹隆屋面贴砌绿色琉璃花砖。墓祠四角耸立四座邦克楼尖塔；南为尖拱龛式正面入口，高大雄伟。尖塔、入门及四周墓祠墙壁皆贴饰黄、绿、蓝等色琉璃砖，并在墙顶设花饰砖。墓祠四壁夹层走道开设许多窗洞，其几何纹样的窗格各不相同，精巧纤细，具有浓重的伊斯兰格调。

第二节　佛寺与佛殿

　　在佛教传播的同时，许多佛教寺庙应运而生，成为举行宗教仪式、修行的场所，同时也充当社会中心，为人们提供庇护和帮助。佛教在中国的传播和盛行可以通过当时的寺庙数量窥见，如在北魏时期，都城洛阳就拥有1000多座佛教寺庙。寺庙的兴盛不仅仅是宗教信仰的表现，更是文化、教育和社会交流的表现。佛教通过寺庙的建设和发展，不仅在中国社会中扎根，而且为后来的宗教发展和文化传承奠定了坚实的基础。这一时期的寺庙文化也在中国历史和文化中留下了深远的印记。佛寺与佛殿是佛教建筑文化的集中体现，我们可以通过五台县佛光寺、蓟州区独乐寺、五台山南禅寺等建筑领略佛教建筑文化的魅力。

一、佛光寺

　　佛光寺（图6-12）位于山西省五台县豆村，建在五台山西麓。沿东西向轴线自下而上顺应山势进行布局，前后形成依次升高的三重院落。其中第三层台地上院落最高，其上坐东朝西坐落着佛光寺大殿，是全寺的主殿，它可俯视全寺。大殿后部紧接山崖。该寺的建筑在利用地形上很成功。寺内现存主要建筑有晚唐的大殿、金代的文殊殿、唐代的无垢净光禅师墓塔及两座石经幢。佛光寺是中国乃至亚洲现存古代木构建筑中不可多得的标本，被梁思成先生誉为"国内最大的木构建筑"。东大殿的唐代建筑、唐代彩塑、唐代壁画、唐代题记是佛光寺的"四绝"。

　　佛光寺始建于北魏孝文帝时期，时至今日已有一千多年的历史。佛光寺在唐朝曾经占地面积极其辽

图6-10
喀什阿巴伙加玛札总
平面图/杜冰璇整理

图6-11
喀什阿巴伙加玛札清
真寺/周承君拍摄

图6-12
佛光寺大殿（唐）/翁
岩拍摄

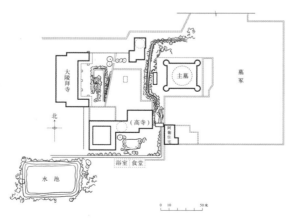

阔，僧人众多，虽然唐朝时期的大部分斗拱、彩塑、壁画都已经失传，但佛光寺大殿的存在打破了日本学者的一些错误言论。佛光寺的建筑风格以唐朝建筑风格为主，延续着唐代斗拱和檐口的宏伟气势，建筑结构美轮美奂，精益求精。梁思成和林徽因将佛光寺纳入自己的研究范围后，在佛光寺的建筑之美上有了更深层次的思考和挖掘，并将其运用到自己的建筑设计中。

二、独乐寺

独乐寺位于天津市蓟州区武定街，相传始建于唐，辽统和二年（984年）重建。目前建筑有山门、观音阁及一些配殿、阁后的韦陀亭和一组小型四合院建筑等，属于以阁为中心的类型。其中山门及观音阁为辽代所建。

观音阁采用九脊殿顶，面阔5间，进深4间8椽，位于低矮的前有月台的石砌台基上（图6-14）。外观2层，有平座；内部3层（中间有一夹层）。构架为典型的殿阁型，平面柱网为"金厢斗底槽"。用平闇天花，中央为八角形藻井。阁内有一尊高16米的11面辽代观音像。

观音阁整体构架结构刚度较高，经受住了千年来28次地震的考验。观音阁展示了一些引人注目的设计元素，不仅延续了唐代建筑的特点，还在历史发展中进行了一些变化，以适应时代的变迁和建筑结构的持久性挑战。首先，观音阁采用了巨大的斗拱和远挑的屋檐，翘脚处挑出约三四米，这一设计延续了唐代建筑的特色。在清朝时期，为了保持建筑的稳定性，观音阁的四个角上加入了额外的柱子。这种结构上的变化可能是为了应对数百年的风雨侵蚀和地壳运动等自然因素对建筑结构提出的挑战，这些结构上的调整反映了古代建筑工匠对稳定性和耐久性的不懈追求。在现代建筑中，要实现三四米的挑檐通常需要复杂的结构设计和精密的计算。然而，古代建筑以木材为主，却能够在极端的环境条件下保持近1000年的

中国之最：佛光寺

佛光寺大殿建于唐大中十一年（857年），是我国现存最大的唐代木建筑。当时运用了标准化模数设计，粗壮的柱身、宏大的斗拱、深远的出檐，体现了唐代建筑雄健恢宏的特征。佛光寺大殿是现存木建筑中脊槫（清称檩或桁）下无侏儒柱（清称脊童柱）、只有叉手的唯一实例（图6-13）。

图6-13
佛光寺大殿（框架）/周承君、翁岩、陆子嚣整理重绘

图6-14
独乐寺观音阁/翁岩拍摄

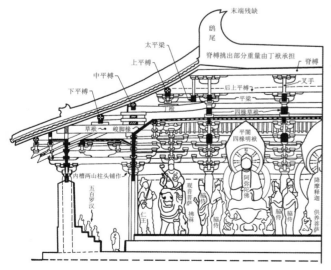

稳定，这不仅是一项巨大的技术壮举，也体现了古代建筑工匠对材料的巧妙运用和对建筑科学的深刻理解。

观音阁的设计自宋代开始便显露独特之处，其中一个显著的特征是在二楼上方创建了一个环绕的平台，下层设有腰檐。腰檐上方的平座结构，类似于"阳台"，也自宋代开始出现。这一设计依赖于斗拱的支撑结构，类似于屋檐的设计原理，展示了建筑在构造上的精密性。观音阁内部的设计更是引人注目，其中矗立着一尊高大的观音像，分布于建筑的一楼和二楼，形成了中间通高的双层空间。观音阁内的观音像布局巧妙，通过垂直双层的空间设计，使得观音像的高度延伸至二楼。此外，打开二楼的正门，观音像仿佛透过门户望向远方，为建筑注入了一种神秘而灵动的氛围。这种空间布局不仅体现了宋代建筑工匠对建筑高度的灵活运用，也为观音阁增添了独特的艺术气息。

在清代，独乐寺观音阁在建筑的角部增加了四根柱子，这一设计调整旨在增强建筑的结构稳定性。这反映了古代中国木结构建筑在面对风雨侵蚀和地质运动等自然因素挑战时，通过巧妙的结构调整来提升建筑稳定性的卓越工艺。这种结构的引入不仅在建筑外观上增添了层次感，同时也体现了古代建筑工匠对于建筑功能和美学表现的深刻理解。观音阁的这些设计元素，既展示了建筑在历史发展中的演变，也为研究宋代至清代中国木结构建筑的技术和审美提供了有益的案例。

三、南禅寺

图 6-15
南禅寺/杜冰璇拍摄

南禅寺位于山西省忻州市五台县，其大殿外观质朴，是对唐代木结构的完美展现，其面宽进深均为三间，整体平面略呈方形（图6-15）。根据大殿内部梁上的题记，可知在唐建中三年（782年）时曾经对此殿进行重新修缮。当然，这也暗示了它的初建年代远远早过于此，因而它被誉为我国国内现存最久的木构建筑（图6-16）。不过因为资料有限，我们还没有办法明确其建造年代到底为何时。

南禅寺的位置较为偏僻，坐落于五台山一块悬崖地上，地处黄土高原，当地气候条件也相对干燥。也正是因为其独特的地理位置和气候条件，使其在会昌法难和历朝战争中免受破坏，同时干燥的黄土高原气候也让其避免了虫灾等自然灾害。直到20世纪50年代才重新为人们所发现，向我们诉说着那个时代的故事。因为发现南禅寺大殿的时间较晚于佛光寺，且佛光寺规模和复杂程度要大于南禅寺，所以它的名气和影响力不及佛光寺。但南禅寺同样在建筑史上占有举足轻重的地位，特别是其殿中的雕像反映了唐代匠人高超的艺术水平，在中国雕塑史上也同样影响深远。

图 6-16
南禅寺细节/杜冰璇拍摄

实际上，历史上的木构建筑展现了惊人的耐久性和可持续性。南禅寺大殿和佛光寺大殿作为唐代木构建筑的代表之一，凸显了古代建筑工匠在木材选择、建筑结构设计和工艺制作方面的高超技艺。这些建筑之所以能够保留千年以上，正是因为其精湛的工艺和良好的维护，包括对木材进行定期修复、更换受损部分、防治虫害和防水处理等。这些维护工作不仅延长了木质建筑的使用寿命，也确保了其在后世的传世价值。现代社会逐渐认识到木材作为一种可持续建筑材料的重要性。木结构具有较低的碳足迹和能耗，是一种更环保、可再生的选择。当然，对于木构建筑的保养和维护同样至关重要，以确保其长期稳定和安全。通过亲身参观这些古老的木质建筑，可以更好地理解它们的历史价值和卓越的工艺，同时也为人们带来一种深深的历史感和敬畏之情。

唐代建筑在设计和结构上的创新，尤其是在屋顶坡度、斗拱大小、柱子形状等方面的独特性，使其在中国建筑史上独树一帜。这种矮胖、粗壮的柱子和平缓的屋顶坡度不仅是建筑美学的表现，同时也为建筑提供了良好的结构支持。唐代建筑中的斗拱设计尤为引人注目，其巨大的尺寸使得屋檐能够远离建筑主体，呈现出"大鹏展翅"的视觉效果，强调了建筑的气势磅礴和雄大。这种设计在视觉上营造出一种舒展的感觉，使建筑展现出宽广和博大的气息。此外，唐代建筑普遍采用的榫卯结构以及独特的柱子形状，如"矮胖"的特点，更进一步凸显了唐代建筑的独特之处。南禅寺大殿内部结构的雷公柱及其在唐代建筑中的独特性，是对唐代建筑宝贵性的有力补充。雷公柱的设计在唐代建筑中相对罕见，其独特形态不仅具有实用性，更重要的是在艺术和美学上带来了独特的风采。

第三节　佛塔

中国的佛教塔在融合印度佛教建筑特色的基础上，逐渐发展出独特的类型。这些塔通常具有多层，如密檐塔或多宝塔，顶部常饰有宝瓶或宝珠等元素。这一演变反映了佛教在中国的传播过程中，建筑风格逐渐与本土文化融合的趋势，形成了具有中国特色的佛教塔建筑。在印度佛教中，塔最初指的是"Stupa"（中文翻译为"塔波"或"浮图"），它实际上是佛教僧侣的坟墓。其建筑形态呈现为一个倒扣的钵的形状，顶部装饰有相轮。这种建筑形式传入中国时，由于其原始造型相对陌生，与中国传统建筑风格和审美趣味存在不适应之处，因此这种初始的Stupa形式在中国经历了一些演变和调整，逐渐融入了中国本土文化的影响。中国在接受印度的Stupa形式时，对其进行了改造和演变，将Stupa的原型缩小并置于塔的顶部，形成了今天所见的具有宝顶或塔刹的结构。在这一过程中，中国人对塔身进行了改造，赋予其中国古代楼阁的形式，形成了多层楼阁的塔身。最终，Stupa在中国形成了独特的佛教塔建筑风格，在形状和结构上有别于印度原始的Stupa。这一过程体现了文化交流和融合的历史进程，使佛教塔在中国独具特色。

佛教传入中国后，塔经历了漫长而复杂的演变过程，其形式的变化并非在同一时期完成，也不是在单一时代内就定型。从东汉时期开始，随着

南禅寺大殿的屋顶完美展现了唐代"举折式"屋坡的特色，屋顶属于单檐歇山形制，而且坡度相当缓和。在它的梁脊下方用人字形的"大叉手"的两条斜柱作为固定，这也是我们目前能够看到最早的实际案例。南禅寺除了大殿之外，其余建筑物都是在明代和清代时所增建补充。整个南禅寺大殿最核心的部分，是它所体现出来的精美的唐代木结构。它的柱子与建筑墙体融为一体，因而整个大殿内部展现出来的是一种舒展开放的、没有柱子的空间。总体木结构严谨合理，没有多余部分，也不置补间铺作。

佛教的传播，塔的形式逐渐在中国演变，并延续至明清时期。这一演变过程中，塔的多样化体现在不同历史时期和地域的建筑风格上。每个时期和地域的塔都反映了当时社会、文化和宗教环境的独特特征。塔的设计和结构在不同时期经历了创新和变革，表现出佛教在中国传播和发展的过程中融入的多元文化影响。在这个演变历程中不同类型的塔形成了丰富多彩的建筑风貌，有的塔以高大挺拔、多层次的形式展现，如密檐塔或宝塔；有的塔在形状上更为独特，如方锥形塔、刹式塔等。每一种类型的塔都承载着特定的宗教寓意和象征，反映了佛教在中国社会不同历史时期的传承与发展。这种多样性在地域上也得到了体现，不同地区的塔在建筑样式和装饰上呈现出独特的地方特色。

福建泉州开元寺的双石塔（图6-17），双塔全部用石材建造，仿木构楼阁式，皆八角5层，形式几乎完全相同，仅高度和斗拱略有不同。西塔高44.06米，东塔高48.24米。基台是扁平而宽的须弥座，上多雕饰，平面八角，四正面砌台阶，座周护以简洁石栏。各层塔身之间有腰檐，但无平座，每面1间，在转角处砌角柱，柱间刻阑额、斗拱支承腰檐。4个相向面开门，另4面设佛龛，各层门、龛位置上下交错，门、龛侧均有立柱和横枋，并在壁面浮雕佛教造像。腰檐也用石材雕出角梁、板桷，以及筒瓦、板瓦的屋面，檐角起翘明显。上层壁面较下层退进，在腰檐脊上砌石栏，形成外走道。塔刹金属制，重叠相轮，颇细瘦，均占全塔总高1/4，刹顶有铁链8条垂向屋顶八角。内部围绕中心的八角实心石柱为回廊，回廊条石地面由下层外壁和石柱叠涩支承，架木梯上下。

东西塔位于泉州开元寺内东西两侧，二塔相距约200米。东侧的叫镇国塔，俗称东塔，开始是一座木塔，用来安放佛舍利的，后因遇灾重建，改为石塔。该塔是一座纯用花岗岩石、仿木结构的楼阁式建筑。塔心粗壮结实，用横梁斗拱与外壁相连结，具有极强的抗地震和抗台风能力。西侧叫仁寿塔，俗称西塔，该塔一共七级，号称无量寿塔。宋政和四年（公元1114年）名为仁寿塔，后因遭灾重建，改为石塔。渐渐东西双塔成了泉州的标志性建筑。

一、楼阁式塔

楼阁式塔作为中国古代塔的一种典型类型，其设计灵感源自中国古代楼阁建筑，如岳阳楼、黄鹤楼、滕王阁等。一般而言，这种塔至少包含5层或7层，因此常被称为七级浮屠。其高度相较于中国古代楼阁明显增加，凸显了塔的垂直性。相较于古代楼阁，楼阁式塔在高度上的明显增加可以被解释为一种设计手法，充分利用楼阁的形式，使塔的高度更为突出。在古代中国，由于木结构的局限性，楼阁的层数一般不会超过三层，不适宜建造过高的建筑。此外，古代社会的人口相对较少，对于建造过高建筑的需求也相对较低。因此，楼阁式塔通过增加层数的方式，既突破了传统楼

图6-17
福建泉州开元寺
的双石塔/周承君
拍摄

中外建筑史

阁的限制，又满足了对更大高度的追求。

初期的楼阁式塔采用木质结构进行搭建，然而随着塔高度的增加，纯木结构的耐久性受到了风雨侵蚀的影响。为了提升塔的稳固性和耐久性，转而使用砖石等更为坚固的建筑材料进行建造。这一变化体现了对塔结构强度和持久性的不断追求，同时也为塔的建筑演变注入了新的技术元素。不论是采用木头还是砖石，楼阁式塔的共同特点在于其多层结构，使得塔体逐渐收敛向上。这种结构的设计考虑到了人们登高远望的需求，塔的每层都为登塔者提供了不同的视野和体验。尽管佛塔的主要目的是供奉佛像，但其设计中注重了人们的参与感，使得攀登成为一种心灵上的体验，与佛教强调的修行和内省相呼应。

楼阁式塔不仅具有宗教功能，更提供了一种独特的登高远望体验，成为文化和建筑的精妙融合。楼阁式塔的设计中蕴含了丰富的文化内涵。首先，这种塔体结构的多层设计使得登塔成为一种仪式化的过程。登塔者逐级攀升，体验着从低层到高层的视野逐渐开阔的变化。这与佛教修行的观念相契合，强调逐步超越现实，达到更高层次的境界。其次，楼阁式塔采用了一种类似于筒体结构的构造方式，使得塔在垂直方向上能够更加稳固，支持多层楼梯和层层递进的建筑形式。内部结构呈现出内外两层壁的形式，两层壁之间设置了螺旋状的楼梯，为登塔者提供了通往高处的路径。这种精妙的设计不仅考虑到了结构的坚固性，也在登塔过程中营造了一种令人陶醉的空间体验。

1.陕西西安大雁塔

大雁塔，又名大慈恩寺塔，唐高宗永徽三年（652年），玄奘法师为供奉从印度带回的佛像、舍利和梵文经典而建，后在长安年间（702年左右）改建为7层。大雁塔通高64.5米，塔体为方形锥体，造型简洁，气势雄伟，是我国佛教建筑艺术中不可多得的杰作（图6-18）。

唐代的塔具有一个显著的特征，即其平面形状更倾向于正方形，这一特征在唐代较为普遍，但在唐代之后逐渐消失。在江苏等地，这种正方形的塔一直延续至明朝，并在这些地区保留较多。在其他地区，唐代后期的塔演变为六角形、八角形等形状，其中以八角形居多。西安的大雁塔作为唐代方形平面的经典代表，其外观采用了楼阁式造型，然而实际上，它是以砖石为材料仿造的楼阁，而非木质结构。该塔的外观造型以及独特特征具有宝贵的历史地位，代表了早期佛教建筑布局的一种方式。在楼阁式塔的设计中，地宫的建设起到了重要的作用，主要用于安置佛祖的舍利。这体现了佛教寺庙建筑中，舍利的保存和崇拜成为塔建筑的核心功能之一。同时，塔的内部供奉佛像，使其成为信仰的中心。此外，佛教寺庙提供登临塔顶眺望的功能，既可以让信众近距离感受佛教文化，也符合宗教场所的特征。大雁塔采用独特的砖石结构，体现了中国古代建筑技术的高度水平。其外观的楼阁式造型展示了唐代佛教建筑中的艺术风格，将传统的木质结构演变为更加耐久和稳固的砖石结构。这种演变不仅表现了建筑技术的发展，也反映了对建筑材料和结构的不断创新。

2.山西应县佛宫寺释迦塔

佛宫寺释迦塔在山西应县，又称应县木塔，建于辽清宁二年（1056年），是我国现存唯一的最古老和完整的木塔（图6-19）。塔身平面为八角形，底径30米，建在方形和八角形的2层砖台基上，高67.31米，外观5层（内另有暗层4层）。外部轮廓逐层向内收进。各层都设平座及走廊。全塔共有斗拱60余种。

应县木塔的平座暗层内，在柱梁之间使用斜撑构件，增强了刚性，故抗震能力强，结构手法和独乐寺观音阁类似。以其卓越的历史价值而言，应县木塔堪称中国古代建筑的瑰宝，同时也是迄今为止全球保存最高大、最古老的纯木结构楼阁式建筑，并且享有"世界三大奇塔"之一的声誉，与意大利比萨斜塔、巴黎埃菲尔铁塔齐名。现代建筑常需借助各种加强结构手段，而应县木塔却以纯粹的木质结构屹立不倒，彰显了其在建筑史上的卓越地位。因此，从应县木塔的独特地位来看，其在全球范围内无可比拟，实属珍贵之物。这座建筑的国宝地位显而易见，同时也反驳了木结构不耐久的观点。只要得到妥善保存，千年古木仍得以保存至今，这进一步证明了木结构的卓越耐久性。

3.延庆寺塔

延庆寺塔位于浙江丽水的松阳县城西郊，始建于公元999年（图6-20）。其动工兴建之后，前后历经3年最终建成，从这处古建筑的地域表现来说，它属于浙江一座楼阁式砖木结构古塔，在结构上是与众不同的，也是浙江少有的古塔风格类型。

延庆寺塔高38.32米，在具体的内部构造上，古塔的每层设有平座回廊，而且还有斗拱瓦镏作双卷头设计，这能体现出它的独特之处。如今延庆寺塔塔身已倾斜约2°，故而人们将其称为"东方比萨斜塔"，这也是它作为一座历史悠久的古塔的价值之处。

图6-18
西安大雁塔/周承君拍摄

图6-19
应县木塔手绘/丁嘉慧整理

4.江苏苏州虎丘塔

江苏苏州的虎丘塔又称云岩寺塔，是一座典型的唐代建筑（图6-21），采用了楼阁式的结构。当今看到的造型相对奇异的原因在于其结构的受损。该塔的外部原本包覆有一层木质屋檐，而内部是以砖石构建的核心结构。由于外部的木质屋檐和外廊在历经千年风雨后遭到破损，导致屋顶的多层结构相继崩溃。原先的木质屋顶和悬挑的外廊在岁月中逐渐破损，留下的只有砖石的核心结构，因而使得塔的外观显得略显怪异。虽然当前的外观可能与建筑初衷有所出入，但同时也反映了历史岁月对建筑的影响，使得虎丘塔成为历史和文化的见证。

二、密檐式塔

密檐式塔是佛教寺庙建筑中的一种典型形式，其特点在于层层屋檐紧密相连，呈实心砖石砌筑，不具备可登临的结构。底层较高，上施密檐数层，层数一般为奇数，而且密檐间距逐层缩小，一般不能登临观览。相较于楼阁式塔，密檐式塔缺乏木质结构的优雅之美，每个层次的屋檐均由砖石材料组成，高度相对较低。每个层次的屋檐中央通常设置小型佛龛，采用砖石雕刻，内部供奉菩萨像。密檐式塔的底部通常不设内部空间，主要在外墙上设置神龛。即便在一些情况下存在一些狭窄的内部空间，但其主要设计目的并非供人登临，这是密檐式塔的显著特征。

图6-20
延庆寺塔/周承君拍摄

1.河南登封嵩岳寺塔

在河南登封嵩山南麓，建于北魏正光四年（523年），为我国现存最早的密檐式砖塔，塔顶重修于唐。嵩岳寺塔的独特之处在于其非凡的造型，呈现为一个十二边形平面，相较于唐代的方形塔和后来八边形的设计，嵩岳寺塔的边数更多，因而更接近于圆形。这种设计在中国古代建筑中相对罕见，凸显了嵩岳寺塔的独特性和建筑创新。嵩岳寺塔的独特之处还在于其精美而优雅的曲线设计。其弧形结构呈现一层层向内逐渐收敛，创造出令人惊艳的曲线美感。这种设计并非简单易得，需要精湛的建筑技艺，巧妙地控制每一层的内收幅度，底层相对较少，而上层逐渐增多，最终形成了如此华丽的弧线。在密檐式塔的设计中，虽然存在其他具有类似弧线的构造，但嵩岳寺塔的设计无疑是最为出色和迷人的，因此这座建筑极为宝贵，堪称国之瑰宝。

嵩岳寺塔珍贵之处首先源于其悠久的历史，同时也因其庞大的规模而备受推崇。嵩岳寺塔的建筑风格典型地体现了密檐式塔的特征。该塔实心砖石砌筑，屋檐紧密相连，形成一种庄严稳重的外观。每个层次的屋檐上都雕刻着精美的佛教图案，展现了当时工匠高超的雕塑技艺。与楼阁式塔强调可登临的结构不同，密檐式塔注重塔身的雕刻和装饰，强化了宗教信仰的表达。

图6-21
苏州虎丘塔

2.陕西西安荐福寺塔

建于唐中宗景龙元年（707年），通常称小雁塔（图6-22、图6-23）。平面为正方形，底层每面宽10米余。原有密檐15层，现只存13层密檐。塔身残高约43米，底层前后正中开券门，塔身内部中空，以木楼板分层，靠内壁有砖砌蹬道以供上下。密檐式塔通常是实心的，檐口紧密相连，不具备登临的功能，因为每层岩石都直接延伸到上一层。然而，西安的小雁塔在外观上呈现密檐式的形式，但内部实际上是楼阁式的结构，使得每层都可以供人登临。这独特的设计使得小雁塔外观的层次感与内部楼层的不对应，展现了一种独特的建筑风格。尽管内部仅有七层，但外观呈现十几层的屋檐，且每层的高度逐渐变化，下层较高，上层较矮，形成了一种错落感。

此外，小雁塔的门洞和窗户位置也呈现出错位的情况，有的靠近地面，有的则高于地面。这种设计风格在楼阁式塔中较为罕见，因为通常楼阁式塔的外观与内部楼层是相互对应的，而小雁塔以其独特的内外结构组合为一种鲜明的建筑特色。小雁塔作为一座珍贵的唐代建筑，经历了岁月的洗礼，上部已经出现镂空的现象。尽管在修复工程中对其上部进行了修补，使得可以登楼抵达顶端，但仍未完全修复其原有的屋顶结构，保留了

图6-22
陕西西安荐福寺
小雁塔/钟坤辰
拍摄

图6-23
小雁塔信息可视
化设计/王珺祎

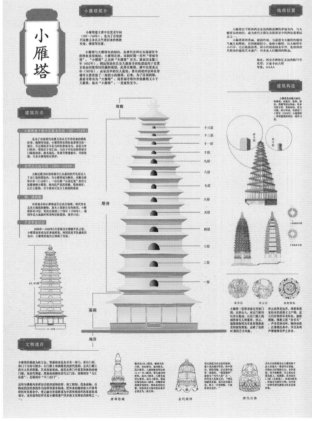

上部的镂空痕迹。这种设计呈现了一种历史沧桑的美感，同时为游客提供了独特的登楼体验，窥见了这座古老建筑的岁月痕迹。

3. 云南大理崇圣寺三塔

　　云南大理崇圣寺拥有三座塔，其中主塔为千寻塔，为唐代方形平面密檐式砖塔，共有16级。南北两座小塔则为典型的宋代建筑风格，呈锥形轮廓，分别为10级的八角形密檐式砖塔。这三座塔形成鼎足而立的布局，其中千寻塔位于中央，而两座小塔则南北对称，共同守护。崇圣寺整体规模巨大，唐代的原始崇圣寺已经不复存在，仅存下这几座塔作为历史的见证。

　　崇圣寺后来的寺庙建筑是在历史的沉淀中重建的，其珍贵性体现在对历史的传承和延续。这三座塔矗立在水面之前，背靠群山，它们的白色塔身在水中倒映，呈现出一幅宁静而美丽的画面。这一景观通过水面的倒影与周边环境相互辉映，为寺庙增添了独特的艺术韵味。塔与水、山相得益彰，形成了寺庙独特的自然背景，为游人呈现出一处宁静而神秘的场所。这种与自然相融的设计，使崇圣寺不仅是宗教场所，更是一处具有深厚文化内涵和美学价值的景观。崇圣寺的塔群展示了唐代和宋代两个不同历史时期的建筑风格，为后人提供了观察和研究中国古代建筑演变的珍贵材料。其水中倒影不仅是一种自然美景，更是历史文化的倩影。这种建筑与自然、历史相交融的景象，使崇圣寺成为中国古代建筑艺术的杰出代表之一。

4. 河南嵩山少林寺塔林

　　这片区域容纳着众多僧侣的墓塔，形成了一个密集的塔群（图6-24）。每位僧侣圆寂后都会有一座新的墓塔建立，历经数百年的层层叠加，使整个塔林成为一处沉淀着历史和宗教文化的场所。塔林作为一个整体，是对僧侣社群历史的生动见证。每座塔都承载着一个僧侣的信仰历程和修行经历，通过塔林的布局，可以看出僧侣社群内部的结构和组织。这也反映了寺庙作为一个宗教社群的内在秩序和组织原则。塔林中，高地位的僧侣如

图6-24
河南嵩山少林寺塔林/
翁岩拍摄

方丈、住持等建造的墓塔规模较大，而地位较低的普通僧侣以及从事服务性质工作的僧侣，如煮饭和尚、扫地和尚等，建造的墓塔相对较小。高地位的僧侣建造的墓塔一般较为宏大，被称为大塔；相对地，低地位的僧侣建造的墓塔则较为简小，称为小塔。这里的"大"和"小"并非指年龄上的成人或儿童，而是指僧侣在僧团中的地位高低。这种差异化的塔建设反映了僧侣社群内部的等级制度和地位层次。这些墓塔主要起到纪念墓地的作用，形成了一种在寺庙墓地中常见的密檐式塔的范式。

三、单层塔

单层塔的主要形式为墓塔，或在其中供奉佛像，如山东济南的神通寺四门塔，以其独特的建筑形态脱颖而出。这类塔的特点在于其只有一层结构，外观有时呈现出类似房屋的形态，使人联想到寺庙中的建筑。与楼阁式塔和密檐式塔不同，单层塔的结构更为简单，整体呈实心构造。顶部同样由砖石构筑而成，中间可以进入，但内部空间有限，完全由砖石凹凸构成。这类塔在很大程度上也被广泛用作墓塔，通常出现在墓地中形成的一群塔之中。观察塔林时，可见大小不一、高矮参差不齐。高大的塔多为多层的密檐塔，而较小的则为单层塔。当然，在单层塔这一类别中同样存在规模大小的差异。塔群构成了一处寺庙墓地的独特景观，展现了不同种类塔的多样性和寺庙建筑的历史变迁。

河南安阳宝山寺双石塔，建于北齐。寺内西塔为道凭法师墓塔，平面方形，塔心室为方形。塔身宽0.53米，高0.45米，塔全高2.22米。南壁有火焰券门，门侧有方倚柱，其余三面塔壁无装饰。塔上部为山花蕉叶两重和覆钵。寺内东塔与西塔形制基本一样，唯尺寸稍小。

四、喇嘛塔

喇嘛塔，俗称白塔，主要分布在西藏、内蒙古，多作为寺的主塔或僧人墓，是藏传佛教典型的塔式建筑。其独特造型在藏传佛教中具有代表性，但其传入内地相对较晚。藏传佛教建筑注重喇嘛塔的台基和塔刹的独特造型。喇嘛的基座高大，承托着一个巨大的圆形塔肚，而其上则耸立着一根高挑的塔顶。这种独特的设计在塔身和塔顶之间形成明显的对比，塑造了喇嘛塔独特的外观。一般情况下，这些塔通体呈白色，因而得名白塔。白塔因其造型和色彩成为醒目的宗教标志，常见于藏传佛教的寺庙和寺院中。白塔传入中国后，成为中国建筑史上的一种独特形式。其设计风格在各地区留下了深远的影响，成为中国建筑多样性的一部分。

北京妙应寺白塔（图6-25）在北京西城区阜成门内。建于元至元八年（1271年），工匠为尼泊尔人阿尼哥。塔全高约53米，塔体为白色。底部台基上呈凸字形，台上再建须弥座2层，再上置覆莲与水平线脚数条，承以宝瓶、塔脖子、十三天（即相轮）与金属宝盖。

图6-25
北京妙应寺白塔/翁岩
拍摄

在承德避暑山庄周边的山谷和山坳中，有八座并列的寺庙，其中大多数属于藏传佛教的喇嘛教寺庙。清朝时期，皇帝为了巩固边疆地区、团结少数民族，通过与蒙古族、藏族等少数民族领袖建立关系，达到维护统一的目的。每年皇帝在避暑山庄度过夏季时，常邀请少数民族领袖一同前来共度时光，以此来加强彼此之间的关系，因此在避暑山庄周边兴建了多座喇嘛教寺庙，以适应其宗教信仰和文化传统。事实上，这些建筑可被视为供少数民族领袖居住的行宫。这些行宫以藏式建筑为主，其特点是矗立于高山之巅，拥有多层的窗户，顶部可能还配有喇嘛教的喇嘛塔或其他特殊造型。同时，一些建筑也展现了汉藏文化的融合，例如在屋顶突出的位置设置了类似藏式小亭的结构，如承德避暑山庄周边的须弥福寿庙等八座建筑，都属于这一类型。

五、金刚宝座式塔

金刚宝座式塔（图6-26），作为佛教寺庙建筑中的一种独特类型，具有显著的特征，尤其在北方地区，其罕见性使其更加珍贵。该塔的设计独创，与传统寺庙塔式建筑迥异，其独特之处主要体现在座子设计成一个巍峨的方形基座。这种设计风格不仅展现了建筑的独特性，同时也反映了当地文化和宗教信仰的特殊影响，为寺庙注入了一种独特的建筑风貌。金刚宝座式塔的独特性不局限于外观，其上部结构呈现出多层次的设计，仿若屋檐，高度适中，每一层屋檐之间设有密集的小佛龛。这些小佛龛作为特殊的装饰元素，呈现出层次分明的构图，每个龛内安置一尊佛像，进一步强调了寺庙的宗教氛围。金刚宝座上方布置有五座小塔，其中中央一座较为巍峨，而四个角上的小塔相对较小。这一布局不仅复杂而独特，同时也反映了对宇宙五方的象征性意义，进一步加深了建筑的宗教内涵。这种独特设计不仅在结构上呈现层次感，更展现了建筑师在设计中对宗教符号和宇宙象征的精妙融合。金刚宝座式塔的每个小佛龛中的佛像不仅是建筑装饰的一部分，更是对寺庙宗教意蕴的具体体现。这一建筑艺术品既具备宗教功能，又具有深厚的艺术价值。

金刚宝座式塔传入汉族地域后，经历了显著演变，这一演变在形式和内部结构上都呈现出明显的变化。在新的文化背景下，金刚宝座式塔展现了文化融合与地域适应的独特性，金刚宝座式塔的结构经历了一系列改变。正门布置于一侧，中央矗立一座宏伟的主塔，四个角上则矗立四座精致的小塔。此外，正门上方的小亭子赋予整体构筑独特的形式美感。这种布局的调整体现了金刚宝座式塔在融入汉族文化时的灵活性和创新性，使其更符合当地审美和空间布局的需要。进入塔内，金刚宝座式塔通常在底座上建有一个方形台座，设有大圆拱门，作为主要通道进入内部空间。这一设计融入了汉族文化的建筑元素，尤其是大圆拱门的设置，不仅具有实用性，还展现了一定的艺术审美。这样的结构变化赋予了金刚宝座式塔更

图6-26
金刚宝座塔/蒋璨拍摄

为汉式的风貌，使其在外观上更贴近当地建筑传统。底座下方的空间设计在汉族地域的金刚宝座式塔中得以保留，形成了一个可供使用的区域，这一变化既顾及了当地文化传统，又反映了对建筑实用性的考量。在融入本土文化的过程中，金刚宝座式塔成功地融入了汉族地域的独特特色，为宗教建筑风格的多元发展做出了重要贡献。

北京碧云寺金刚宝座式塔，位于北京香山碧云寺后部，建于乾隆十三年（1748年）。塔为石砌，主要由下部两层台基、中部土字形台基和上部5座密檐方塔组成，总高34.7米。中塔高13层，四角小塔高11层。台面前部两侧各立一座小喇嘛塔。基台通体满布喇嘛教题材雕饰。全塔体量高大，雄浑壮观。

广德寺多宝塔（图6-27）是湖北襄阳的一座金刚宝座式塔，独具特色的结构和形式使其在金刚宝座式塔中脱颖而出。与其他金刚宝座式塔不同的是，广德寺多宝塔的底座采用了六边形的设计，展现了独创性的构图。此塔的顶部依然矗立着五座塔，其中中央一座呈喇嘛塔形态，与四座密檐塔形成独特的组合。这种独特形式的金刚宝座式塔在地域上表现出显著的差异性，凸显了当地文化与宗教传统的独特影响。广德寺多宝塔作为金刚宝座式塔的代表之一，凸显了其结合传统元素并在底座形状上进行独创性设计的特殊性。此塔底座的六边形设计，不仅展示了建筑师对传统形式的创新理念，同时在视觉上呈现出一种独特的几何美感。顶部五座塔的组合则通过中央喇嘛塔和周围密檐塔的巧妙布局，形成了层次分明的建筑风格。

第四节　石窟

石窟是佛寺的一种特殊形式，通常选择临河的山崖、台地或河谷等相对幽静的自然环境，凿窟造像，是僧人聚居修行的场所。石窟约在南北朝时期传入我国，著名的石窟有甘肃敦煌莫高窟、山西大同云冈石窟、河南洛阳龙门石窟、甘肃天水麦积山石窟（图6-28）、山西太原天龙山石窟等。北魏至唐为盛期，宋以后逐渐衰落。中国佛教石窟在浮雕、塑像、壁画方

面留存了丰富的资料，在历史上和艺术上都是很宝贵的。

石窟的开凿是一项庞大而艰难的工程，牵涉到多个复杂的步骤。首先，选址至关重要，需要在规模宏大的石头山中选择坚固而不易碎裂的石质。石材的选择直接关系到雕刻的难度，质量较差的石材会增加雕刻的复杂性。其次，在加工过程中必须极为谨慎，以确保雕刻过程中不出现任何瑕疵。这要求雕工小心翼翼、细致入微，不容许有丝毫的疏忽。与其他材料不同，石材无法像陶土一样黏合，因此一旦发生意外，修复将变得十分棘手。最后，在整个开凿过程中，工匠必须在石头表面凿削出佛像的基本形态，并逐渐雕刻出细致的细节。整个开凿过程需要高超的技艺，以保证最终雕刻出精致而完美的石窟造像。这种石窟的开凿过程凸显了古代工匠在制作石窟造像时所面临的巨大挑战，强调了高度的技术要求和谨慎的操作。在没有现代技术的支持下，他们必须全凭手工技艺和经验来进行复杂的雕刻，确保最终的佛像既形态完美，又富有细节，以满足佛教信仰的审美和宗教要求。

一、甘肃敦煌莫高窟

位于甘肃省敦煌市东南30千米处的鸣沙山东麓，是我国石窟中石窟数量最多的石窟群。现存自北朝至元代的大小洞窟有492个，雕刻壁画和塑像的有469个。其中北朝开窟36个，前后分4期，多数是佛殿窟和塔院窟，形式主要为中心方柱式和覆斗顶式两种。它们分布在山崖上，延绵一两千米，各具规模。这些洞窟不仅在数量上令人惊叹，而且在艺术和宗教内涵上也展现出丰富多彩的面貌。每一个洞窟都是一个独特的艺术空间，通过壁画、雕塑和建筑等多种艺术形式，呈现出古代艺术家的高超技艺，同时也反映了当时社会的宗教信仰和文化风貌。

二、山西大同云冈石窟

位于山西大同城西约16千米的武周川（今十里河）北岸，始凿于北魏兴安二年（453年），于河岸陡壁上凿窟，东西长达1千米，现有洞窟53个，前后分3期，主要有大佛窟、佛殿窟、塔院窟三种类型（图6-29）。

三、河南洛阳龙门石窟

位于河南洛阳市南12千米伊水两岸的龙门山上，该地形为东、西二山夹伊水而峙立，古称伊阙，于北魏太和十八年（494年）后始凿石窟（图6-30）。现存大小洞窟1352处，小龛750个，塔39座，大小造像约10万尊。诸窟均未见用塔心柱形式，平面多为单室方形。唐代石窟居多，其中北魏洞窟均为单室窟。

洛阳龙门石窟内的卢舍那大佛以其精湛的造像而著称。尽管关于其具

深度阅读
舍利塔

深度阅读
东方佛塔

深度阅读
泥塑

体形象的准确依据缺乏确凿证据，多种传说流传，其中一种传说指称该佛像在设计上参考了女皇帝武则天的形象，经过美化和改编。此外，美术史学家们在对该佛像的造像特征进行分析时，提及其呈现出一些西洋风格的元素，如希腊式鼻子和额头与鼻梁呈一条直线，这一佛像的制作在形象表达上可能受到了多元文化的影响。对于佛像是否真的以武则天为原型，以及其是否融合了西洋元素等问题，仍需要更深入的学术研究和考证。卢舍那大佛作为洛阳龙门石窟的代表性佛像之一，其独特的艺术表现引发了学术界的广泛关注。

图 6-29
山西大同云冈石窟 / 杜冰璇拍摄

图 6-30
河南洛阳龙门石窟 / 杜冰璇拍摄

第七章
中国古代园林建筑

　　作为世界园林之母的中国园林在世界园林史中有着极高的地位，是中国古代设计文化中的杰出代表之一。其设计以曲折多变的造型和自然野逸的意趣见长，北方皇家园林的雄伟气魄和南方私家园林的婉转恬静，无不反映着古人"虽由人作，宛自天开"的造园思想。

第七章要点概况

能力目标	知识要点	相关知识
能够简单分析园林的规划布局和构成要素	皇家园林的设计原则和手法；私家园林的设计原则和手法；皇家园林与私家园林设计手法的区别	颐和园、北海公园、圆明园、承德避暑山庄等的规划布局；留园、瞻园、寄畅园等的规划布局；书院建筑的特征
具备初步的园林设计分析能力	园林的基本设计原则和手法	颐和园、岳麓书院的设计手法

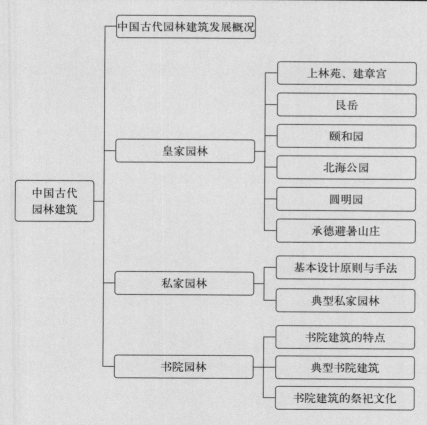

谐趣园小巧玲珑，在颐和园中自成一局，故有"园中园"之称（图7-1）。它是清乾隆时仿江苏无锡惠山脚下的寄畅园建造，其特点主要有三个方面。

一是声趣。进入谐趣园，只见一池荷花，亭亭玉立，园内有一丛绿竹，竹荫深处，有山泉分成数股注入荷池。这道山泉的水源，来自昆明湖后湖东端。谐趣园取如此低洼的地势，主要就是为了形成这道山泉，使谐趣园的水面与后湖的水面形成一二米的落差，而在一二米的落差中又运用山石的堆叠，分成几个层次，使水声高低扬抑，犹如琴韵。

二是楼趣。在玉琴峡西侧有一座瞩新楼，这座楼从园内侧看是两层楼，从外层看却是一层。这种似楼非楼的设计，可谓"楼趣"。

三是桥趣。谐趣园中共有5座桥，其中以知鱼桥最为著名。它是引用了战国时代庄子和惠子在"秋水濠上"的一次有关知鱼不知乐的富有哲理的辩论。

在世界建筑发展的漫漫长河中，人们的终极追求都不约而同地指向"诗意的栖居"，表现在具体建筑形态上，就是各种不同风格的、天人合一的园林与景观建筑。中国是世界文明古国，自古以来就有崇尚自然、热爱自然的传统，更有众多名山大川的钟灵毓秀，经过历朝历代皇家苑囿和文人墨客宅府园林的变迁演化，逐步形成了独具特色的中国古典园林。下面一起去探寻园林的发展，解读园林的奥秘，充分了解天人合一、因地制宜的传统文化内涵，充分认识"绿水青山就是金山银山"的积极价值导向。

第一节　中国古代园林建筑发展概况

园林艺术，又称为风景园林，是一种以人为主体的艺术形式，通过对自然景观的有意识设计和构造，以达到艺术、美感和文化表达的目的。园林艺术的表达语言体现了人类对自然美的深刻欣赏，不仅涉及建筑构造，还强调与自然山水的有机结合。这一特点使得园林艺术在建筑领域中独具特色，与其他建筑形式有明显的区别。

园林艺术的起源可以追溯到人类文化演变中对风景变化的感知与塑造。人们通过对自然环境的观察和理解，逐渐形成了一种通过艺术手段来模拟、表达和增强人与自然互动的文化实践。园林艺术在不同文明中都有着悠久的历史，反映了当时社会对美的理解、审美情趣和文化价值的体现。通过精心设计的布局、植物配置和景观元素的运用，园林艺术呈现出独特的审美体验，强调人与自然和谐共生的理念。祖先从茹毛饮血、树栖穴息，到捕鱼狩猎、采集聚落，直至今天建立了城市、公园、国家公园，在这漫漫历史长河中，写下了源于自然、索取自然、破坏自然、保护自然，最终回归自然的文明史。同时也谱写了从苑囿到园林再到《园冶》专业著作问世的壮丽的园林史。

古代社会经济在初期阶段相对滞后，人们的注意力主要集中在满足基本生活需求上，缺乏对自然美的深刻欣赏。随着经济的发展，当社会达到

图7-1
谐趣园夏景／周承君拍摄

一定程度的繁荣与稳定，人们才逐渐有了更多的精力与心思用于探讨、理解和欣赏自然之美。这种转变反映了社会文化的演进，即从基本需求的满足到对精神层面更高层次追求的转变。在历史上，社会的动荡和战乱等原因导致了人们对于现实的逃离，追求一种在自然中寻找自我宁静和安宁的心境。这些因素的综合作用促使了人们对自然美的欣赏观念的产生。这一观念的形成与文学艺术密切相关，尤其是在中国古代，园林艺术与文学艺术之间的联系非常紧密，甚至可以说二者已经完全融为一体。中国古代社会的文学艺术中，经常出现对自然景色的描绘和赞美。这种描绘不仅限于实际的山水，更是通过诗歌、绘画等形式，将自然景观赋予丰富的情感和意义。古代文人雅士倾向于通过文字和艺术作品表达他们对自然美的深切感受，将自然景色视为一种情感寄托和精神抒发的载体。园林艺术的兴盛也与这一时期文人墨客的审美追求息息相关。他们倡导"山水之乐"，认为在山水之间修身养性，可达到心灵宁静的境地。因此，一些著名的园林建筑往往成为文人雅士吟咏描绘的对象，同时这些文人的文学作品也成为园林艺术的重要注解。

中国是世界文明古国，自古以来就有崇尚自然、热爱自然的传统，更有众多名山大川的钟灵毓秀。殷周时期商纣王在沙丘营造了我国历史上第一个"囿"，是我国园林的起源，至今已有3000多年的历史。早期的"囿"供帝王聚结后妃、群臣狩猎游乐为主。周文王时建造"灵囿"，春秋战国时期秦国建"具囿"，各诸侯之间相互攀比，建宫设囿之风更盛。这一时期的"囿"一般占地2000平方米左右，除了利用自然的山陵、水池外，已开始使用人造假山、池塘等，逐步由纯粹对自然环境的利用转向人工造园。

秦汉时期的囿（建筑宫苑）无论在规模上还是内容上都有了很大的变化，人工处理的色彩更加浓烈。囿中开始建宫设馆，以供帝王寝居与观赏之用，使宫室建筑与自然山水有机结合。在宫苑内开凿太液池，池中堆筑方丈、蓬莱、瀛洲三岛，模拟东海的所谓神山仙岛，这就是中国历代皇家园林创作中"一池三山"的滥觞。

魏晋南北朝时期是我国园林建筑的繁荣期。由于南北朝时期动荡的政局使许多人悲观厌世，于是他们寄情于自然山水。在城郊山清水秀的地方造别墅或宅院，通过人工把山水之美移到园中，从而造成园林的兴起。在中国文学史上，东晋著名的文学家陶渊明通过其经典之作《饮酒·其五》表达了对自然之美的深刻欣赏，其中"采菊东篱下，悠然见南山"一句成为传诵千古的经典之辞。这句诗展现了陶渊明在宁静的田园中采菊欣赏美景的宁静心境，通过对自然景色的描绘，传递了他对淳朴自然的向往与热爱。陶渊明的另一经典之作《桃花源记》更是表达了对宁静净土的向往，他在文中描绘了一个遥远的桃花源，那里没有战乱、没有纷扰，是一片远离社会动荡与争斗的理想之地。这种对桃花源的向往，体现了陶渊明内心对宁静、和谐生活的追求，对世俗困扰的回避。

除了诗人陶渊明，还涌现出一批著名的文人，如竹林七贤中的嵇康、阮籍、山涛、向秀、刘伶、王戎、阮咸。这些文人纷纷选择逃离纷扰，隐居于山林之中，展现出一种极富浪漫主义色彩的生活态度。嵇康，不仅是一位音乐家，同时也是一位哲学家。他深陷于弹琴、作诗、饮酒等乐事，陶醉于艺术创作，形成了与酒结下不解之缘的生活风格。这些文人的生活方式被认为是对时代动荡的一种回应，通过放荡不羁的生活，寻求自然宁静，沉醉于艺术和文学的创作之中，追求心灵的净化与宁静。他们的行为和态度，反映了对社会困扰的逃离，对自然和艺术的热爱，以及对内心深处宁静之境的渴望。他们的思想追求在很大程度上影响了园林艺术的发展，特别是私家园林，有时被称为文人园林，彰显了文人们特殊的精神追求。陶渊明等人的理想化胜地虽难以在实际生活中完全实现，但在文人的手中，这些理想被转化为私家园林的建设，通过园林的布局、山水景观的打造以及环境的世外桃源感，达到一种心灵宁静的境地。

唐宋时期，我国园林艺术进一步发展，园林的类别也更加丰富多彩。既有皇家大型的宫廷园林，如华清池，又有文人墨客借景抒情的府宅园林，如白居易的庐山草堂，还有供市民游玩的公共园林，如杭州西湖。这些建筑在规模上和造园风格上都有了质的飞跃，大批文人直接参与到园林建设中，使园林设计从模仿自然走向写意山水。

明清时期掀起了我国园林艺术发展的又一高潮。北方先后兴建了大量规模宏大的皇家园林，如圆明园、颐和园、承德避暑山庄等。江南的苏州、无锡、杭州、南京等地私家园林处处可见（图7-2）。

经过3000多年社会发展孕育的中国园林，充分体现了自然山水式园林的独特风格，形成了自己的天人合一、亲近自然、讴歌自然、讲究风水等独树一帜的体系特征。

中国园林具有独特而显著的特色，与西方园林相比，其独特之处首先体现在对自然之美的独特追求，这源自中国古代哲学的深远影响。各种古代哲学学派，无论儒家、道家还是其他流派，都注重人与自然的融合、和谐与统一。儒家强调天人合一，道家倡导道法自然，尽管在政治、伦理、道德等方面存在差异，但在对待自然的态度上，几乎所有哲学流派都表现出相似的观念。这些都凸显了中国文化中对于自然与人类生活紧密关系的关切。中国园林的独特之处还受到阴阳家的阴阳五行理念的深刻影响。这一理念注重天地之间、人与天地之间的和谐关系，通过追求五行相生相克的平衡，体现了中国人深厚的哲学自然观。历史上，关于人类改造自然的哲学流派和哲学家相对较为罕见。在明代，有一部关于园林的学术研究专著，名为《园冶》，该著作开篇即强调中国园林的价值在于其自然之美，"虽由人作，宛自天开"，即便是由人工营造，也应当展现出仿若天然形成的效果。

中国哲学与西方哲学在对待自然观上存在着明显的差异，其中最主要的区别在于中国园林呈现出自然型，其设计原则在于模仿自然。中国园林艺术强调模仿自然，力求还原自然形状。山、水都追求达到与真实自然相仿的效果。即便是人工构筑的假山，也追求达到与真实山体相似的效果。在溪流的开凿中，设计者力求弯曲蜿蜒，而周边的石头摆放则呈现出自然

图7-2
江南私家园林/蒋璨拍摄

堆砌的效果。中国园林通过对植被、地形、水域等自然元素的模仿，创造出一个虚拟的自然环境，体现了中国人对于自然和谐、统一的审美理念。

中国园林传统上可分为两大主要类型，即皇家园林和私家园林，这两类园林在造园手法、表现特征以及背后的思想方面展现出显著的差异。皇家园林的基本特点为占地广阔、宏伟壮观，通常需要开辟大片湖泊和堆山。这一设计手法在中国古代皇家园林中固定运用，必定包含广阔的湖面，并在湖中央设置岛屿，象征着东海神山的神秘意境。皇家园林内的建筑装饰显得华丽且金碧辉煌，建筑物的装饰往往采用精湛的工艺和昂贵的材料，以独特的艺术手法展示皇家的独特气质，体现了皇家的雄伟气派。私家园林则完全展现出自由灵活的布局。书院园林作为中国古典园林中的非主流类型，其起源可追溯至春秋战国时期，兴盛于宋而成熟于明清。在不断地发展中，书院园林从早期被动地适应自然环境，逐渐变为主动地改造自然以营造文化氛围。

第二节　皇家园林

早期皇家园林的命名常使用"苑"和"囿"，与今天通用的"园林"相比，这些术语涵盖更加广泛，甚至包括更大的面积和更多的功能。在史书中记载，秦汉时期的皇家范围上林苑的周长达四百里，这相当于今天一个县的面积。即使颐和园和承德避暑山庄已经被认为是相当庞大的皇家园林，但与秦汉时期的上林苑相比，其规模仍然相形见绌。古代由于人口稀少而土地广阔，因此皇家范围占地面积较大，并未受到限制。古代皇家范围具有实际的功能，与今天的园林主要以游玩、观赏为主不同，范围中种植各类植物、农作物和果木，供皇室享用。这些范围的规模都很大，以真山真水为基础，利用皇家建筑的辉煌与规模，仿造江南私家园林的意趣与风格来设计规划，水阔山高，建筑宏大，富丽而完整。从西汉的上林苑到清代的圆明园、颐和园，莫不如此。

古代皇家范围不仅包含了植物的栽培和果木的培育，还涵盖了动物的放养。由于范围广阔，皇帝每年定期率领军队进行狩猎活动。这种狩猎不仅仅是一种娱乐活动，更是一种实质性的军事训练。在和平时期，军队不能被荒废，因此狩猎野生动物的过程，实际上是在进行兵员的实战性锻炼。这一传统在历史上得到了延续，凸显了早期皇家园林既是皇家休憩之地，又是军事活动和训练的场所。随着时间的推移，皇家园林的功能逐渐演变，其中的实用性逐渐退化，转向了更加纯粹的游览观赏。今天所见的皇家园林，园林中的建筑、雕塑和景观设计更注重营造一种仙境般的氛围，强调艺术性和审美感受。园林逐渐从实用功能为主的范围演变为以文化艺术为核心的皇家园林，这一演变反映了中国皇家园林在历史发展中的多元化和文化转变。

清代范围的数量与规模远远超过明代，其内涵一般有两大部分：一部分是居住和朝见的宫室；另一部分是供游玩的园林。宫室部分占据前面的位置，以便交通与使用，园林部分处于后侧，犹如后园。

中国北方皇家园林在一定程度上经历了与南方地域文化的交流，这种文化互动在历史中扮演了重要的角色。其中，乾隆皇帝等皇室成员对江南的景色和文化产生了浓厚的兴趣，多次亲自游览江南地区，对其园林景观深感羡慕。在北方皇家园林中，如北京的颐和园、承德避暑山庄等，可看出明显的对江南私家园林风格的模仿，构建了一些园中之园的景观。这种现象清晰地反映了北方皇家园林吸收南方独特元素的文化趋势。通过在皇家园林中建造苏州街，模仿苏州的建筑风格，乾隆皇帝为自己打造了一个仿佛置身于江南的体验场所。在这条"复制"的苏州街上，朝廷成员装扮成平民百姓，参与各类生意活动，为皇帝提供了一种身临其境的江南感受。这种文化交流不仅是北方对南方的景观和文化进行模

小知识：清代苑囿理景

清代苑囿理景的指导思想是集仿各地名园胜迹于园中。根据各园的地形特点划分若干景区，每区再布置各种不同趣味的风景点和园中园。在苑囿中也运用我国传统的叠石手法，在园中园的小范围中使用若干石山。花木配置因园林规模大而多做群植或成林布置。由于苑囿规模大，又根据自然山水改造而成，因此各园都巧于利用地形，因地制宜，形成各自的特色。

仿，更是一种对南方自然美景和人文风情的向往。乾隆皇帝在北方园林中创造了一些富有江南风格的景观，丰富了园林的内涵，使其不仅仅是一座园林，更是一座充满文化交融和历史底蕴的建筑。

一、上林苑、建章宫

上林苑早在秦代时就存在，西汉初期多数地方荒废为农田。汉武帝时期国力兴盛，又因其喜欢射猎，所以在秦上林苑的基础上进行了扩建，进而成为中国面积最大的皇家苑囿，跨越五个县区。虽然上林苑在主体功能上主要还是为了游猎活动而设计，在一定程度上继承了秦时的传统特点。但是它在内容上不局限于射猎，同时增加了大量的娱乐游戏场景，在苑囿中建有各式各样的建筑及建筑群。而且其中水系十分丰富，关中八水皆由此流过，天然湖泊和人工水池也多有存在。位于长安（今西安）西南侧的昆明池则是上林苑中最具代表性的人造水景。从现存的资料来看，昆明池面积达10平方千米。除了游乐欣赏外，还供水军训练所用，并作为长安城市用水的重要来源。

上林苑是以自然山水为基础并经由人为修饰而形成的皇家园林。其功能复杂，占地面积广阔，在众多的河流山川等自然景观中，根据不同的功用将人工营建的各类建筑自由或集中地置于广大的区域中，形成一种舒朗的集锦式的布局形式。

上林苑中的建章宫作为其中最具代表性的建筑群，与常见的庄严肃穆的对称式皇家宫殿的布局有所区别。建筑布局顺应地形地势、错落有致，整体的空间布局大致分为宫城的北部、西南部和东南部三个主体部分。宫城的北部作为内苑，其中太液池为核心部分；宫城的西南部的重点是唐中殿和唐中池，据记载，唐中池的大厅可容纳万人；宫城的东南部则为建章宫的主体部分。因为内苑中心为太液池，所以建章宫形成了与传统的未央宫、长乐宫等完全不同的另一种经典的宫殿布局方式，即"前宫后苑"式（图7-3）。

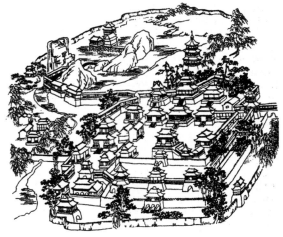

图7-3
建章宫鸟瞰示意图

太液池中由人工所建的蓬莱、方丈、瀛洲三山象征海上仙山，太液池则象征大海，由此形成的"一池三山"形式便成为今后皇家园林中常用的一种表现手法，在中国园林发展史上有着重要的影响意义。秦汉时期的皇帝们常常前往东海一带，期望能够目睹神仙和仙岛，同时期待获得长生不老的仙药，这一活动被称为"望仙"，在山东蓬莱地区的沿海经常举行。科学研究表明，蓬莱地区具有特殊的地理环境和气候条件，最容易形成海市蜃楼的景象，解释了为何蓬莱被视为"望仙"之地。

中国园林在历史的长河中留下了一些被毁后的痕迹，然而一些珍贵的文献资料，如清朝绘制的圆明园《四十景图》，仍为我们提供了当时园林的宝贵记录。该画作共包含40个景点，从命名即可窥见一斑。以"蓬岛瑶台"为例，其命名彰显了四周环水且伴随着华丽建筑；在画中展示了精美绝伦的方壶胜境，仙山亭台楼阁的设计更是彰显出其华美独特之处。这一系列的绘画作品为我们提供了对曾经辉煌的园林景观的视觉重现，具有重要的艺术和历史价值。这些画作不仅反映了当时园林景观的精湛设计，也为后人提供了深入了解古代园林文化的窗口。

二、艮岳

艮岳为宋徽宗于政和七年（1117年）开始建造，宣和四年（1122年）建成。艮岳主要围绕着景区本身进行修建，主要用于游赏玩乐，规模宏大，数十里有余。苑中建造的园林建筑数量繁多，但和常见的宫廷建筑有所区别，主要功能也以游赏为主，根据游玩和山形地势等景致的要求，顺势而为，布局以造景为核心，多为单体建筑。

艮岳遗石，独具特色。苑中放有来自全国各地的奇异瑰丽的石头，通常将其单独放在特定的地点，似乎是由人工所致的雕塑作品，实则是大自然的鬼斧神工之作，表现出了宋代叠石掇山手法的突出成就。

因其广阔的面积，园中包含山景、水景、平原、峡谷、瀑布、田野、村庄等各类景观类型（图7-4）。在如此众多的场景中，植物造景上也有所创新，以生物群的造景为主要表现方式，形成梅花区、药用植物区等植被景观群。全园包括灌木、藤本植物、药用植物等10余种植物品类。

艮岳的营造者深入体会自然山水，将诗情画意融入山林之中，叠山、理水、构筑物、植被完美融合，不再以宫室建筑作为园林的核心，更加突出植被景物的营造，体现出艺术家对于自然美的追求与感悟。

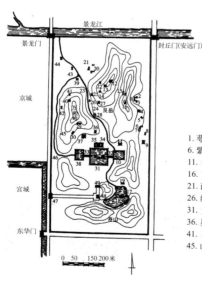

1. 萼绿华堂；2. 承岚；3. 昆云；4. 书馆；5. 八仙馆；6. 紫石崖；7. 栖真蹬；8. 览秀轩；9. 龙吟堂；10. 研池；11. 挥云厅；12. 介亭；13. 丽云；14. 半山；15. 极目；16. 萧森；17. 雁池；18. 嶰嶰；19. 绛霄楼；20. 药寮；21. 西庄；22. 巢云；23. 白龙渊；24. 灌云峡；25. 蟠秀；26. 练光；27. 跨云；28. 罗汉岩；29. 倚翠楼；30. 上下关；31. 大方沼；32. 芦渚；33. 梅渚；34. 流碧；35. 环山；36. 巢凤阁；37. 三香堂；38. 凤池；39. 漱玉轩；40. 炼丹；41. 凝真观；42. 圆山亭；43. 高阳酒肆；44. 清澌阁；45. 山庄；46. 回溪；47. 宫门；48. 神运峰；49. 天门。

图7-4
宋寿山艮岳平面图

三、颐和园

颐和园是现存最完整且艺术成就最高的古代皇家园林，如图7-5所示。它位于距离圆明园不远的北京西北郊，西邻玉泉山，其前身清漪园是乾隆年间利用所在地段自然山水营建而成。咸丰十年（1860年）清漪园遭到英法联军破坏，在光绪年间进行全面重修，改名为颐和园并作为慈禧太后和光绪皇帝长期居住理政的场所，它的性质也从原先的行宫而升格为离宫御院。清漪园所形成的山水格局，实际上是完全以杭州的西湖作为蓝本，其基本构架均可以和杭州西湖一一对应，如园中北部的万寿山对应着杭州西湖的孤山，颐和园的西堤就是模仿西湖的苏堤建造的，西堤上也有六座桥，与苏堤上的布局相似。此外，颐和园的十七孔桥也与西湖的断桥有异曲同工之妙，反映二者之间的高度相似性。

新建的颐和园基本保持了乾隆年间清漪园的规制，在扩大水面的同时，乾隆皇帝还在水面上保留了"治镜阁岛"、"藻鉴堂岛"和"南湖岛"三个中心岛屿，延续了一池三山的传统。同时还把整个水面向万寿山的北面做了延伸，形成了一条蜿蜒曲折的溪流，山水紧密融合，呈现出更为丰富的景观效果。

清代园林除了具有唐以前规模宏大的皇权象征之外，还有以下几个特点：因为清朝的皇帝热爱江南的文化，所以广泛引进了江南园林的造园技艺，也再现了江南园林的主题，甚至对景点进行了复制，如上文提到的颐和园与西湖的关系；另一方面，又由于西方文化的入侵，中国也出现了西方传教士主持建设的园林建筑，如圆明园的西洋楼。西方的造园艺术逐渐引进中国的皇家园林中，昆明湖中也出现了西式的画舫，但是这些模仿都是局部的造景，并没有引起园林整体上的变化，也没有形成中西方完全融合的园林形式。

颐和园大概分为东宫门区、前山区、前湖区、后山后湖区四个区域。东宫门区位于园林的东部，是皇室园居期间举行典礼、政务活动以及日常生活的场所。东向设正殿（仁寿殿），仁寿殿曾经改名为勤政殿，作为政治活动的中心。除此之外还有三个寝宫区分别为乐寿堂、玉澜堂和宜芸馆，这三所庭院也分别由慈禧太后、光绪皇帝以及后妃们居住。此外在光绪年间还增建了一座德和园大戏楼作为帝后看戏的场所。

前山区是依托万寿山的南坡展开的（图7-6）。万寿山在自然山脉的基础上做了很多人工的修饰，东西相对平缓，南北则比较陡峭，山脚下有一条形似飘带的蜿蜒长廊将万寿山兜在其中。这条长廊共有270多间，总长度超过700米，如今已经被列入了吉尼斯世界纪录。乾隆年间在万寿山的中央位置修建了一座宏伟的大型佛寺，当作为太后祝寿的场所。光绪年间将这座佛寺改建为排云殿建筑群，从南到北形成了一条庄严的中轴线，位于山腰处的佛香阁是其中最为核心的建筑物。佛香阁是一座八角形的楼阁，共有4层屋檐，体量宽阔雄伟，楼阁的体量和山的形状达到了完美的和谐构图。佛香阁上还有两层可以登临而上的高台，台上建有一座大型的琉璃牌坊，起名为"众香界"，用五彩斑斓的琉璃来象征各种美好的香气，将人的视觉和嗅觉打通。众香界牌坊北边建有一座用砖砌筑而成的智慧海大殿，

图7-5
颐和园一角/
黄真真拍摄

图7-6
万寿山前山区

是用各色琉璃来进行装饰的一座佛教殿堂。在万寿山西端水面上临岸砌筑了一座大型的石舫，名为清晏舫，造型原本模仿江南的画舫。在光绪年间重建时在上面修建了西式船舱，也反映了晚清时期中西方建筑文化交流的印记。

前湖区是颐和园面积最大的一块区域（图7-7），西望群山起伏，北望楼阁成群，湖中溪堤桃柳成行，不同形式的拱桥掩映其中。广阔的昆明湖水面，通过长堤把水面划分成不同的段落，并在上设置岛屿形成舒朗而开阔的格局。模仿杭州西湖苏堤构筑而成的西堤之上筑有6座造型各异的石桥，水面上有三大二小五座岛屿，其中南湖岛、藻鉴堂岛和治镜阁岛是最重要的三座大岛，位于三片湖面的中心位置，象征着传说中的蓬莱、方丈、瀛洲东海的三仙山。

后山后湖区位于颐和园最北部的位置，主要指的是万寿山的北坡及山脚和北宫墙之间所夹的一条河流，因为它宽的地方像河，窄的地方像小溪，所以常称为后溪河。此处山水关系紧密，整个空间呈现出狭长悠远的效果，和前山前湖的开敞辽阔形成了非常鲜明的对比。后溪河之间有一条买卖街，俗称苏州街（图7-8），全长270米，在其两岸修建了很多店铺。实际上它是皇家园林中一种特殊的布景，并不是真正的商业设施，作为一种奢华的点缀来供皇帝以及后妃们游玩。在后山的中央位置有一组称为"须弥灵境"的藏传佛教形式的大型建筑群，由大雄宝殿、楼阁和不同颜色的喇嘛塔组成。在万寿山的东侧、后溪河的近端还有一座特殊的园中园，原本叫惠山园，是乾隆年间模仿江苏无锡寄畅园而建，后遭到破坏，在光绪年间重建改名谐趣园，格局和初建时略有一些不同，但仍然充分体现了江南园林的趣味。此园以水池作为中心，灵活地设置了厅堂、亭榭和各类景观植物，颇具江南气韵。

皇家园林作为一种特殊的园林类型，相比其他园林而言规模更宏大，功能更复杂，要满足帝王举行仪式、处理朝政、生活居住以及游观宴乐等需求，所以建筑形式也比较多变，山水的尺度更为宽阔，植物种类也更加多样，甚至会违反地域的特性专门种植一些来自南方地区的奇花异草。造景手法博采众长，既能继承历史经典又能够借鉴同时期其他地区的山水名胜、园林寺庙的景观特色，所以皇家园林的景观效果是最为包罗万象的。

四、北海公园

北海公园是北京三海中面积最大的部分，占地约70万平方米，原是金中都的大宁宫址，是我国现存皇家园林中最古老的一处，主要景物以白塔为中心。琼华岛上布置了白塔（图7-9）、永安寺、庆霄楼、漪澜堂、阅古楼，以及许多假山、隧洞、回廊、曲径等建筑元素。东北岸有画舫斋、濠濮间（图7-10）、镜心斋、天王殿、五龙亭、小西天等园中园和佛寺建筑。图7-11所示是著名的北海九龙壁。其南为屹立水滨的团城，城上葱郁的松

图7-7
颐和园前湖区/黄真真
拍摄

图7-8
苏州街/黄真真拍摄

图7-9
北海白塔/钟坤辰拍摄

图7-10
北海濠濮间/翁岩拍摄

图7-11
北海九龙壁/周承君拍摄

柏丛中有一座规模宏大、造型精巧的承光殿。

北海中的岛屿被冠以"琼华岛"之名，古代语言中带有"琼"字的地名通常与神仙相关。例如，神仙所居之地常被称为仙山琼阁、琼楼玉宇，而神仙所饮用的酒则被称为琼浆玉液。这些命名传承了中国古代文化中神秘而充满仙境色彩的元素。琼华岛上，西北太湖石所构筑的假山屏障中，耸立着一尊高达8尺的铜仙雕像。雕像双手托着一个直径超过2尺的巨大圆盘，面向北方，屹立于盘龙石柱之上。雕像呈现出一种虔诚而谦逊的姿态，仿佛在期待上天的赏赐。传说中，这座铜盘具有承载甘露的神奇功能，可供皇帝和皇后混合仙丹，旨在延年益寿。这一景观即为历史上著名的铜仙承露盘，其起源传承了多种脍炙人口的传说。铜仙承露盘的建筑与雕塑艺术体现了中国古代皇家园林中对神话元素的独特运用。这一景观不仅具有宗教仪式的特点，更显现了对神仙传说的虔诚崇拜，既体现了当时皇权对长寿的期盼，也反映了中国古代文化中神话元素在园林艺术中的深刻影响。

五、圆明园

圆明园是我国园林艺术的瑰宝，有"万园之园"的美称。它由圆明园、长春园、绮春园三园组成，总面积达347万平方米。山环水绕之中，分布着140多个景区，汇集了当时江南若干名园胜景的特点，融合了我国古代造园艺术精华，以园中之园的艺术手法，将诗情画意融入千变万化的景象之中。圆明园中还建有西式园林景区，最有名的"观水法"是一座西洋喷泉，还有万花阵迷宫以及西洋楼等，都具有意大利文艺复兴时期的风格（图7-12）。在方河里还有一个威尼斯城模型。1860年和1900年，圆明园分别被英法联军和八国联军抢掠并焚烧。圆明园呈现了中西文化的独特融合，是该地区范围内西方建筑和西方园林的代表。

在圆明园的建设过程中，一些外国人的协助也成为瞩目的一环。其中，主要的设计师之一为郎世宁，他在中国的皇宫里度过了大半辈子，他不仅是一位热爱绘画的艺术家，更因其在西方油画技法上的精湛造诣而备受赞誉。郎世宁的贡献在于他对西方艺术的深刻理解和巧妙运用，为圆明园注入了独特的审美元素。他的创作为圆明园注入了一种融合中西艺术元素的独特风格，成为园林设计中的一大亮点。

六、承德避暑山庄

河北承德避暑山庄是康熙四十二年（1703年）始建的离宫，于乾隆五十七年（1792年）建成。以后历代清帝每逢夏季常来此避暑、围猎、召见蒙古贵族，成为当时第二政治中心。

避暑山庄占地564万平方米，有著名的七十二景，博采全国各地风景园林艺术风格，使山庄成为全

图7-12
圆明园大水法/山棋羽
拍摄

国各地园林胜迹的缩影。山庄创造了山、水、建筑浑然一体而又富于变化的园林结合。山地建筑多变化，依山就势，错落有致，园景宏大，远借外八庙风景更是此园成功之处（图7-13～图7-15）。

第三节　私家园林

　　私家园林多在苏南、浙江一带，这里气候温润，雨量充沛，利于各种花木生长。地下水位高，便于挖池蓄水。水运方便，各种奇石易于罗致。这些都是发展园林的有利条件。目前保存的私家园林以苏州最多，扬州其次，它们都讲求意境，诗画点景；追索自然，尚雅避俗（图7-16）。造园活动的兴盛使造园手法也逐步完善，出现了许多造园行家，如计成、周秉臣、张涟、李渔等，他们把园林创作推到更高的层次。

　　私家园林与皇家园林相比，其占地面积较小，呈现出小桥流水的景象，这主要受制于经济原因。在中国古代社会中，皇帝拥有巨大的土地所有权，认为天下土地尽归王土，因此皇家园林可以占据辽阔的土地。私家园林的兴建需要个人或家族自费购买土地，因此面积较有限。私家园林的另一个特点是文人的出发点是寻找一片宁静的区域，以自我满足并进行个人修炼与修养。购买一小片土地，构筑起山水相依、亭台楼阁的小园林，实现了他们与世隔绝的愿望，将私家园林视为一种精神层面上的追求。私家园林不仅是一处居所，更是一种文化精神的象征，体现了文人的审美情趣和对清静幽雅环境的向往。

　　魏晋南北朝时期，社会经济逐渐恢复，文人士大夫崇尚隐逸之风，私家园林得以在这一时期迎来蓬勃发展。文人们通过营建小巧而雅致的私家园林，表达对自然和人文的独特理解，这对中国园林文化的发展产生了深远的影响。通过建造小巧而雅致的私家园林，试图在社会动荡中寻找一片宁静的区域，以实现个人修炼与修养。这些私家园林成为文人们的隐逸之地，既是避世的庇护所，也是表达他们对自然和人文的独特理解的载体。私家园林的兴盛与时代的特殊性相互交融，成为魏晋南北朝时期文化发展的独特标志。

图7-13
承德避暑山庄水景/
杜冰璇拍摄

图7-14
承德避暑山庄远山1/
杜冰璇拍摄

图7-15
承德避暑山庄远山2/
周承君拍摄

图7-16
梧竹幽居/蒋璨拍摄

在动荡的时代背景下，各类知识分子，无论是官员还是其他身份的人，都感到难以掌握自身命运。因此他们选择回归自然，融入山林之间。在自然中，他们找到了一片纯净的土地，一个宁静而清洁的场所，这种情感导致文人对自然美的深刻追求。他们借助山水之境，体验超脱纷扰的宁静，将自然美视作一种心灵净化的力量。这样的选择与时代背景相互交融，表现了文人在乱世中追求内心平静和超脱的心理状态。在他们的眼中，自然成为一方避世的乐土，一个远离世俗纷扰的理想之地。中国私家园林或文人园林以其独特的精神境界为特征之一。这一境界在于对社会的逃避和远离城市喧嚣的追求，旨在寻找一片宁静的净土。为了真正领略私家园林的深邃意境，需要在宁静无人之际，独自或与极少数人共同体验，方可感受到私家园林所独有的内涵。私家园林所展现的意境追求深深植根于其文化背景。

文人们通过园林来表达他们对理想生活的追求，通过造园艺术将自然融入人居环境，以营造一片宁静的天地。私家园林的艺术追求不仅体现在建筑和景观的布局上，更深层次地体现在对意境的精湛追求上。园林的主人通过独自漫步，或者与少数知己共同品味，来感受园林所散发的深邃意蕴。这种深度的体验需要超越表面的景物，理解其中蕴含的文化、哲学甚至是宗教的内涵。只有在这样的体验中，人们才能真正领略到私家园林的独特之处，感受到其所传达的精神境界。因此，在欣赏私家园林时，不仅要注重对建筑和景观的审美，更应理解其历史背景和文化内涵。私家园林的意境之美需要在静谧的环境中，与文化内涵相互交融的过程中逐渐展现。这样的体验将使人更好地领略到中国私家园林的独特魅力，深刻感受其中蕴含的精神境界。

一、基本设计原则与手法

1.布景

把全园划分若干景区，园中空间与景物的布置也宜主次分明，而不宜平均分布。各为一景，互相贯通，又成为一个整体。景分山、水、廊、亭、花木等，其间的隔断也多用山、水、廊、亭、花木、墙、栏等物。相连者用门、窗、廊、桥、路、亭；沿水、环山、地形起伏最宜造景分区。园内景宜曲径通幽，切忌一览无余。

（1）对景　随着曲线的平面布局，步移景异，层层推出或从某一观赏点出发，用房屋的门窗或围墙的门洞作为画框来取景，或者通过走廊与漏窗来看风景，是园林布景中的一个重要内容（图7-17）。

（2）借景　引远景，以设观赏点，扩展视野，丰富景区。在园林建筑的设计中，注重为每一座建筑赋予艺术性，使其成为整体景观中的独特艺术品（图7-18）。例如颐和园的勤政殿朝向昆明湖的一侧长墙精心设计了多种异形的漏窗，包括方形、五角形、桃子形、六边形、圆形、扇形、宝瓶形、树叶形等，为围墙增添了丰富的艺术元素。这些异形漏窗的设计不仅起到实际的通风、采光作用，更在建筑结构上呈现出一种极具审美价值的特色。颐和园的布局中，通过借景手法将远处的山塔巧妙地融入景观，体现了中国园林艺术中的"远近有致"原则。这一原则注重通过精心设计，使得远景与近景相得益彰，形成一种和谐的整体美感。

图 7-17
对景/杜冰璇拍摄

2. 理水

园无水则不活。江南之园，园园皆有水。

（1）水口　是指大的水面上做的许多小的水湾，使得在任何一个角度都无法看到水面边界的全貌，使水面有深远之感，余味不尽。

（2）驳岸　池岸一般都用石块叠成曲折自然的形状，只有少数地带砌成整齐的池岸，是用来停船的地方（图7-19）。

水面以廊、桥、岛分隔，须隔而不断，水面设"水口"，形成湾，望之深远；要活水，有进有出。不涸不涝，以利排水。池岸要自然，不宜太高，否则如凭栏观井；尺度适宜，以显示水面辽阔，石岸曲折自然，土岸进退自如。"桥要危"，或拱或折，宜多变化，桥栏宜低，可以蹬步代桥。

图 7-18
借景/翁岩拍摄

3. 造山

叠石造山为古典园林的重要手法，艺术独特，以石造景是重要目的（图7-20）。小园亦是以山为主景的。体形高大的山林，一方面可以在山上建亭阁，眺望园林，俯望全园，达到扩大空间感的目的；另一方面可以阻隔视线，增加园中宁静的气氛。

可造土山、石山、土石山。土山体积大，不宜在小园建筑；石山小巧，但造价昂贵；可土石并用，土多则山大，石多则峻峭；土石山的石，应用于周边或峭壁、路边等处，用石控制山形。叠石假山，亦可峰峦回抱，洞壑幽深，峭壁危崖，山高林密，山水相依，景宜无穷。独石亦可为峰。

图 7-19
驳岸/蒋璨拍摄

4. 建筑

建筑物在园林中占极重要的地位。建筑与山、池、花木构成园景，生活气息与意境妙在其中。建筑种类极多，常见的有厅、堂、轩、馆、楼、台、阁、亭、榭、舫等。厅、堂是园林内的主要建筑，以能凭眺最好的风景为首要条件；榭、舫为临水建筑，舫又称旱船；楼、阁位置设在厅堂之后，楼多为二层，廊多起引导和分隔空间的作用；墙的主要功能是分隔空间，一般不宜临水。建筑的位置、体形、体景、艺术处理、是连是隔，都随着园景构图与使用功能、体质环境灵活处置。房屋之间，常有廊串通。这些建筑，轻巧淡雅，无一定制，一层半室，随意则妙，装修精致，色彩调和、素雅，结构朴素，空间开敞、流畅，利用空门、空窗、漏窗、空

图 7-20
叠石/周承君拍摄

舫是一种仿照船的建筑物，在园林的水面上建造而成，供人们观赏水景、游玩和设宴。例如苏州拙政园的"香洲"和北京颐和园的"清晏舫"等。舫分为前、中、后三个部分，呈船形建造。前舱较高，中舱略低，后舱则建有两层楼房，供人登高远眺。前端有平台与岸相连，模仿登船的跳板。由于舫不能移动，因此也被称为"不系之舟"。舫建在水中，使人更加亲近水面，身临其境，让人感受到水的荡漾。

廊，使内外空间或几个内部空间都能交融渗透，浑然一体（图7-21）。

5.花木、禽鸟

花木在私家园林中以单株为主观赏。园林以老树为难得，略有几株，能使园林显得苍古深郁。较大的空间也可成丛栽培。花木栽植要求春观花，夏成荫，秋见果。古典园林中花木自然、生动，很少有做成几何形体或动物形象的。松、竹、梅、蕉常用，多为单株，很少大片种植。

禽鸟宜选八哥、黄鹂、鹤、雉之类，鸣禽类及观赏动物亦可喂养。兽类宜饲养兔、鹿之类草食动物。

世家园林与文人园林的独特之处在于其创造出一种宁静的氛围，通过对山水的精妙点缀，呈现出独具韵味的景致。相较于豪华而金碧辉煌的皇家园林，私家园林的建筑更为朴素。这些私家园林往往采用单调的色彩，以白墙、灰瓦为主，木头柱子以原色为主，缺乏华丽的装饰。这种简朴的设计风格体现了文人的审美意境，追求内心的宁静与深邃。在这些私家园林中，亭台楼阁被巧妙地融入山水之间，创造出一种精致而恬静的艺术空间。

文人风格的建筑特征体现了朴素而淡雅的气质，具有极高的高雅品位。具有这种风格的建筑物，可概括为文人建筑。在江苏同里镇，有一座名为退思园的小型园林。这里的景色宁静宜人，远离繁华都市，曾有人在此邀请朋友，共同坐于其中聊天品茶，这样的意境在今天已经难以体会。同里镇还拥有许多其他著名的私家园林，如环翠山庄（严家花园）、愚园（顾家花园）、王家花园等，这些园林多以家族姓氏命名。南京的瞻园同样是一座古老的皇家家族园林。欣赏南京瞻园内的跌水景观，仿佛置身于深山老林之中，然而实际上它位于南京市的核心地带。

二、典型私家园林

1.留园

留园（图7-22）原是明嘉靖年间太仆寺卿徐泰时的东园，占地约2.3万平方米。园内假山为叠山名家周秉忠所筑。清嘉庆年间，刘恕以此园改筑，命名"寒碧山庄"，又称"刘园"。在苏州保存至今的古代私家园林里，留园是唯一能在规模和体量上与拙政园抗衡的大型园林。

园中聚太湖石十二峰，蔚为奇观。全园大致可分中、东、西、北四个景区。其间以曲廊相连，迂回连绵，长700余米，通幽度壑，秀色迭出。园内主厅为涵碧山房，北有临池平台，南辟庭院；向北经西楼，至东侧的五峰仙馆，楠木建造，内部装修陈设华丽，是苏州现存最大的厅堂，厅南院矗立石峰五座，因而得名"五峰仙馆"。其中最著名的湖石为"冠云峰"（图7-23），高高耸立的湖石如同一座雕塑，却又完全出自自然之手，瑰丽而奇异，和周围的景色相映成趣。

图7-21
建筑虚实相生/周承君
拍摄

留园最大的特点是建筑数量多，且厅堂建筑在苏州诸园中规模最为宏大华丽，这也充分体现了古代建筑和造园工匠的高超技艺。

留园中部以大水池为主，某种意义上延续了明代的基础格局。位于西北的假山和东南的建筑构成"口"字形，假山和建筑中间是水面，主建筑向北可见山的阳面，符合古代宅邸常用的布置做法。整个中区由转折的爬山曲廊连接几组重要的建筑，沿着云墙布置一圈，形成连续的内向画面，一些关键的景点和建筑构成互相对景，在保持节奏、韵律的同时充分呈现景观的层次与组合，给人强烈的视觉构图印象。此园建筑空间处理最为突出，空间大小、明暗、开合、高低参差对比，形成有节奏的空间关系，衬托了各庭院的特色，使全园富于变化和层次。建筑之间另有短廊或小室作为联系与过渡，尺度低小，较为封闭，进一步加强了小中见大的效果。

留园中部创造了一系列丰富的游观体验，人们在行进过程中目不暇接，不断看到各类景观组合。五峰仙馆及其周边的区域，是整个留园中建筑最集中、密度最大的部分。它采取了紧凑和主次分明的空间处理，既满足了园主的游览、观景与会客功能，又创造了一个安静深邃的园林场所。

图 7-22
留园/蒋璨拍摄

留园东部以建筑见长，用大小和形状各不相同的数个院子，与厅堂、亭廊、楼馆、斋轩有机地组合而成。这几处庭院大体保存了寒碧山庄时期的旧貌。自此东去，是一组以冠云峰为观赏中心的建筑群。冠云峰在苏州各园湖石峰中尺度最高，旁立瑞云、岫云两峰石作陪衬，相传这是明代徐氏东园旧物。石峰南隔小池，有奇石寿太古——池南有林泉耆硕之馆。石峰以北有冠云楼作为衬托和屏障，登楼可以远眺虎丘。

西部以自然山林为主，用亭廊等小型建筑点缀其中，具有自然野趣。山池一区大体西北两面为山，中央为池，东、南为建筑。这种布置方法，使山池主景置于受阳一面，是大型园林的常用手法。园内有山林森郁气氛，假山与土石相间，西部土山上有云墙起伏，墙外更有茂密的枫林作为远景，层次丰富，效果很好。

图 7-23
冠云峰/蒋璨拍摄

北部则是田园风光的形态，给人以恬淡悠闲的情调，有陶然忘机之逸趣。原来以菜圃为主，曾经用来种植瓜果，饲养家禽，营造田园风光。经过不同时期的改变调整，其整体景象已经发生了很大的改变，目前有竹林、果树、葡萄架、月季园和苏派盆景园，部分恢复了江南乡村的氛围。

2. 瞻园

江南四大名园之一的瞻园（图 7-24），是南京现存历史最久的明代古典园林，其历史可追溯至明太祖朱元璋称帝前的吴王府，后赐予中山王徐达，以欧阳修诗"瞻望玉堂，如在天上"而命名。瞻园坐落于大都市中心，成为一处展现中国传统园林风采的精致之地。尽管其内部的山水景观是通过人工巧妙塑造而成，缺乏自然山水的真实存在，但却如《园冶》所言"虽由人作，宛自天开"，呈现出仿若自然生成的景象。这种特质不仅凸显了中国园林和西方园林之间的艺术差异，同时也凸显了中国园林艺术

图 7-24
瞻园/杜冰璇拍摄

手法的独特魅力，具有深刻的文化观念。这一景象反映了中国园林艺术在表现自然之美上的独特手法，强调了自然与人工的巧妙结合。

瞻园虽不大，却颇具特色，坐北朝南，纵深127米，东西宽123米，全园面积25100平方米，其中建筑面积9600平方米，园林绿化面积15500平方米。园内有乔灌木810株，竹类面积400平方米，共有大小景点20余处。布局典雅精致，有壮观秀丽的明清古建筑群，陡峭峻拔的假山，闻名遐迩的北宋太湖石，清幽素雅的楼榭亭台，巧夺天工的奇峰叠嶂。瞻园分东、西两部分，东瞻园是太平天国历史博物馆，大门在东半部，大门对面有照壁，照壁前是一块太平天国起义浮雕这里原为江南行省与江宁布政使署之建筑，由照壁和五进庭堂组成。博物馆里陈列着许多珍贵的文物，包括天父上帝玉玺、天王皇袍、忠王金冠、大旗、宝剑和石槽等，这些文物都承载着太平天国时期的历史记忆。从外观上看西瞻园是一座典型的江南园林，园内有一览阁、花篮厅、致爽轩、迎翠轩及曲折环绕的回廊，这些建筑和回廊将西瞻园分成五个小庭院和一个主园。西瞻园静妙堂位于瞻园西南，坐北朝南，面对南假山，西靠西假山，北望北假山，是西瞻园主体建筑。

山、水、石是瞻园的主景，东瞻园有博物馆展区、水院、草坪区、古建区，西瞻园有西假山、南假山、北假山、静妙堂等景点。南假山位于静妙堂前，面积900平方米，系用1000余吨太湖石拼接堆砌而成。临池绝壁高7米，主峰高9米，由危崖、溶洞、钟乳石、蹬道、石矶、瀑布与步石组成。

3.寄畅园

寄畅园（图7-25）是一处始建于明代的古典园林建筑，位于今江苏省无锡市惠山古镇景区。寄畅园属山麓别墅类型的园林，总占地面积9900平方米，园景布局以山池为中心，巧于因借，融入自然。寄畅园西靠惠山，东南有锡山，泉水充沛，可引水入园，特别是可将周围山色因借入园。南部为水景，西部为石景。采用本地的黄石叠砌假山，假山依惠山东麓山势作余脉状，增加了园景的深度。寄畅园建筑物在总体布局上所占的比重较少，园景以山水为主，加之树木茂盛，布置得宜，可从丛树空隙中远眺锡山龙光塔，园内显得开朗。

园内主要部分是水池及其四周所构成的景色，由于假山南北纵隔园内，周围种植高大树木，使水池部分自成一环境，显得幽静。池的西、南、北三面，有临水的知鱼槛亭、涵碧亭和走廊，影倒水中，相映成趣；由亭和廊西望，假山与隔池的亭廊建筑形成自然和人工的对比。

水池西面有一座大假山作为屏障将西部分区隔开来。建筑很少，多偏于一隅。水面的处理是精华所在，岸线曲折迂回，有利于多视点布景。水面形态有聚有分、有断有连，水面在鹤步滩—知鱼槛亭一线一收，在七星桥处一连，将水面划分为南、中、北三部。南部开敞、中部收缩、北部幽闭，形成不同的观感。

寄畅园运用了很多造园技巧，比如叠山理水、借景入园、花窗月门等，这使得寄畅园四季都能找到绝美的观景角度。无论是春天的木绣球与琼花，还是夏天在知鱼槛亭中听雨、在八音涧听泉，或者是秋天满园的秋叶，冬天远望锡山的雪景，无时不能找到绝美的画面，令人赏心悦目。尤其是八音涧、知鱼槛亭、凌虚阁、九狮台等，每个季节都能欣赏到绝美的自然景色。无锡的江南园林，虽然从数量和规模上远远不如苏州的江南园林那么有名，但仅寄畅园一座园林，就力压苏州一众园林，与南京瞻园、苏州拙政园、留园并称江南四大名园，并成为无锡市首批入选国家重点文物保护单位的景点，是名副其实的江南园林代表。

图 7-26
岳麓书院/翁岩拍摄

第四节　书院园林

书院园林是指书院内部建筑附属绿地、庭园绿地及书院外部周边的园林绿化环境。其功能除游赏外，还包括教育、静修、藏书、祭祀等。书院作为中国古代的学府分为两大类别：一为官方设立的官学，通常被称为学宫；二为私人兴办的民间学校，即书院。书院一般位于自然环境优越的地方，很多有园林的建置，或者本身就是一座大的园林。宋朝以后，中国文化迎来显著的发展，南方各省如江西、湖南、福建、江苏、浙江等地书院的数量大大增加，成为文化教育相当发达的地区。这一时期，私人书院逐渐崭露头角，成为知识传承和学术研究的重要场所，为中国文化的繁荣与传承做出了积极贡献。

图 7-27
白鹿洞书院/蒋璨拍摄

一、书院建筑的特点

1.选址和环境

书院在选址和环境方面十分讲究。中国古代的书院往往选地在风景秀丽的地方，而非城市中心。特别是那些致力于深入学术研究的书院，更倾向选址在自然景观优美的地区。湖南长沙的岳麓书院（图 7-26）位于风景名胜岳麓山下；江西九江的白鹿洞书院（图 7-27、图 7-28）坐落于著名的庐山脚下；河南登封的嵩阳书院（图 7-29）选址在中岳嵩山脚下。这些书院的选址强调了对环境的巨大关注，特意选择在风景秀丽的山林之中。这反映了一种强烈的学术研究氛围，类似于古代佛教、道教等宗教对于自然之美的追求。与古代文人学者对于山林的追求相类似，这些书院通过置身于山林之间，追求一片宁静的净土，以便专心研究学问。这种观念体现了对自然和人文环境的高度敬重，以及对深度思考和学术研究的专注追求。在这一观念下，高等级、重要的书院更倾向于在风景优美的深山之中选址，与远离城市的寺庙建筑有相似之处。这种选址策略不仅提供了学术交流的理想环境，也构筑了一种追求学术深度的文化氛围。这种文化追求通过环境的

图 7-28
白鹿洞书院内的朱熹
塑像/蒋璨拍摄

图 7-29
嵩阳书院/杜冰璇拍摄

选择得以体现，为书院教育方式和学术氛围的塑造奠定了基础。

在选址完成之后，书院注重通过人工手段来精心打造和经营周边环境，使其更加美丽。古代教育注重陶冶人的情操，教育不仅传授书本知识，更强调人性情感的培养，强调审美教育的重要性。书院的建筑布局和园林景观设计都是通过人工手段巧妙打造的，目的是创造一个有利于情感陶冶和审美培养的学术环境。建筑布局以及园林景观设计强调与自然环境的融合，通过巧妙的布局和景观设计，书院打造了一个宁静而美丽的学术空间，有助于激发学子们的灵感和学术热情。

佛教传入湖南的初期，寺庙的选址特别考究，而岳麓山成为首个佛教寺庙的理想场所，即麓山寺。这座山寺的布局独具特色，体现了宗教和哲学的巧妙融合。麓山寺的建筑布局巧妙地反映了三家教派——佛教、道教和儒家的和谐共存。寺庙在山脚承袭了儒家教育的传统，为人们提供了一个学问的殿堂。山中则崇尚佛教思想，寺庙成为修行和冥想的场所。而山顶则寄托了道教的信仰，呈现出一种灵性的境地。这种布局的设计反映了魏晋南北朝时期社会的多元文化和宗教的和谐相处。选择岳麓山作为寺庙的所在，是基于对其风景如画的青睐，以及对个体心灵修养的共同追求。这片地方既提供了宜人的自然环境，也具备了冥想和修行的合适条件。因此，佛教、道教和儒家三家教派在麓山寺中实现了和谐共存，形成了一种宗教融合的独特现象。

穿越文庙，朝拜孔子的白墙灰瓦之间的书院，沿途可欣赏到岳麓山的优美风景，岳麓书院便坐落于这片美景之中，其后方的"爱晚亭"更是著名（图7-30），其名字源自唐代诗人杜牧的《山行》中"停车坐爱枫林晚，

图7-30
爱晚亭/蒋璨拍摄

霜叶红于二月花"的诗意描绘，后改名为爱晚亭。毛泽东同志年轻时曾在爱晚亭周边游玩，为这个地方增添了历史的印记。岳麓书院选址于此，不仅融合了岳麓山的自然美景，同时也在周边巧妙地经营了各类景观。这些景观后来汇聚成岳麓书院八景。

书院八景丰富而多彩，反映了岳麓山一带丰富的人文历史和自然景观。书院八景分为前四景——柳塘烟晓、桃坞烘霞、风荷晚香、桐荫别径，以及后四景——花墩坐月、碧沼观鱼、竹林冬翠、曲涧鸣泉，这八景多位于岳麓书院周边，因而被合称为书院八景。这一系列景观通过自然元素的独特组合，生动展现了湖南地区不同季节和环境下的自然之美。这些景点的命名和定位不仅将风光景致赋予了文学和艺术的内涵，同时也凸显了岳麓书院周边丰富的自然资源和文化底蕴。这种独特的文学地理学视角使得书院八景在地方文化的传承和发展中扮演了重要角色。

岳麓书院的选址环境以塑造人的性情为教育目的，成为书院教育的显著组成部分，同时具有极高的教育价值。通过书院八景的景观欣赏，学子们能够在自然美景中培养对艺术和文学的审美情感，为其心灵的修养提供了独特的体验。岳麓书院作为一座富有历史渊源的文化建筑，不仅是宗教信仰的场所，更是文学、历史和自然美景的集中展现。它以独特的地理位置和精心设计的景观，吸引着游客和学者，成为湖南地区不可忽视的文化遗产。

2.教书形式

古代书院教育的重要方面之一在于充分利用周遭的美丽景致，以促使学生在高雅自然环境中更深层次地成长与发展。这种教育模式注重通过自然景观的欣赏和体验，激发学生的审美情感，培养学生对美的独特感知和欣赏能力。美育理念的引入进一步提升了古代书院教育的内涵，使其成为一种更为全面、综合的教育体系。

岳麓书院作为一个代表性的学府，在历史长河中培养出了许多杰出的学子，尤其是近代以来的一系列杰出人物，无一不展现出卓越的才情。这种古代的培养方式注重的不仅是学科知识，更是一种全面的人文素养。学生在自由的环境中进行小规模的论辩，通过与老师及同学的互动，不仅学习知识，更培养了批判性思维和沟通表达的能力。教学中的美丽环境也为学生提供了更为广阔的思考空间，激发了他们对社会、人生和学问等多方面主题的深刻思考。这种独特的教学方式和培养理念，为后来者树立了崇高的榜样，强调了教育的目的不仅在于传授知识，更在于培养学生的人文精神和全面素养。

二、典型书院建筑

1.岳麓书院

在岳麓书院这样的学术机构中，学者们的学术活动通常呈现出灵活多样的特点。他们有选择在书院寄居一段时间，参与院内的学术讨论和交流的自由。这种自由的学习模式强调了学术活动的开放性和自主性，促使学者们在宽松的环境中充分发挥个体的学术独立性。这不仅有助于个体学者的学术成长，也推动了整个书院学术氛围的繁荣。朱熹与张栻虽同为儒家学者，却在具体学术观点上呈现出差异。在岳麓书院，这两位学者以同时讲授的方式展示了不同的学术观点，形成了中国历史上著名的"朱张会讲"场景。

这一场景反映了书院教育的开放性和多元性，使得学术思想在这一平台上得以自由交汇。这种自由讲学的模式不仅为个体学者提供了展示自己学术观点的机会，也为学术界的繁荣做出了积极的贡献。通过这样的学术盛会，岳麓书院成为中国古代学术史上的一颗璀璨明珠，为后来的学术传统培育了丰富的思想资源。

岳麓书院前设有一口水塘，称为饮马池。学者们骑马前来，马在这池塘中饮水，故得名饮马池。史书中记录了朱张会讲时饮马池水被众多马匹喝得一空的情景。这一现象反映出前来参与朱张会讲的听众人数之多，彰显了岳麓书院作为学术交流中心的独特吸引力。马匹的喧嚣和学者们的欢声笑语共同交织，形成了一幅繁忙而生动的画面，构成了岳麓书院学术活动的一部分。这一独特的现象揭示了岳麓书院自由的学术讲学和开放的学术讨论氛围吸引了众多学者和听众。

任何书院的核心都为讲堂，讲堂虽不是一座宏伟高大的建筑，但却是一个象征着精神聚焦的中心。这里举办最为重要的学术活动，不仅是知识传授的场所，更是学术交流和自由讨论的核心。在岳麓书院的讲堂中央，摆设着两把具纪念意义的椅子，以纪念过去千百年间的朱张会讲（图7-31）。时光荏苒，这两把椅子至今依然摆放在那里，反映出书院承袭的学术风气以及其坚持的自由办学传统。讲堂上方悬挂的两块匾额，一块为"学达性天"，出自清朝康熙皇帝之手；另一块为"道南正脉"，为清朝乾隆皇帝所题。这两块匾额旨在表彰岳麓书院卓越的学问深度和学脉源流。康熙、雍正、乾隆三位皇帝皆具备高深的汉文学学术修养，亲自题字褒奖岳麓书院。这种皇帝亲自题匾的举措体现了岳麓书院在当时汉文学领域所取得的卓越地位。岳麓书院讲堂的设计体现了注重自由学术交流和开放思想碰撞的理念。两把椅子的保留不仅是对过去学术盛会的敬意，也象征着未来学者们的自由坐论。悬挂在上方的匾额，是对书院学问深厚和学脉传承的嘉奖，更是皇帝对其卓越学术地位的亲自认可。

讲堂前的廊道，在建筑学上称为轩廊，具有一侧全开的设计。讲堂位于轩廊的正中央，而廊道前方则通向庭院，呈自由开放的布局。这种设计使得三五人、十几人、二十几人甚至几十人都能够坐在讲堂中央，自由而灵活地参与学术讲座。当听众人数增多时，人群便自然而然地向庭院延伸，形成一种开放而亲近的学术环境。整个建筑布局通过轩廊和庭院的设计，创造了一个宽松而自由的学术环境，使得岳麓书院成为学者们自由交流、独立思考的理想场所。

图7-31
岳麓书院讲堂/翁岩拍摄

岳麓书院的墙上挂着整齐而严肃的学规和校训，这些规定深刻影响了在此求学的学子，凸显了岳麓书院在教育方面的深刻影响，为学生提供了具有现实关联性的学术和道德指导。"实事求是"是中国古代一个哲学命题。1914年，在德国柏林帝国工业大学毕业并参与辛亥革命的宾步程接任湖南公立工业专门学校（现湖南大学）校长后，将其从落星田迁到了岳麓书院，如今在岳麓书院上悬挂的"实事求是"牌匾就出自宾步程之手。在他的领导下，学堂以实事求是为校训。毛泽东在此学习期间深受这一理念的影响，后来他提出的许多思想和方针，均受到了在岳麓书院学习时的影响，这进一步强调了岳麓书院在培养学子思想观念和塑造其政治理念方面的重要性。

岳麓书院作为一所具有深厚历史底蕴的学府，其校训的传承和弘扬，为学子们提供了精神指引和价值观念。实事求是的教育理念超越了学科本身，成为一种处事原则，为学生的终身发展奠定了坚实的基础。这种教育理念不仅在各位杰出校友身上得到了具体体现，也在中国教育历史上为岳麓书院赢得了崇高的声望。

2. 东山书院

湖南湘乡东山书院是毛泽东在儿时接受小学教育的场所，如图7-32所示。如今随着城市的不断扩展，东山书院已经被城市建筑包围，其背后则是著名的东台山，山上耸立着一座古老的塔。这座书院的独特之处在于其自然环境，被一条人工开凿的圆形河流所环绕，中央仅有一条通道贯穿，形成独特的布局。这片被河流环绕的区域经过精心构建，旨在提供一种极具阅读氛围的环境。

图7-32
东山书院/杜冰璇拍摄

3. 玉岩书院

玉岩书院坐落于今天广东省广州市南沙新区，这一地区如今已然成为繁花似锦的现代城市，而书院所在之地则背靠优美的山林（图7-33）。玉岩书院代表了广东岭南建筑的特色，其建筑风格体现了精致的装饰艺术，而周边环境的美丽也成为其一大亮点。这座书院在选址和环境的经营上注重美学，其建筑设计追求美感，凸显了岭南建筑的独有风格。

图7-33
玉岩书院/周承君拍摄

4. 东林书院

江苏无锡的东林书院因明代大学者顾宪成倡导而成为知名之地，他在此地推崇读书、讲学、爱国的文化风尚，因此，东林书院吸引了众多学者的聚集（图7-34）。顾宪成亲自撰写了一副对联，其中最著名的对联悬挂在依庸堂上，内容为："风声雨声读书声，声声入耳；家事国事天下事，事事关心。"这副对联一经提出，便在全国掀起轰动，声名大噪，家喻户晓。此对联也因其文辞优美和表达深邃而成为千古名联，留存至今。学者们在这里深入研修学问的同时，对国家大事表现出极高的关切，使得该书院成为当时学者们向往的中心之一。甚至在此基础上形成了东林学派，后来更发展为一个具有广泛社会政治影响的东林党。这种自由办学的氛围成为该书院的鲜明特色。

东林书院的建立和发展受到顾宪成等知名学者的积极推动，他们在这一地点推崇"读书、讲学、爱国"的文化风尚，将学术与爱国主义紧密结

图7-34
东林书院/周承君拍摄

合，形成了独特的文化氛围。顾宪成的对联体现了读书与关心国家大事的紧密联系，强调了学者们除了追求学问之外，还应该关心社会和国家的状况。这种文化理念深刻地影响了后来东林书院的发展方向，使其成为一个具有深远影响的学术中心。东林书院的自由办学氛围不仅体现在学术理念上，更在其建筑布局和管理方式上得到体现（图7-35）。讲学讲堂作为书院的核心建筑，不仅仅是知识传授的场所，更是学者们自由交流和思想碰撞的中心。在这里，学者们可以畅所欲言，分享各自的学术见解，形成了开放而自由的学术氛围。

5. 渌江书院

位于湖南省醴陵市西山山腰的渌江书院（图7-36），主体建筑由头门、讲堂、礼殿、斋舍、靖兴寺和宋名臣祠等组成，总建筑面积4123平方米。渌江书院虽然规模较小，却在这个偏远的县城中享有盛誉，被视为当地的研修中心。中国古代社会十分重视教育，因此在民间存在一些启蒙性质的书院。这些书院通常充当了地方教育的中心，为当地居民提供学习和研究的场所。渌江书院作为一个研修中心，扮演了促进知识传播、文化交流的重要角色。其小规模但有声望的地位表明，即便在较为偏远的地区，书院仍然发挥了重要的文化功能，彰显了中国古代文化传承的多样性和深厚的历史底蕴。书院在中国社会中扮演了重要的角色，为人们提供了学习、研究和文化交流的平台。

三、书院建筑的祭祀文化

祭祀文化是书院的重要特色之一，在书院的文化体系中，祭祀并非宗教仪式，而是一种纪念和感恩的仪式，体现了儒家文化对历史传统和杰出人物的尊崇。儒家文化中，祭祀是一种表达对先贤和祖先的敬意和感恩之情的方式。在书院中，祭祀仪式主要包括对孔子的祭祀，以及对书院历史上杰出的大学者和对书院做出重要贡献的人物的祭祀。这些人物可能是官员，也可能是地方的杰出人才，他们的贡献和影响深远，因此被书院看作是值得纪念和感谢的对象。祭祀活动在书院中具有重要象征意义，是对书院文化传统和价值观的延续。通过祭祀仪式，书院向先贤和杰出人物致以

图7-35
东林书院内部/周承君
拍摄

图7-36
渌江书院/黄真真拍摄

崇高的敬意，弘扬了他们的学术精神和为社会做出的贡献。这也有助于增强书院内部的凝聚力，让师生共同感受书院作为学术机构的深厚历史和文化底蕴。

书院作为儒家传统的办学教育场所，秉承着儒家文化对祭祀仪式的深刻重视，通过大量的祭祀活动来学习古代先贤，表达感恩之情，并进行纪念。《礼记》中指出"礼有五经，莫重于祭"，凸显了祭祀作为一种礼仪的重要性，成为儒家文化传统的重要组成部分。书院延续了儒家的教育方式，将祭祀作为一个重要的仪式融入其中。根据儒家经典的规定，祭祀有五种不同的方式，其中包括对先贤和祖先的不同层次的纪念。这种传统的祭祀仪式在书院中占据着重要地位，成为学术机构文化传承的一部分。今天几乎所有的书院都具备多种功能，如办学、藏书、游学、观景、娱乐等，同时也保留了祭祀的传统功能。这充分展示了书院在传承儒家文化中的多元性，既注重学术研究，又在文化传统的传承方面进行了全面的考量。

例如，湖南醴陵的渌江书院设有宋名臣祠，以纪念宋代几位为书院的发展和建设做出重要贡献的官吏。这种祭祀仪式旨在表达对这些历史人物的尊敬和感激之情，强调他们为书院事业所做出的卓越贡献。这种纪念活动的性质更偏向于历史纪念和学术敬仰，强调对过去先贤的敬意，而非追求超自然的庇佑。这符合儒家思想强调学问、仁爱和道德修养的特点。这些纪念活动通过向历史人物致敬，旨在激发后学之志，弘扬儒家文化，为学子树立榜样。总体而言，这些纪念活动在儒家文化传统中占据重要地位，强调了对学术成就和思想传承的尊重。

1. 崇道祠与六君子堂

一些书院设有专门的祭祀场所，以纪念书院历史上的重要人物。这些专祀场所通常在书院中特别指定一片区域，有专门的建筑。在岳麓书院中，这样的专祀场所被称为崇道祠。在中国古代书院中，专祀场所的设立也体现了被纪念人物的地位差异。祭祀中所纪念的人物有着明显的地位高低之分，而建筑所在的位置也是精心设计的。例如，岳麓书院的崇道祠位于左侧，地位相对较高；而六君子堂则位于右侧，地位相对较低（图7-37）。这种分布的差异化既反映了书院对历史人物不同的崇敬程度，又通过建筑空间的布局强调了这些人物的地位高低。这一设计在学术层面上既是一种文化传承，同时也体现了书院内部对历史人物的尊崇和纪念之情。专祀场所作为书院内部的文化象征，通过这种方式将书院的价值观和历史传统深刻地融入了建筑空间之中。

六君子堂是为了纪念岳麓书院历史上六位为该书院做出卓越贡献的人物而设立的，包括朱洞、李允则、周式、刘珙、陈钢、杨茂元。这六位学者在岳麓书院的发展中发挥了重要作用，因此他们的纪念场所位于祭祀场所的右方，次于专祀朱熹、张栻的崇道祠。这样的布局不仅是对这六位学者的真诚纪念，也呈现出儒家长幼有序、尊卑有别的观念。更靠右侧的船山祠则是为纪念明末清初著名学者王夫之（因

图7-37
崇道祠和六君子堂/
翁岩拍摄

晚年隐居石船山故称其为"船山先生")而设立的。王夫之是中国明清哲学史上的杰出人物，对当时的思想界有着深远的影响。尽管他在学术上取得了崇高地位，但作为岳麓书院的学生，他在仪式上仍需恪守弟子之礼。除了儒家思想学说中的人物之外，还存在一类民间读人祭祀，例如广州的玉岩书院的文昌殿。这些祭祀仪式反映了对学识、智慧的崇敬，体现了古代书院文化中丰富的宗教元素。整体而言，书院的祭祀仪式既是对先贤学者的尊崇，也是对儒家文化传统的持续传承。

2. 濂溪祠

岳麓书院内的濂溪祠（图7-38）是为了纪念北宋儒家理学思想的奠基人周敦颐而设立的。周敦颐，号濂溪，他创作的著名作品《爱莲说》广受推崇。作为宋明理学的奠基人，周濂溪的思想成为该时期的理论高峰。岳麓书院承袭了宋明理学，将周濂溪的思想传承下来，体现了其在儒家学派中的重要地位。在学术层面上，岳麓书院延续并传承了周濂溪所代表的理学传统。濂溪祠在祭祀场所中位于左侧最上方，这显示了对周濂溪思想的深切崇敬。左上方的四箴亭专祀宋明理学中的两位学者——程颢和程颐，他们是周敦颐的学生。程颢、程颐与朱熹几乎齐名，尽管他们在学术界地位显赫，但依然居于周濂溪之下。因此，在祭祀场所中，他们的位置在右上方，下方则是崇道祠，用以纪念朱熹以及著名的朱张会讲的主持者张栻。这样的祭祀布局既是对儒家理学传统的真诚传承，又凸显了岳麓书院对不同学者在学术史上的贡献的不同崇尚。

深度阅读

拙政园

深度阅读

中国古代建筑的多元形式

图7-38
岳麓书院濂溪祠

第八章
中国古代坛庙
建筑

中华民族历来被誉为"礼仪之邦","礼"是中国古代的国家大事，有着治国安邦的重大功能。"礼"的核心内容之一就是举行隆重的祭祀神灵和祖先的典礼活动。坛庙建筑起源于远古的宗教祭祀活动，在进入封建农业经济社会后得到了强化，因此坛庙建筑便成了中国古代建筑中的重要类型，且祭祀对象的多样性也造成了建筑形制的多样性。

第八章要点概况

能力目标	知识要点	相关知识
掌握古代坛庙建筑简单的发展脉络	古代坛庙建筑的历史沿革；古代坛庙建筑的类别	不同时期的坛庙遗迹或坛庙实例；以自然神为主要祭祀对象的建筑；以祖先为主要祭祀对象的建筑；为历代名人先贤而建的庙宇
能分析古代坛庙建筑的设计思想和文化内涵	北京天坛规划情况；北京天坛圜丘设计思想；北京天坛祈年殿设计思想；北京社稷坛设计思想	北京天坛的位置及布局；圜丘坛建筑群；祈年殿建筑群；斋宫
能分析古代坛庙建筑的空间布局艺术特点	北京太庙的空间布局；曲阜孔庙的空间布局	北京太庙的总体布局情况；曲阜孔庙的总体布局情况

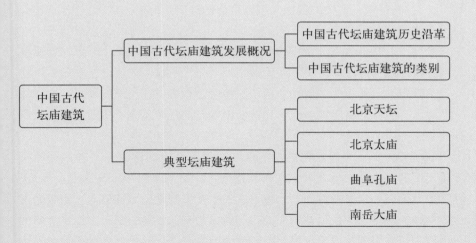

小知识：五色土

五色土代表着人们对土地的崇敬，是由全国各地纳贡而来，包括青、红、白、黑、黄五种颜色的纯天然土壤，代表东、南、西、北、中五个方向。五色土被视为华夏传统文化的典型符号，数千年来一直被赋予美好的寓意，如五行（金木水火土）、华夏五帝（青帝伏羲、赤帝神农、黄帝轩辕、白帝少昊、黑帝颛顼）等。

社稷坛的设计是中国古代建筑中一项至关重要的工程。在古代农业社会中，土地和粮食被视为国家兴衰的关键元素，只有拥有肥沃的土地和充足的粮食产出，国家才能太平安康，百姓才能生活富足。祭祀仪式不仅仅是一场宗教仪式，更是一种国家层面的农业宣示，象征国家的繁荣和丰收。

中国古代以农立国，社稷象征国土和政权。社是土神，稷是谷神，是中国古代的原始自然崇拜之物。为祭祀社稷之神，明永乐十九年（1421年）建社稷坛位于紫禁城外南面御道的西侧，即北京城南北中轴线之西，合乎"左祖右社"的都城布局形制。主要建筑是两座面阔5间的殿（戟门、拜殿）和一座方形的坛（图8-1）。

社稷坛建筑群的营造设计仍然采用了象征设计思想：总平面正门设在北部，象征社属阴；祭坛3层，坛外设壝墙一周，壝墙四面各设一门，坛面依五行方位铺成东青、西白、南赤、北黑、中黄之五色土，四面壝墙上据方位再分别施以与坛面上各方相同的颜色，象征"普天之下，莫非王土"。这种安排不仅是对天文方位的呈现，这一设计还以巧妙的方式呈现了阴阳五行观念在社稷坛建筑中的应用，将古代农耕文明中天下四方的思想与阴阳五行的理念相结合，体现了一种复杂而精致的象征性建筑艺术。

祭祀神祇、祖先的建筑称为坛庙，建筑史家又称为礼制建筑。它们既不同于宗教建筑的寺观，也不同于直接服务于人的宫殿、官署、园林和住宅。《左传•成公十三年》有论：国之大事，在祀与戎。中华民族历来被誉为"礼仪之邦"，"礼"贯穿渗透于中华民族进取的方方面面。在中国古代，"礼"的内容之一就是举行隆重的祭祀神灵和祖先的典礼活动，那么，隆重神圣的典礼活动在怎样的建筑中举行？这些建筑是怎样形成和发展的？其中隐藏着什么奥秘？在本章内容中我们将详细阐述。

第一节　中国古代坛庙建筑发展概况

"礼"是中国古代的国家大事，有着治国安邦的重大功能。图8-2是一件玉制礼器。司马迁《史记•五帝本纪》中有："玉衡长八尺，孔径一寸，下端望之，以视星宿。并璇玑以象天，而以衡望之。转玑窥衡，以知星宿。玑径八尺，圆周二丈五尺而强也。""礼"的核心内容之一就是举行隆重的祭祀神灵和祖先的典礼活动，这种活动需要依托一定的场所、构筑物和建筑，因此便有了神庙殿宇和祭坛设施，这些建筑属于中国古代的礼制建筑。

坛庙作为一种建筑形式，不仅在物理层面上构建了人与神的沟通桥梁，同时在文化、历史、宗教等层面上，承载了丰富的人文内涵。今天，在各地我们仍然能够看到至少数百座祭祀孔子的文庙或孔庙，它们成为古代学校的象征。庙和祠都是中国古代祭祀祖先或先贤的场所，但通常庙的级别和用途更为重要和正式。庙和祠的存在不仅是对个体先贤和祖先表达敬仰，也承载了社会文化和宗族传承的功能。

图8-1
北京社稷坛/周承君拍摄

一些祠、庙的建立是为了永久纪念历史上杰出的人物，例如湖南省汨罗市的屈子祠便是为了纪念战国时期著名的爱国诗人屈原而建立的。屈原曾在湖南的汨罗江投江自尽，为了铭记他的卓越贡献，后人在汨罗江畔兴建了屈子祠，将屈原的事迹世代传颂，歌颂他的爱国情怀。在湖南永州的柳子庙是另一个典型的例子，是为了纪念唐代著名的政治家和文学家柳宗元而兴建的。柳宗元被贬至永州期间为当地人民做了许多善事，并以其卓越的文学才华创作了著名的作品，如《永州八记》等。柳宗元去世后，为了永久纪念他的善政和文学成就，当地居民共同筹建了柳子庙，以表达对他的深切崇敬之情。这样的祠、庙旨在通过建筑形式将柳宗元的卓越事迹永久铭记，并为后人提供一个缅怀先贤的场所。

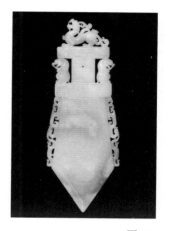

图 8-2
玉制礼器

祠堂，又被称为家庙或宗庙，是供民间百姓祭祀祖宗的场所，这一文化现象在不同地区具有多样的命名。起初被称为家庙，随后一些地方采用宗祠这一称呼。祠堂作为民间宗教实践的载体，在中国传统文化中扮演着重要的角色。家庙一词最初用于指代家族中供奉祖先的场所，强调了对家族血脉的尊崇。随着时间的推移，一些地区采用了宗祠这一术语，更强调了对宗族传统和祖宗信仰的持续维系。

民众在祠堂中进行祭祀活动，以表达对祖先的尊敬和怀念之情。祠堂建筑通常以庄重、古朴的风格为主，象征着对祖先的崇高敬意。其内部陈设常包括祖宗牌位、家谱、祭祀器物等，构成了一个体现家族或宗族传承的祭祀空间。祠堂作为一种宗族仪式的场所，不仅仅是祭祀活动的载体，更是家族文化、宗族传统和社会价值的重要体现。在祠堂中，人们通过祭祀仪式，弘扬着宗族的文化传统，同时也提升了家族成员的凝聚力和认同感。

图 8-3
牛河梁红山文化遗址/
黄真真拍摄

中国的祭祀活动包括对天地、日月、山川、河流等自然元素以及诸多人物的崇敬，具有感恩和纪念的实质内涵。这些祭祀活动旨在表达对天地万物提供丰富生活资源的感激之情，实质上是感谢天地万物的供养，为维系人类繁荣兴盛提供生态支持。在这一文化传统中，人们通过祭祀来感恩并维系与自然的和谐关系，体现了人类对自然力量的敬畏和依赖。坛庙作为祭祀的场所，分为祭自然神灵和祭人物两类，均体现了感恩和纪念的思想。这些祭祀活动并不属于宗教范畴，而是中国古代礼制中极为重要的一环。在礼制中，祭祀被视为最重要的仪式之一，体现在"五礼"之中尤为突出。通过祭祀，人们表达对天地之恩的感激之情，感念祖先和为社会做出贡献的著名人物。因此，中国古代非常重视祭祀仪式，而坛庙作为专门用于祭祀的建筑物，应运而生。

图 8-4
牛河梁红山文化遗址
文物

一、中国古代坛庙建筑历史沿革

通过近年来的考古发掘，一些原始社会的祭祀建筑物在各地被陆续发现，使我们认识到华夏大地上的先民们早已酝酿萌生了一些礼仪性的建筑形式。图 8-3、图 8-4 是牛河梁红山文化遗址及文物。

在夏商时期遗址中，河南洛阳偃师区二里头遗址中发现有祭祀坑，表明是当时的宗庙所在。河南安阳殷墟祭祀坑中出土的青铜器铸造技艺之高超，甲骨文、金文等文字的成熟，祭祀中人牲的使用等，反映了那个时代中原地区的祭祀特征。四川广汉三星堆祭祀坑则反映了蜀人图腾崇拜的特点。这些差异均开创了秦汉以后坛庙建筑的先河。

西周都城丰镐建有明堂、辟雍、灵台等礼制性建筑，春秋战国礼制性建筑大都沿袭西周的成规。

秦都咸阳营建了一批包括宗庙在内的礼制性建筑，其中，秦人依托祭坛的祭祀活动主要有郊祀和社稷祭祀。

西汉长安城的考古发掘，已确定了该城南郊所建造的坛庙等礼制性建筑的位置。东面是明堂、辟雍遗址，西面是社稷坛遗址；中间是建于公元20年的"王莽九庙"遗址。

东汉洛阳城祭坛分布位置为：社稷（一社一稷）位于皇宫之右；郊坛分别位于南郊7里、北郊4里。

三国时代，曹魏洛阳在城南委粟山修建圜丘（因山为丘，是中国历史上一个特例），北郊为方丘坛，仍有东郊朝日、西郊夕月之礼。

吴、东晋、宋、齐、梁、陈等六朝均把建康作为都城，该城沿用以往都城坛庙礼制性建筑的传统规制和建造经验，营建了社稷坛、南郊坛、北郊坛、五帝坛、籍田坛、雩坛、先蚕坛等祭坛建筑和宗庙建筑。

隋唐时期，营建的坛庙建筑种类日趋丰富。唐长安祭坛分布为：城南设圜丘、赤郊坛、黄郊坛、腊百神坛；城北设方丘坛、黑郊坛、四司坛，城北西内苑内设先蚕坛；城东设先农坛、青郊坛、朝日坛、九宫贵神坛、灵星祠；城西设白郊坛、夜明坛、马祖坛；城西北设北郊坛、西南设风师坛；皇城含光门内道西设社稷坛。

两宋时期，坛庙建筑营建方兴未艾，如北宋东京城在其南北中央轴线左侧（东）景灵宫近旁置太庙，右侧（西）尚书省前横街西设社稷坛。城内还建造了文宣王庙和武成王庙等名人祠庙。

元大都祭坛和庙宇建筑分布情况为：往城南丽正门外丙位（东南）设圜丘；都城之北六里设方丘；都城和义门内稍南设社稷坛；都城东郊设先农坛、先蚕坛。其中诸坛大都循例修建，规模超出了宋代。皇城东面的外城齐化门内近旁设太庙，皇城西面设社稷坛，西南角城内设置都城隍庙，城内东部建孔庙。

明清北京城于宫城前左右营建太庙和社稷坛，在正阳门南大道东侧修建天地坛，西侧建山川坛，祭祀风师、雨师、五岳、四镇、四渎及山神。1530年天地坛改称天坛，在安定门外建地坛。后又建太岁坛、先农坛，祭祀太岁与神农。另外在东郊设朝日坛，在西郊设夕月坛，分祭大明之神与夜明之神。清代称山川坛为先农坛、朝日坛为日坛、夕月坛为月坛，而包括天坛、地坛的诸多建筑物多被清王朝沿用。明清的坛庙建筑成就很高，此时期的中国礼制建筑已经发展到了十分完善的地步。明清北京城的坛庙建设成就是中国古代礼制建筑营造经验的一次集中体现，创造出了一些肃穆、协调的建筑组群，是中国古代建筑的精品。

二、中国古代坛庙建筑的类别

庙是一种祭祀人物的场所，另有一类类似的建筑称为祠。祠与庙的实质相似，仅在命名上存在细微差异。例如，纪念屈原的屈子祠、纪念柳宗元的柳子庙、纪念诸葛亮的武侯祠以及纪念张飞的张飞庙等，这些建筑用于祭祀崇敬的历史人物。这些祭祀活动反映了中国古代社会对于感恩、纪念和传承的重视。通过祭祀仪式，人们巩固了与自然界的和谐关系，弘扬了家族文化，传承了历史记忆。坛庙作为专门用于这些仪式的建筑，其设计和布局都体现了对神灵或历史人物的崇敬，是古代礼制体系中不可或缺的组成部分。

祠和庙在本质上并无明确区分，它们都是一种祭祀和纪念特定人物的场所，无论是家族祭祖的祠堂、家庙，还是皇帝祭祖的太庙，都属于庙的范畴。坛庙则代表一种祭天地、自然神灵的建筑形式。坛一般用于祭祀自然界的神灵，因此通常是一个没有建筑的露天坛台。然而，提及天坛时，人们往往会联想到著名的祈年殿，即三层圆形攒尖顶的建筑。实际上，这种形式是在后来逐渐发展而来的。最初的坛是没有建筑的，《道书援神契》中有"坛而不屋，古醮坛在野"，即指坛上没有建筑，这才是最原始的坛。今天所见的天坛、地坛、日坛、月坛均采用精致的石头规整砌筑，显示出高度的工艺水平。然而，在最初阶段，这些坛都是简单朴素的，以土台子为基础。祭天地日月注重朴素的传统，在更早的时期，甚至没有土台子，祭坛就是清理过的一块地方，即扫地为坛。随后的发展中，对坛的关注逐渐演变成了筑造土台子的实践。

在古代的祭祀仪式中，坛扮演着连接人与自然、神灵之间的桥梁角色。祭坛的设计和建造既是对自然的敬畏，又是对神灵的礼赞。坛的演变过程展现了社会文明的进步，人们对祭祀场所的建筑形式逐渐进行了艺术和工艺的提升。从简陋的土台子到精致的石头建筑，坛的变化不仅反映了人们对宗教仪式的崇敬态度，也折射了文明的不断演进。

中国古代祭祀类别多样，因此产生的建筑类型有：以自然神为主要崇拜祭祀对象的建筑、以祖先为主要崇拜祭祀对象的建筑和为祭祀历代名人先贤而建的庙宇等。

1. 以自然神为主要崇拜祭祀对象的建筑

坛庙可分为坛和庙两类，其区别主要在于祭祀对象。坛主要用于祭天地神灵、自然神灵，其形式为坛台，可能呈方形或圆形，台上无建筑，是露天的祭祀场所。坛类建筑旨在祭祀自然生命，如天坛、地坛、日坛、月坛以及社稷坛等，都属于坛的范畴，用于祭拜自然界的神灵。这些自然神有昊天上帝、日神、月神、南北斗、荧惑、太白、岁星、填星、二十八宿等星神、云神、虹神、雪神、雹神、皇地祇、神州地祇、五岳、四海、四渎、山林、川泽、丘陵等。

为祭祀诸如天、地、日、月、星、风、雨、雷、电等神灵而建造的一般是祭坛类建筑，而且种类繁多，有圜丘坛（圆形，祭天）、方丘坛（方形，祭地）、社稷坛（方形，祭土神和谷神）、日坛、月坛、灵星坛、风师坛、雩坛（圆形，用于求雨）、雷师坛、五方帝坛（祭五方上帝）等祭坛。其中天地、日月、社稷等要由皇帝亲自祭祀。尤其是历代皇帝于国都南郊圜丘坛（天坛）举行的祭天之礼，是历朝的国家大典，场面宏大，祭祀极其隆重，一方面表示对昊天上帝的敬畏，祈求风调雨顺、五谷丰登；另一方面则显示皇帝是上天之子，君权神授，替天行道，神圣不可侵犯。

一般祭坛类建筑是露天设坛，并设置斋宫或殿宇作为附属建筑。在古人看来，此建筑方式可"达天地之气"，产生"天人感应""人神对话"的效应，从而显示出人们对天地等自然神灵的虔诚之心，以祈求这些神灵保佑天下太平，五谷丰登。

为祭祀五岳、五镇、四海、四渎等山水之神灵而建的庙宇有东岳泰山的岱庙、中岳嵩山的中岳庙、北渎济水的济渎庙等。泰山岱庙规模很大，仿帝王宫城制度（图8-5）。

与崇拜祭祀自然神灵相关的还有一种叫作"明堂"的建筑，是历代皇帝用于朝会诸侯布政施道、季秋大享祭天之所，是中国古代另外一种类似于坛庙的重要礼制性建筑。

2. 以祖先为主要崇拜祭祀对象的建筑

祭祀活动还包括对特定人物的崇敬，其中最为广泛的是对孔子的祭祀。孔子作为儒家学派的创立者，被尊奉为至圣先师，对他的祭祀成为一种重要的宗教仪式。

在普通百姓家庭中，祭祀祖宗也是一种常见的仪式。通过祭祀祖宗，人们表达对先辈的敬仰之情，传承家族文化，弘扬家风家训。这种祭祀活动既具有文化传承的功能，又有助于维系家族的凝聚力和连续性。

此外，一些地方还会有对当地著名人物的祭祀。例如，屈子祠用于纪念屈原这位杰出的爱国诗人，柳子庙致敬柳宗元，司马迁墓纪念史学家司马迁，林则徐祠堂纪念爱国将领林则徐等。这些祠庙代表着一种对历史人物的崇敬和纪念，反映了文化传统中对先贤的尊崇和传统的传承。这些仪式通过祭祀建筑的兴建和维护，将历史人物的精神永恒传承，为后人提供学习的楷模和道德的榜样。

为祭祀帝王祖先而建的庙宇叫作太庙（图8-6），为祭祀王公大臣等祖先而建的庙宇叫作家庙或祠堂。太庙仿宫殿"前朝后寝"形制：前设庙，供奉神主；后设寝殿，设衣冠几杖。

3.为祭祀历代名人先贤而建的庙宇

有孔子庙、晋祠（图8-7）、诸葛武侯祠、周公庙、关帝庙等。其中孔子庙（也叫文庙）在全国各地的府、州、县都设置，数量最多。曲阜孔庙规模宏大壮丽，最为著名。府县孔庙，规制也很隆重。

第二节　典型坛庙建筑

一、北京天坛

1.位置及平面布局

古人认为天属阳，而南为阳，祭天的圜丘应在国都之南郊。明清按此传统思想建圜丘坛建筑群于内城之外南面、外城永定门之内东侧，在北京城中轴线的东面（图8-8、图8-9）。

北京天坛由内外两重坛墙围合几组建筑群而成，占地面积达273公顷，是北京紫禁城的3.7倍。轮廓特征为北墙圆形、南墙方形，含有"天圆地

图 8-5
泰山岱庙/翁岩拍摄

图 8-6
清朝太庙/钟坤辰拍摄

图 8-7
山西太原晋祠/山棋羽拍摄

方"之象征意义。天坛总平面的主轴线在内坛墙内偏东，轴线南为祭天的圆丘坛建筑群，轴线北为祈祷丰年的祈年殿建筑群。南北两坛由一条高出地面3米多、宽约30米的超长甬道——丹陛桥相连，对主轴线起到了强调突出的作用。主轴线的西侧位置有一组坐西朝东的建筑群——斋宫，在外坛西墙内侧建"神乐署"和"牺牲所"作为附属建筑。坛墙内种植了大片苍翠茂密的柏树，使整个坛区内充满着宁静肃穆的敬天崇天的环境氛围（图8-10）。

2.圜丘坛建筑群

圜丘坛是皇帝冬至祭天之所，主要由圜丘、皇穹宇两部分构成。圜丘坛外被方圆两重内外壝墙围合，显然运用了"天圆地方"的象征设计思想，四面壝墙正中均建棂星门（图8-11、图8-12）。圜丘置于两重方圆壝墙所成平面的几何中心处，采用"露天筑坛"方式，古人认为可以产生"天人感应"的效应。在圜丘的营造中，古人以极阳数"九"象征"上天"的

图8-8
天坛位置 图1/周承君、杜冰璇、陆子鬻整理重绘

图8-9
天坛位置 图2/周承君、刘忍、陆子鬻整理重绘

图8-10
天坛平面图/周承君、刘忍、陆子鬻整理重绘

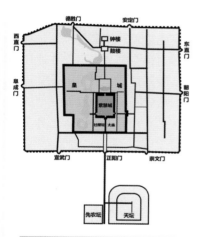

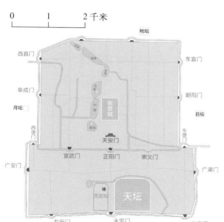

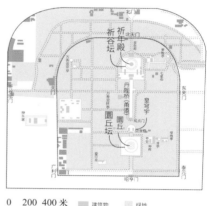

图8-11
圜丘台基/周承君拍摄

图8-12
圜丘外壝墙及棂星门/翁岩拍摄

设计思想被发挥得淋漓尽致。圜丘的附属建筑皇穹宇位于圜丘坛北面的一组由圆形围墙围合而成的小院内，是一座单檐攒尖顶、平面为圆形的殿宇，内供"昊天上帝"神牌，其东西配殿内供从祀的日月星辰和云雨风雷诸神神牌。

古代的自然观哲学认为天具有圆形的属性，地则呈方形，即所谓的"天圆地方"观念。由于天坛为祭天之地，其形状需要象征天空的特性，因此天坛中央的主要建筑群均采用了圆形的设计。而地坛位于北京北部，形状为方形，符合"天圆地方"的观念。因此，天坛中央最为重要的建筑群均以圆形作为象征天的元素，这种圆形攒尖的建筑形式的制作相对较为复杂。

在中国传统色彩体系中，存在一种等级差异。其中，黄色属于最高等级，其次是红色，然后是绿色和蓝色。然而，在天坛的设计中存在一个特殊的考量，因为天空的颜色是蓝色，所以在这里蓝色被视为最高等级的颜色。尤其是象征天的祈年殿等建筑，都采用蓝色作为主要色调，以体现对天的象征意义。蓝色的运用不仅仅是对自然的还原，更是一种象征性的表达。通过选择蓝色，强调了对天空的敬畏和崇高的追求，将蓝色视为一种神圣的颜色，与其他建筑的色彩等级区分开来。这种色彩选择不仅在建筑审美上体现了独特性，也深刻展示了对宇宙和自然的尊崇。天坛的设计巧妙地将自然观念、宗教信仰与建筑审美相融合，形成了一种独特而深刻的文化表达。

3.祈年殿建筑群

祈年殿（明代叫大享殿）是正月上辛日皇帝举行祈谷礼的地方。祈年殿建筑组群由祈年门、祈年殿、配殿等组成。其中最重要的建筑是祈年殿。祈年殿建筑构成方式为：下为3层石砌的圆形台基座，也叫作祈谷坛，坛上再筑祈年殿，采用"有屋而坛"的建造方式。整个建筑轮廓线层层上收，形体纯净、端庄、崇高、肃穆，是我国古代建筑的精品之一，如图8-13所示。

在明朝，北京天坛首次在坛台上建起名为"大祀殿"的建筑，该殿用于皇帝固定日期的祭天仪式。这些仪式在特定日期进行，不容更改。即使遇到风雨交加等恶劣天气，仍需按时祭天，因为逾期可能影响皇帝的健康。为避免天气不佳的情况，人们逐渐在坛台上搭建帐篷，后来演变为在坛台上兴建殿堂。因此，自明朝开始，在北京天坛的坛台上建造了一座大祀殿，后来演变成今天中心位置的祈年殿，这座殿堂以其精致而优雅的建筑风格成为中国的代表性旅游景点和文化遗产之一。祈年殿的存在是在天坛坛内祭祀活动的后期发展中形成的，并非最初坛内祭祀的主要特征。尽管天坛的祈年殿在现代成为象征性的标志，但并非最重要的元素。如今，大多数人提及天坛时都会联想到祈年殿，但从专业的角度来看，天坛中最为重要的是其中心位置的圜丘坛，圜丘坛才是皇帝正式举行祭天大典的主要场所。

天坛在坛内建筑中可谓最典型、最高级的代表之一，同时也是其中最为重要的一个。天坛之重要性可从其占地面积窥见一斑，其占地面积为北京紫禁城的三倍，彰显了其重要地位。祭天被认为是国家最崇高的仪式典礼，严格规定只有皇帝有资格祭天，其他人都不得进行此类仪式。尽管其他人可以祭地或祭其他对象，但祭天的权利唯有皇帝独享。圜丘的尺度和构件的数量都集中并反复运用数字"九"，旨在象征"天"并凸显与"天"的紧密联系。祈年殿通过圆形的形式和蓝色的色调，寓意着天空，内部的大柱和开间的设计巧妙地代表了一年的四季、二十四节气、十二个月和一天的十二个时辰，同时还象征了天上的星座。这一象征主义的设计凸显了天坛作为祭天场所的神圣性质，深刻表达了对宇宙秩序和天命的崇敬。其庞大的规模、精湛的建筑工艺以及深刻的象征主义使其成为中国古代建筑的杰出代表，也彰显了中国古代文化中天人合一、君臣一体的理念。

祈年殿作为中国古代建筑的杰出代表，展现了建筑艺术的巅峰之美。其建筑形式不仅体现了几何构造的精湛应用，更蕴含了对天地之道的深刻理解，具有深远的文化内涵。首先，祈年殿的建筑形式表现出其精湛的几何构造，呈现出令人惊叹的美感。三层圆顶的屋顶设计，展现了古代建筑师对几何形状的高度理解和运用。这三层屋顶的边线夹角精准，中央夹角近似30°，而两侧夹角接近60°。这种设计不仅彰显了古代建筑师几何学的精妙，更体现了他们对建筑技艺的高超把握。其次，在建筑的层次结构上，三层汉白玉台阶与屋檐形成巧妙的交汇，形成了三条延长的直线。从几何角度来看，这创造了三个稳定的三角形图案，进一步凸显了建筑的对称和平衡感。这种设计不仅在形式上注重对称，更在细节上追求精确，展示了古代建筑师对建筑结构的深刻理解和追求完美的态度。

祈年殿作为天坛的重要组成部分，呈现为三层结构，中央供奉着昊天上帝的牌位，以明显体现天地之间的区分。在祭祀仪式中，昊天上帝的牌位被请至前方的圜丘坛上，进行隆重的祭祀典礼。祈年殿的设计凸显了对天的尊崇和神圣仪式的隆重性。后方延伸出一条长300多米的砖石平台，即丹陛桥。该平台高于两侧地面，呈缓坡状朝着祈年殿方向延伸。其中一侧的平台相对地面高出约4米，逐渐升至祈年殿附近时达到约6米的高度。这种平台的设置不仅增加了视觉上的层次感，还强调了祈年殿的高贵和神圣。丹陛桥两侧栽种着苍松翠柏，延伸至天边，占据广阔面积，总面积甚至是故宫的3倍。这些植被的选择体现了中国古代皇家园林的传统，为整个天坛增添了一层深厚的文化底蕴。远眺前方，祈年殿及周边建筑群犹如天庭中的楼宇，而丹陛桥仿若缓缓通往天庭的路径，走在其上仿佛有步入天界之感。因此，天坛的建筑艺术及其周边环境的巧妙组合共同呈现了一种对天的崇敬和崇高之美，体现了中国古代文化中对宇宙秩序和天命的崇尚。

尽管古代建筑师设计时可能没有进行如此精确的几何分析，但通过丰富的经验和艺术直觉，他们精心调整各处石块的数量，使整个建筑呈现出非常美妙的几何造型。这种精密而巧妙的建筑艺术成就，被认为是中国古代建筑中的一项宝贵遗产，体现了中国古代建筑的高度技艺和艺术价值。然而，祈年殿的美不仅仅停留在形式上，更融入了对天的崇敬和对宇宙秩序的尊重，体现了中国古代文化的深刻内涵。建筑之美超越了单纯的物质层面，成为对古代文明和智慧的生动展示。

4. 斋宫

斋宫是天坛建筑群的一部分，是专门用于皇帝进行禁斋仪式的场所。其设计风格与一般皇帝的殿堂有所不同，平常的皇帝殿堂通常奢华华丽，而斋宫却以朴素而庄重的氛围著称。这种设计的背后蕴含着深刻的宗教和文化内涵，斋宫之所以朴素，是因为皇帝在天神面前进行祭祀仪式，需表示至高的恭敬。在这样的宗教仪式场所，若在此享受奢华生活，则可能被视为对天神的不敬之举。因此，皇帝在斋宫

图 8-14
无梁殿/蒋璨拍摄

图 8-15
斋戒铜人/杜冰璇拍摄

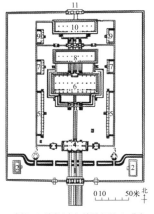

1.庙门；2.神库（东）、神厨（西）；3.井亭；
4.戟门；5.前配殿；6.正殿；7.中配殿；
8.寝殿；9.后配殿；10.祧庙；11.后门

图 8-16
北京太庙平面图/杜冰璇
整理

图 8-17
戟门/周承君拍摄

进行禁斋，通过清心寡欲的方式表达对天神的虔诚敬意。经过三天的禁斋后，皇帝前往天坛进行祭天仪式。在这期间，皇帝会寓居在斋宫主殿，表示对神明的谦逊和虔诚。

斋宫属于无梁殿，即采用砖石拱券而没有木质结构的大厅，该建筑内部几乎全为实心，仅在墙面中凿有窑洞状的孔洞，形成朴素的室内空间（图8-14）。相较于一般大殿采用木质梁架支撑的豪华结构，斋宫在其规模庞大的基础上，内部设计显得格外朴素。传统大殿的柱子和梁架通常会被精美装饰，而斋宫在这方面显得与众不同。这一设计理念表达了在建筑中的信仰体验，使斋宫成为一处与众不同的宗教建筑。斋宫前的月台上建有一小亭，中央矗立着一块小石台，其上立有一座铜质雕像，即"斋戒铜人"（图8-15）。这一雕像代表着唐朝著名宰相魏征，他在唐太宗时期因在皇帝身边坚持真实、直言不讳而备受尊敬。

在中国，皇帝被视为最高的统治者，其殿堂通常采用黄色琉璃瓦，以黄色象征皇权和至高无上的地位。皇帝在祭天之前需进行斋戒，而在这个特定的仪式场合，天坛的斋宫并不采用黄色，而是选择绿色。这种绿色的选择在一定程度上展现了对天的谦逊和尊重，形成了一种象征性的表达。这也强调了在古代社会理念中，天是最高的存在，皇帝在祭天时需展现出谦逊和顺应的精神，以示对宇宙秩序和天命的顺从。天坛中斋宫采用绿色的琉璃瓦，成为一种文化象征，不仅体现了对天的虔诚和崇敬，同时也展现了皇帝在祭天仪式中的宗教态度。这种色彩的选择不仅在视觉上产生独特的效果，更深刻地反映了当时社会对天命观念的体现和对皇权的审慎对待。

二、北京太庙

现存的明清北京太庙创始于明永乐十八年（1420年），是明清两代帝王祭祀祖先的宗庙，位于紫禁城前面东侧，即北京城南北中轴线之东，与中轴线西侧的社稷坛共同构成"左祖右社"的布局方式。嘉靖年间重建，清代又增修，其规模和格局一直保持到现今。

明清北京太庙总平面为两重墙垣围成的呈南北中轴线对称布局的矩形平面（图8-16）。在南北中轴线上，从南到北依次排列着：外垣南门（正门）、单孔白石桥、内垣正门（戟门）（图8-17）、庭院、正殿（图8-18）、寝殿、祧庙。沿此轴线两侧从南到北分别设置前、中、后配殿。另外还有神库、神厨、井亭等附属建筑。正殿原为11间，下为三重汉白玉须弥座台基，上为黄琉璃瓦重檐庑殿顶，属最高等级形制，殿内明间与左右两次间用金箔满贴柱梁、斗拱、天花。整个太庙建筑群，主次分明，错落有序，加上层层浓密的松柏林覆盖，在空间意境上取得了祭祀建筑所需要的宁静、肃穆、庄重的氛围。

三、曲阜孔庙

山东曲阜孔庙始建于公元前478年，由孔子旧居改建而成，后经历代重建扩建，至明代形成了现有规模。曲阜孔庙占地面积约14万平方米，东西最宽处153米，南北最长处651米，沿南北中央主轴线前后布置九进院落，左右对称，布局严谨，气势宏伟（图8-19）。曲阜孔庙是一处拥有殿、堂、坛、阁460多间，门坊54座，御碑亭13座的庞大建筑群，是现今分布于国内外的数千座孔子庙的范本，也是中国古代大型名人先贤祠庙建筑的典范（图8-20）。

图 8-18
正殿 / 周承君拍摄

1. 空间布局

　　曲阜孔庙前三进院落是引导性空间，其中只有体形较小的层层门坊，院中遍植成行的翠柏，浓荫蔽日，创造出宁静幽深的环境气氛。高耸挺拔的翠柏间是一条幽深的甬道通向前方，既使人感到孔庙历史的悠久，又烘托了孔子思想的深邃。从第四进院落起为孔庙的主体部分，四面院墙围合，四隅新建角楼，规制很高。该部分的中轴线从南向北依次穿过大中门、同文门、奎文阁、大成门之间的连续过渡空间，最终到达此空间序列的高潮部分，即孔庙的中心建筑——大成殿（供奉孔子和孔门诸贤）（图8-21），大成殿之后设寝殿（供奉孔子的夫人）。

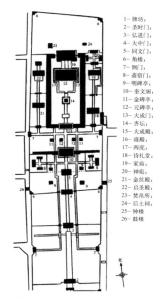

1—牌坊；
2—圣时门；
3—弘道门；
4—大中门；
5—同文门；
6—角楼；
7—倒门；
8—斋宿门；
9—御碑亭；
10—奎文阁；
11—金碑亭；
12—元碑亭；
13—大成门；
14—杏坛；
15—大成殿；
16—两庑；
17—诗礼堂；
18—寝殿；
19—家庙；
20—神庖；
21—金丝殿；
22—启圣殿；
23—焚帛所；
24—后土祠；
25—钟楼；
26—鼓楼

图 8-19
曲阜孔庙平面图 /
杜冰璇整理

2. 奎文阁

　　是孔庙中的藏书楼，建于明代。面阔7间、进深5间。外观二层三檐，黄瓦歇山顶。内部两层，中设暗层，层叠式构架，底层木柱上施斗拱，拱上再立上层木柱。阁的上层藏书，下层即作为中路通行的殿门（图8-22）。

3. 杏坛

　　相传为孔子讲学的地方，在大成殿前庭院中心。坛周围环植杏树，因而称为杏坛。金代以后在坛上建亭，明代又改建为重檐十字脊方亭，四面悬山，黄瓦朱栏，雕梁画栋，彩绘精美华丽（图8-23）。

4. 大成殿和寝殿

　　大成殿是孔庙的主殿，现存建筑是清代重建而成。面阔9间，进深5间，高24.8米、宽45.78米、深24.89米，上覆黄琉璃瓦重檐歇山顶，屋身绕回廊（廊柱均为雕龙石柱），下为两层台基。大殿体形高耸，庄严肃穆。两山及后檐是18根浅浮雕云龙石柱，前廊为10根深浮雕双龙对舞石柱，衬以云朵、山石、涛波，各具变化，无一雷同，造型优美生动，是罕见的石刻艺术瑰宝。殿内供奉着孔子和孔门诸贤的塑像。大成殿之后是供奉孔子夫人的寝殿，寝殿与大成殿的台基相连成"工"字形平面，形成"前殿后寝"的布局方式。寝殿面阔7间，进深4间，黄琉璃瓦重檐歇山殿（图8-24、图8-25）。

图 8-20
曲阜孔庙万世师表坊 /
翁岩拍摄

四、南岳大庙

　　祭祀建筑不仅包含一般祭祀人物的庙宇，还有对五岳的祭祀，包括

图 8-21
大成殿 / 翁岩拍摄

东岳泰山、西岳华山、南岳衡山、北岳恒山、中岳嵩山。五岳庙的设立实际上反映了政治上的神圣化，而非宗教信仰。五岳在中华传统文化中有着深厚的象征意义，被视为五方之神明，其祭祀活动旨在彰显皇帝的至高地位，强调其与自然之间的神圣联系。这一系列祭祀仪式在历史中被视为维护天命的一部分，通过对五岳的祭祀，展示了皇家对国家命运的掌控。五岳的祭祀是国家级的，属于皇家祭祀，其庙宇建筑也与皇家建筑等级相当。以中岳庙和南岳大庙为例，它们的大殿均采用了重檐歇山顶九开间的设计，建筑规模巨大，黄色琉璃瓦的使用也体现了与皇家相当的建筑规格（图8-26）。

在历史上，五岳庙的祭祀活动还具有一种政治象征，即天下统一的象征，在宋朝时期，北方存在着与汉族政权并存的辽、西夏等少数民族政权。随着时间的推移，这些少数民族政权南下争夺领土，最终导致北宋的覆灭。在北方，少数民族政权逐渐占领主导地位，而汉族政权被迫撤退到南方，形成了南宋。后来蒙古族崛起，建立了元朝，并继续南下，最终征服了南宋，统一了整个国家。在这个过程中，东、西、南、北四岳相继失守，只有南岳衡山保持了汉族政权的统治，这使得南岳成为汉族政权的象征。因此，五岳庙的祭祀在这一时期具有特殊的政治含义，代表着南方汉族政权在整个国家动荡时期的顽强存在和统一的愿望。

长江以南的地区在宋以前被认为是相对落后的蛮荒之地，在北方失守的时候，南方成为重点发展的区域，在宋朝之后有较大的发展。这使得南方的文化、宗教和政治中心得以崛起。在这个过程中，南岳衡山作为南方

图8-22
奎文阁/蒋璨拍摄

图8-23
杏坛/蒋璨拍摄

图8-24
寝殿1/翁岩拍摄

图8-25
寝殿2/翁岩拍摄

图8-26
南岳大庙圣帝殿/杜冰璇拍摄

的一个象征性山岳，因其在汉族政权统治下而成为重要的祭祀地点。南岳因此成为南方地区文化、宗教和政治发展的核心，也在一定程度上反映了当时南岳在这些领域的独特地位。

　　南岳大庙的宗教祭祀文化伴随着南方神祇的崇拜而产生，在这一祭祀体系中，南方关联火的属性，而火神是祝融。南岳衡山的祝融峰是该地区最高的山峰，成为祝融神的象征，因而在南岳大庙的宗教体系中，祝融成为祭祀的焦点。随着南宋政权向南发展，形成了一个中心，吸引了其他宗教的依附。明朝时期，佛教和道教开始在南岳大庙周围发展，到了清朝初年，这里形成了东边八个道观和西边八个佛寺的独特格局，即八寺八观，将南岳大庙环绕在中央（图8-27）。这种独特的布局在其他岳庙中并不常见，强调了南岳大庙在皇家祭祀中的地位，并成为佛教和道教发展的中心。

图 8-27
南岳大庙布局

深度阅读

孔庙

第九章
中国古代陵墓建筑

陵墓建筑是中国古代建筑的重要组成部分，依据中国古代独特的灵魂观，人们普遍重视丧葬。因此在历史的演进中，无论各个阶级均在陵墓的建设上花足心血，这使得中国古代陵墓建筑取得了长足的发展，并留下了如秦始皇陵、西汉茂陵、唐乾陵、明十三陵等举世瞩目的作品。陵墓建筑独具特色，显著体现在其分为地下结构和地面建筑两个部分。地下结构呈现出宏伟壮观的景象，展示了中国独有的建筑技术。特别是随着拱券技术的发展，陵墓建筑获得了卓越的成就。这种独特的技术不仅凸显了建筑的精湛工艺，还为陵墓地下空间的雄浑氛围提供了支持。通过对拱券的运用，陵墓地下结构得以精致布局，形成了宏大而有序的空间布局。同时，地面建筑也不可忽视，作为陵墓的象征性展示，其建筑风格和装饰更加凸显了尊贵与庄重。因此，陵墓建筑以其地下拱券技术的壮丽和地面建筑的雄伟气势，展现了中国古代建筑在墓葬领域的卓越艺术成就。

第九章要点概况

能力目标	知识要点	相关知识
掌握古代陵墓建筑发展的简单脉络	古代陵墓建筑的发展概况	不同时期的陵墓实例介绍
能分析不同时代陵墓建筑的形制特点和空间序列的布局特征	西汉茂陵的"方上"陵体形制；唐乾陵的因山为陵的空间特色；明十三陵的整体规划特征	西汉茂陵、唐乾陵、明十三陵的布局特征

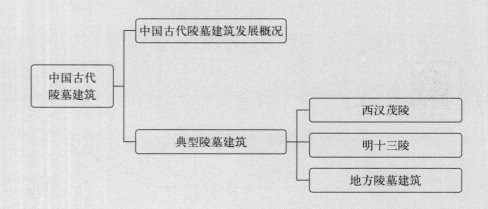

唐代皇帝陵墓中有18座位于渭水以北的乾县、醴泉、泾阳、富平、蒲城一线山区。其中献陵、庄陵、端陵位于平原，其余均是因山为陵。

乾陵为唐高宗李治和武则天的合葬墓，在陕西咸阳乾县以北，依梁山主峰为陵。在山腰开凿墓道、墓室。有环绕主峰四周的方形平面土筑陵墙（四角有包砖土阙），其残迹东西宽1450米，南北长1538米，墙基宽2.5米。四面正中设门，每门外建包砖土阙（已残损），现存最大的为南门之阙，高8.5米，深16.5米，宽21米（图9-1）。自南门（朱雀门）向南即4千米长的神道，设3道阙。南端第一对阙残高8米，中部第二对阙建在东西连亘的双乳峰上，最后一阙即朱雀门之阙。阙内神道两侧分立石柱、飞马、朱雀、石马、石人、碑、蕃酋像、石狮等。

唐乾陵选址精心，设计构思独具匠心，把墓室凿于高耸的梁山中，利用梁山前高度低于梁山且对峙而立的双峰，来营建墓前双阙，又把神道设置得漫长而深远，从而创造出了皇陵建筑崇高雄伟、庄严肃穆的环境氛围。唐乾陵因山为陵的目的是以山的高大雄伟气势和永恒，来衬托皇帝的权力至上和永垂不朽。

在世界建筑发展的漫漫长河中，有一种特殊的建筑，雕梁画栋，极尽建筑装饰之能事，但却从来不给人居住，而是让人们去纪念、缅怀和崇拜。这就是古今中外人们都格外重视的陵墓建筑。下面我们将以本章内容详细介绍陵墓建筑的成就。

第一节　中国古代陵墓建筑发展概况

陵墓作为一类建筑，具有其独特的特性。中国古代的陵墓，尤其是皇家和贵族的陵墓产生了深远的影响（图9-2、图9-3）。其中一个重要因素是陵墓下通常包含一座地宫，即地下宫殿。在古代陵墓建筑中，地宫是陵墓下部的一个重要组成部分，它通常包含各种房间和通道，这种建筑形式在中国古代的皇家陵墓和贵族陵墓中非常常见。

地宫的建造有几个重要的目的和功能。首先，它通常被用于安置君主或贵族的棺椁。其次，地宫可能包含陪葬品等。此外，部分地宫还可以被视为祭祀和纪念活动的场所，君主或贵族的后人可能在这里进行祭祀仪式。

图9-1
乾陵南阙/山棋羽拍摄

图9-2
黄帝陵祭亭/黄真真
拍摄

图9-3
大禹陵碑/黄真真拍摄

地宫建筑的设计和规模因陵墓的等级和规模而异，反映了不同历史时期的建筑风格和文化传统。规模宏大的陵墓通常拥有庞大而复杂的地宫系统，包括多个大厅、通道和墓室。地宫的这些设计展示了统治者的权威和地位，同时通过装饰细节体现了当时的建筑风格和文化审美。在地宫建筑中，装饰元素扮演着重要的角色，不仅是为了美化空间，更是为了传达宗教和文化的内涵。这些装饰包括雕刻、壁画、石刻等，反映了当时社会的信仰和审美追求。地宫作为陵墓建筑的一部分，不仅是统治者永眠之地，更是文化和历史的载体，呈现了中国古代建筑的精湛工艺和深厚内涵。中国古代陵墓建筑发展如下。

原始社会时期，常见的墓葬形式是土坑竖穴墓。这类墓由地面垂直下挖而成，依平面的形状分为长方形、方形、圆形或椭圆形、三角形、不规则形等，其中以长方形墓最为多见。个别也有用卵石砌出墓室或以红烧土块铺垫墓底。

殷商时期，墓葬中开始出现墓道、墓室、椁室以及祭祀杀殉坑等。最有代表性的是武官村大墓和安阳市妇好墓。妇好墓没有墓道，墓室为长方形矿井式，墓的地面上有房基一座，可能为用于祭祀的建筑。

周代陵墓，地面之下的棺椁有了天子七重、诸侯五重、大夫三重、士二重的等级规定，地面开始出现封土。

春秋战国时期，帝王墓称为"陵"，地面封土上设置祭祀用的亭堂建筑。如河北平山县战国中山王墓封土为92米×110米，墓中出土的铜版错银兆域图显示了该墓的陵园建筑布局为：两道土墙环绕，墙内横列5墓，墓上对应有5座享堂并在同一个土台上。战国末年，河南一带开始用大块空心砖代替木材作墓室壁体。

秦代封土为覆斗形"方上"陵墓形制，地宫位于封土之下，已开始形成地下和地上建筑相结合的群体，如秦始皇骊山陵（图9-4）。

汉因秦制，帝陵下为地宫，地面则凸起为方形截锥体陵台，称为"方上"（如平顶之金字塔），并建陵园，设庙和寝两部分，仿宫中"前朝后寝"布局。庙中藏神主，四时致祭；寝中放皇帝生前生活用具，一如生前生活场景。陵园四面设陵墙和门阙，呈十字轴线对称，还在陵前设石麒麟、石辟邪、石象、石马等雕像。在西汉的中小型墓室中，大块空心砖墓盛行一时，至东汉发展成以小砖为材料的拱顶墓室（图9-5）成为墓室主流。西汉末年的墓中已有了便于无模施工、砖缝水平状的叠涩砌的穹隆顶墓室（图9-6）。

北魏宁陵出现了墓塔建筑物。南朝皇陵在神道两侧设置对称的石雕刻，一般布局为：最前面一对是相对而立的石兽，如天禄、麒麟（图9-7）、辟邪；第二对是神道石柱（墓阙或华表）；第三对是石碑。南朝皇陵神道石刻是中国石雕艺术的奇葩。

隋、唐皇陵做法是因山为陵，开凿地宫，修建陵园。唐代因供食不

图9-4
秦始皇陵/山棋羽拍摄

图9-5
拱顶墓室/周承君拍摄

图9-6
穹隆顶墓室/周承君
拍摄

便，将献殿设在陵园南门内，相当于庙，称上宫。并在山下建下宫，相当于寝，以便供食，形成了上、下宫制。唐陵因袭汉代四面设陵门的布局，加长陵前神道，并且门阙及石像生增多，陵区内多设陪葬墓。唐朝的帝王陵墓尚未进行正式发掘，但一些太子和公主的陵墓已被打开并进行了发掘，其中包括章怀太子墓、懿德太子墓和永泰公主墓，这为研究唐代文化、艺术和社会生活提供了宝贵的资料。地宫墓道内的壁画图案尤为引人注目，生动地展现了当时社会生活和文化的特征，成为研究唐代绘画艺术和社会风貌的珍贵文献。进入这些陵墓的墓道，可以看到墓道两侧的壁画图案，这些图案以其细腻、精湛的技艺，以及对唐代社会生活的真实呈现而脱颖而出。

五代十国时期，皇陵建筑形体小而精确，但不失规制。

北宋皇陵开始集中布置，如位于今天河南巩义市的陵墓，各陵的一般布局为：各陵占地一般称为"兆域"，"兆域"内布置上、下宫及陪葬墓。上宫由正方形的神墙环绕，四面各辟神门，门外各有门狮一对，中央为"方上"陵台，地下深处为"皇堂"（地宫）。上宫南神门外设神道，神道两侧分别设成对的鹊台（双阙）、华表（石望柱、石人、石兽等），似乎在模仿文武百官班列朝见的场面。陵的西北是皇帝死后供其灵魂衣食起居的地方，称为下宫。

宋朝的陵墓建筑风格反映了当时的时代特征，展现出与历史上其他时期不同的建筑氛围。相对于那些宏大雄伟的宫殿和陵墓，宋朝的建筑具有秀丽的风格，呈现出一种独特的柔弱之美。宋代建筑被认为是石头的史书，生动形象地展现了时代的特征和文化风貌。宋代建筑更注重细腻的雕刻和雅致的造型，这种建筑特征反映了当时政权相对稳定、社会相对和平的局面，人们对于文化和艺术的追求得以充分展现。与政治相对弱小不同，宋朝在经济和文化方面却达到了繁荣和发达的顶峰。这种繁荣也在文化和艺术领域得到了体现，宋代文人追求的是雅致、深沉的文学艺术表达，而这种追求也反映在建筑风格上，强调建筑的精致和艺术性。在这个独特的时期，宋朝的陵墓建筑通过其柔美的风格，生动地展现了时代的特征，体现了一种在柔弱中追求优雅和深邃的审美理念。这种文化风格不仅影响了当时的建筑形式，也留下了深远的历史印记。

辽金时期的陵墓建筑有其自身的民族特色，陵前建正方形享殿，前置月台，两侧出回廊成院落，西夏王陵则独具特色（图9-8）。

元代皇帝因实行秘密埋葬，不建地上陵墓，采用马踏葬坑埋土为墓形式，也无标志。

明代皇陵因山为陵，集中布置，神道深远，遍植松柏，并以建筑轴线把陵体、祭祀建筑连为一体，在祭祀区以多进的院落空间进行组合，强调了朝拜祭祀仪式的隆重性（图9-9）。如南京明孝陵，第一进陵门内为神厨、神库；第二进陵门内为祾恩殿；第三进内红门内为石几筵与一座明楼。明

楼是明代陵墓的独创。其地下宫殿上起圆形坟叫宅顶，又用墙垣包绕，叫宝城，南侧即为方城明楼。到明代，地面陵体实现了由封土丘、方形陵台向圆形宝城宝顶造型的转换。

清代皇陵沿袭明制，但各陵神道分立，与明陵稍有差异。清代的陵墓呈现了多样的石像生形象，其中包括来自外国的形象，如印度人，这反映了当时清朝与外部世界的国际交往。在这一时期，清朝接待了来自外国的使臣，进贡文物成为一种国际交往的表达方式。这种多样的石像生形象不仅是对当时国际关系的见证，也展示了清代的文化开放和包容。清代陵墓主要分布在河北的遵化和易县，遵化的清东陵和易县的清西陵埋葬了一批清朝的帝王和皇后，而埋葬了努尔哈赤、皇太极的陵墓位于辽宁沈阳。这些陵墓的选择和分布反映了清代的政治历史和帝陵制度的演变。

我国古代陵墓建筑一般分为地下和地面两部分。地上建筑在整体布局中占据重要位置，主体通常为后方的山包，而底下则是地宫。这种布局使得陵墓在外观上呈现出宏伟的山状景象，彰显了帝陵的尊崇地位。地上建筑的主要元素包括祭奠拜殿和山门等。祭奠拜殿是供奉祖先、进行祭祀仪式的场所，而山门则是陵墓的正式入口，常常具有宏伟的建筑风格，体现了皇陵的威严。神道是连接陵墓和外界的通道，其方向通常指向主陵的大门，具有神圣的象征意义。进入祭祀建筑的主体时，人们会经过一个大门，标志着进入祭奠区域。祭奠区域的后方通常设有方形的城台，上面建有方城明楼，内部安置着记录皇帝生前功绩的碑石。这种布局不仅展示了帝陵的严肃祭奠仪式，同时通过建筑元素的精心设计，体现了对帝王功绩的高度敬仰。

地下部分即为地宫，包括墓室和随葬品等，地下的墓室一般由木、砖、石三种材料构造。地面部分有封土丘，或方形截锥体陵台，或因山为陵，或宝城宝顶以及配套的其他诸多陵园建筑。另外，在漫长的发展过程中，陵墓建筑逐步与绘画、书法、雕刻等诸多艺术融为一体，成为反映多种艺术成就的综合体。陵墓的地宫通常包括一个长长的墓道，通向地下深处，然后有一个巨大的石门，打开后进入地宫。地宫内部精心设计，通常容纳着庞大的棺床，用以安置陵墓主人的棺椁。

陵墓的兴建是一项漫长而精心计划的工程，常常耗费数十年之久。在一个国家建立或一位皇帝即位之际，便可能启动陵墓的规划和兴建，为统治者在死后提供一个庄严肃穆的永久安息之所。在中国古代，陵墓的兴建是一项极具深远意义的工程，其规模和豪华程度往往反映了君主对地位和来世生活的期许。君主在规划陵墓结构时需要借助当时的建筑专业知识，精心设计地宫、墓道和墓室，以展示建筑工艺的高超水平，并确保陵墓满足其功能需求。此外，工程规划方面也至关重要，君主需周密考虑人力、物力投入，同时合理安排工程进度，考虑地理环境和地质条件，以确保陵墓的稳固和持久。

古代建筑中，营造空间的方式主要有两种：一是梁柱结构，通过柱子支撑横梁，构建出空间；二是拱结构，通过砖石建造拱券，创造出大跨度的空间。木结构一直是主要的构建方式，以柱梁架构为代表。然而，在地下兴建宫殿或陵墓时，由于潮湿和阴暗的环境木结构可能不耐久，于是砖石结构成为更适宜的选择，尤其是在地下宫殿的建造中，砖石的拱券结构因其坚固性和耐久性成为一种更为理想的建筑形式。砖石结构在地下建筑中的运用，不仅使建筑更能适应湿润环境，还提供了更大的抗压和抗震能力。拱券结构的采用不仅能够支撑地上的重量，还有效地分散了地下结构的荷载，确保了建筑的稳固性和安全性。拱券结构可以有效地支持大跨度的屋顶或天花板，使得建筑在不需要中间柱子支撑的情况下创造出宽敞的空间。这对于地下宫殿或陵墓来说尤为重要，因为这些空间需要更大的灵活性和稳定性。

第二节　典型陵墓建筑

中国古代陵墓的建造过程涉及大规模的资源和劳力投入，这与中国独有的宗教观念密切相关。在中国古代的信仰中，存在着一种坚信死后生活质量与丧葬仪式和墓地质量紧密相连的观念。陵墓的建造被视为创造逝者来世生活环境的手段，陵墓规模与豪华程度往往被视为对来世幸福和安宁的一种追求。

帝王的陵墓建设一直以来都是举全国之力而完成的浩大工程，是当朝经济实力、建筑文化的集中体现。陵墓的建造涉及相当长的时间和大量的资源投入，此过程不仅展示了统治者的权势，也反映了社会对皇权的崇拜和对逝者的尊重。一位皇帝一旦过世，陵墓的程序便启动，其安葬过程往往符合特定的仪式和遵循历史上的传统规范。首先，陵墓的大门被打开，将皇帝的棺材送入其中，并根据一定的仪式将其放置在适当的位置。这个仪式可能伴随着盛大的祭祀和宗教仪式，强调了统治者在生死间的神圣地位。有时，皇帝在生前可能会留下遗嘱，明确规定陵墓的使用方式，包括在皇后去世时是否也要打开陵墓并将其送入，体现了对皇后的尊崇和对夫妻关系的重视。

以明定陵为例，墓室内设有六个棺材槽，可能分别为皇帝本人、皇后以及其他相关人物。每个人都按照特定的仪式逐一入葬，这种分层安葬的方式反映了对各个皇室成员身份的严格区分。这种陵墓安葬方式在历史上并不罕见，它反映了古代社会对于逝者的尊崇和对统治者家族的重视。秦始皇陵被视为中国历史上第一座规模庞大的陵墓，陵墓的庞大规模展现了对统治者权威和地位的崇高礼赞。唐高宗李治和武则天夫妇合葬的乾陵也是一个显赫的例子，这个陵墓见证了唐代帝室的辉煌和对于皇帝及其配偶的合葬传统。

一、西汉茂陵

汉承秦制，地面建造"方上"陵体及陵园。西汉有11座帝陵，均在汉长安附近。其中汉武帝的茂陵（图9-10）规模最大，其方截锥体陵台是最大的"方上"，由夯土筑成，底边长230米，高46.5米，"方上"顶部残留有一些柱础，方截锥体斜坡下面堆积很多瓦片，表明其上曾有建筑。其平面布置以方截锥体"方上"为中心，陵体四周设夯土陵垣墙，东西长430米，南北长414米，每面正中设陵门，门外再建双阙。汉武帝在位53年，曾动用全国赋税收入的三分之一作为建陵和搜置殉葬品的费用，营陵时间最长，死时陵区树已成荫。其工程巨大，殉葬品奢侈且数量众多，以致无法容纳。

在茂陵的总平面内，西北有李夫人的英陵，东面有霍去病、卫青、金日磾、霍光等人的12座陪葬墓。其中大将军霍去病墓陵上存留石刻10余件，有虎、羊、牛、马等，手法古拙，其中以"马踏匈奴"石雕（图9-11）最为著名，是中国早期石刻艺术的杰作。古时候北方的匈奴频繁南下侵袭中原地区，成为汉朝的一大威胁。霍去病和卫青成功征服匈奴，为汉朝立下了赫赫战功。"马踏匈奴"石雕通过形象生动的方式，展示了将

图9-10
汉茂陵/杜冰璇拍摄

图9-11
汉霍去病陵前"马踏匈奴"
石雕/杜冰璇拍摄

领在战场上的威猛和对敌军的毫不留情。这一场景的雕刻，既是对霍去病个人英勇事迹的纪念，也是对整个汉朝军队战功的隆重表达。所以他死后，汉朝皇帝赋予了他类似皇陵一般的隆重葬礼，显示了对其卓越军功的高度重视。

南朝陵墓中的石雕作品，尤其是石像生，成为对将领功绩的生动呈现。石像生一词包括对动物和人物的雕刻表现，通过这些石雕作品，历史得以生动地呈现在后人眼前，成为对古代将领事迹的珍贵见证。南朝陵墓中的石像生还包括了一种象征性强烈的元素，即辟邪。辟邪作为一种神兽，是中国古代传说中的神秘生物，代表了神秘而非现实存在的动物。类似于龙、凤等神兽，辟邪的形象通常被想象为巨大而神秘的存在。这些石雕作品体现了中国古代文化中对神秘、超自然元素的追求，同时也寄托了人们对于神兽护佑的信仰。在南朝陵墓中，辟邪的形象通过石雕作品得到生动呈现，成为古代文化有力的物证。

二、明十三陵

明十三陵位于北京城北约45千米的天寿山南麓，于永乐七年（1409年）从长陵营建开始，200多年间共有13位皇帝陵墓在此建造。明十三陵独特的设计方式在于其创新性地采用了一条共享的主神道，与传统的单独神道形成鲜明对比（图9-12）。这一主神道的入口处矗立着宏伟的牌楼，象征着皇帝的至高权威，而穿越整个神道，人们可以进入连接着13座皇帝陵墓的通道。这种设计体现了对皇陵整体联结和皇室家族统一性的强烈追求，彰显了明代对于皇权集中的理念。

传统皇帝陵墓的设计通常包括一座陵墓和一条独立的神道，而神道两旁的华表则被视为皇帝权力的象征。然而，明十三陵的设计打破了这一传统，多座陵墓共享一条神道。这或许意味着明代希望通过共享神道传达出皇室家族的整体团结和皇权的稳固统一。在神道的入口处耸立的牌楼更加凸显了皇权的威严，象征着皇帝在生死间的神圣地位。此外，对于华表的规定也在十三陵中得以反映。传统规定中，只有与皇帝直接相关的建筑才可设置华表，其他地方则不应该设置。这一规定在十三陵的设计中有一定的突破，因为共享的主神道上设置了多个华表，使其成为皇陵整体建筑的一部分，而非仅与单座陵墓关联。

该地段南面敞开，其他三面被山环抱，南面山口处有龙山、虎山如双阙对盘，是一处风景胜地。明成祖朱棣的长陵（图9-13、图9-14）规模最大，地位突出，其前方有一条长约7千米稍有曲折的神道，这也是整个陵区共用的唯一神道。神道最南端始于5间11楼的石牌坊（图9-15），向北依次设大红门（图9-16）、碑亭、望柱、18对石像生和一组棂星门，再北至长陵之间约4千米。诸陵以长陵为中心，形成了恢宏壮阔而宁静肃穆的陵区氛围。陵区选址和整体规划构思充分体现出自然环境美与建筑艺术的高

图9-12
明十三陵陵区总平面
图/杜冰璇整理

度融合。长陵以天寿山主峰为背景，平面布局仿"前朝后寝"模式，由三进院落空间和其后的圆形宝城组成：第一进院内设神厨、神库等；第二进院内是长陵的主体建筑裬恩殿；第三进院内设二柱门和石五供（上供白石雕成的一个香炉、两个花瓶、两个烛台）。院北正中为方城明楼，后部连接宝城宝顶，宝顶封土之下为地宫。其他各陵布局都参照长陵制度由裬恩门、裬恩殿、方城明楼和宝城宝顶等组成，但尺度较小。

中国现存最大的三座古建筑分别是北京故宫的太和殿、北京太庙的大殿以及长陵的裬恩殿。裬恩殿采用了重檐庑殿顶，共九个开间，汉白玉台阶高耸入云（图9-17）。殿堂的气派十分宏伟，展现了明代建筑的雄伟风采。裬恩殿前的裬恩门正对主殿，裬恩殿内部更是壮观非凡，整根金丝楠木的柱子高度超过20米，这根金丝楠木的表面甚至没有油漆，几百年过去了仍然不腐烂。这种金丝楠木的保存状况在当今已经罕见，由于北方气候较为干燥，这种保存得相当完好的金丝楠木在今天很难再找到，显示了当时建筑工艺的卓越和珍贵。长陵体现了明代建筑的高超水平，裬恩殿的建筑风格体现了当时建筑技艺的最高水平。殿内的巨大金丝楠木柱子更是一项技术和艺术的壮举，其高耸入云的姿态彰显了永乐皇帝对建筑的雄心壮志。这座裬恩殿不仅仅是一座陵墓建筑，更是中国古代建筑艺术的杰作之一，为后世留下了宝贵的文化遗产。

裬恩殿前的大院子四周被城墙环绕，形成了一个庄严肃穆的祭祀区域。这座城墙周围提供了供人行走的路径，使人们能够在上面漫步，体验宁静而肃穆的氛围。一旦进入这个庄严的院子，人们就会置身于祭祀的庄严氛围之中。方城明楼位于庭院的后方，其下是通往地宫的入口，展现了陵墓建筑中布局合理而有序的设计。在这个区域，可以看到两座并列的陵

图9-13
长陵/周承君拍摄

图9-14
长陵鸟瞰/翁岩拍摄

图9-15
明十三陵石牌坊/翁岩拍摄

图9-16
大红门/蒋璨拍摄

图9-17
裬恩殿/周承君拍摄

墓，主体建筑位于前方，安葬着清朝两位著名的皇太后——东太后慈安和西太后慈禧。慈安太后和慈禧太后在生前的地位略有差异，但在陵墓建造过程中，慈禧太后亲自主持工程。由于封建礼仪和权力结构的影响，慈禧太后必须在慈安太后面前表示恭敬，因此，两人的陵墓被安排在一起并完全相同，建筑规模、使用材料等都是一模一样的。这种安排既表达了对慈安太后的尊重，也反映了封建社会中的礼仪和权谋。慈禧太后亲自参与陵墓建造的事实凸显了她在政治和文化方面的强大影响力。两位皇太后的陵墓设计一致的布局展示了当时社会的等级和权力结构，体现了封建社会中权谋与礼仪的复杂交织。慈安太后逝世后，慈禧太后立即对自己的陵墓进行重新修建，提升了规模和等级，并采用了更为豪华的材料。尽管外观上看起来仍然一样，但在规格和材料上，慈禧太后的陵墓超越了慈安太后的陵墓。陵墓内祭奠之地装饰着巨大的金丝楠木立柱，雕梁画栋十分豪华，显示出慈禧太后对陵墓建筑的极致追求。这种修建行为不仅彰显了她在社会地位上的显赫，更凸显了她对于建筑艺术的独到眼光和追求卓越的态度。

定陵地宫（图9-18、图9-19）位于北京明十三陵，是明朝万历皇帝的陵墓，也是唯一一个国家正式进行发掘工作的地宫。该陵墓具有独特而引人注目的建筑特征，其主要特点体现在深远的墓道和通往中央的石门拱券上。首先，陵墓的墓道设计深远且复杂，展现了古代工程技术的高超水平。这些墓道以巧妙的布局，将陵墓地下空间组织成庞大而有序的结构，体现了对祖先的崇高敬意。其中，石门拱券作为墓道的中央要素，呈现出独特的建筑风格。其次，陵墓的神道和墓道两侧的墙壁上有丰富的图案和精致的装饰，展示了古代工匠在艺术上的卓越造诣。这些图案不仅具有装饰性质，更承载了丰富的文化内涵，反映了当时社会的价值观和审美取向。

三、地方陵墓建筑

湖南新化的维山古墓虽然规模一般，但是墓室壁上的壁画成为文化考古学的宝贵发现。墓室内的壁画为研究古代文化、宗教信仰和生活方式提供了独特的线索。这些壁画中的十二个兽首人身的生肖像的描绘引人入胜

图9-18
定陵地宫内部/
杜冰璇拍摄

图9-19
定陵地宫金刚墙/
杜冰璇拍摄

（图9-20），尤其引人注目的是十二生肖中的猫，这与今天的传统十二生肖略有不同，体现了文化在不同时代的演变。猫的存在表明古代文化对生肖的认知可能与现代略有出入，这种变化反映了当地文化独特的观念或传统。壁画中还有不同武士手持各种武器，如弓箭、长矛和盾牌，有的甚至在敲击鱼骨，这或许反映了当地军事技能、战争方式以及军事与文化的交融。

　　唐朝时期的皇陵建造在空间布局和构建方式上呈现出独特的特色，深刻地反映了当时的文化和宗教信仰。相较于传统陵墓，唐代陵墓的一大显著特点在于其选址利用天然山体，通过挖掘空间并构建地宫，使得整个山体成为陵墓的实质组成部分。这一设计理念不仅体现了对地形的极致融合，更凸显了对于皇陵气势磅礴的追求。通过这种方式，唐代陵墓与秦汉时期相比呈现出更为复杂和雄伟的结构，强调了皇陵在自然环境中的雄浑氛围。武则天的乾陵是这一时期的代表之一，作为中国历史上唯一的女皇帝，她在去世后的葬地选择可能与她在世时的意愿有关。陵墓选址如同一个"睡美人"，从远处观之，山包状的陵墓主体宛如一位女性躺卧于大地之上，形成了一幅富有诗意的景观（图9-21）。这种选择可能涉及多方面的考虑，包括地理环境、宗教信仰、政治象征以及对唐代皇陵传统的延续。乾陵的建造方式延续了唐代陵墓的独特特色，利用天然山体，将陵墓巧妙地融入自然环境之中，体现了对于皇陵建筑风格的创新和发展。此外，陵墓前面设有一条长达5千米的神道，连接陵墓与外界。这条神道是中国古代陵墓中最为壮观和最长的之一，成为武则天和唐高宗李治合葬陵的独特象征。神道作为连接皇陵与世俗世界的通道，承载着丰富的宗教仪式、祭祀活动以及对统治者的尊崇之情。

深度阅读

秦始皇陵

图9-20
维山古墓生肖壁画——猴/蒋璨拍摄

图9-21
乾陵局部/杜冰璇拍摄

第十章
中国近现代
建筑

中国在这个时期的建筑处于承上启下、中西交汇、新旧接替的过渡时期，这是中国建筑发展史上一个急剧变化的阶段。在这个交替时期，众多的思想交融形成了中国近代建筑的基本面貌。梁思成、刘敦桢等著名学者更是为中国近代建筑教育奠定了基础。

第十章要点概况

能力目标	知识要点	相关知识
了解中国近代建筑发展概况	中国近代建筑发展概况	
熟悉中国近代建筑思潮与建筑教育	中国近代建筑教育	近现代建筑发展概况；近现代主要建筑思潮及代表作品
掌握中国现代建筑发展概况	中国现代建筑发展概况	
掌握中国现代建筑作品与建筑思潮	中国现代建筑作品与建筑思潮	

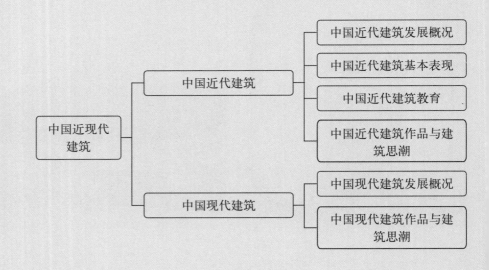

上海汇丰银行大楼是这个时期西式折中主义形式的代表建筑，1921年拆除旧楼后新建，1923年建成，5层钢框架结构，建筑面积约为23000平方米。平面近似正方形，立面采用严谨的古典主义手法，中部为贯穿2～4层的仿古罗马科林斯双柱式，顶部为钢结构的穹顶（图10-1）。营业大厅内采用爱奥尼式柱廊，拱形玻璃天棚，内部多为大理石装饰，富丽堂皇。由英商公和洋行设计，当时共耗资1000余万元，现为上海浦东发展银行总部驻地。

中国近现代建筑处于承上启下、中西交织、新旧交替的过渡时期，既交织着中西文化的碰撞，也历经了近现代的历史阵痛，与它们所关联的时空关系是错综复杂的。大部分近代建筑还保留到现在，成为今天城市建筑的重要构成部分，并对当代中国的建筑活动产生巨大的影响。

第一节　中国近代建筑

一、中国近代建筑发展概况

中国近代建筑发展过程受到了多方文化元素的影响，经历了不同的发展时期，并且呈现出各不相同的建筑面貌。中国从1840年鸦片战争开始沦为半殖民地半封建社会，建筑的发展也在此期间转入了近代时期，大致可分为四个发展阶段。

1. 19世纪中叶到19世纪末

鸦片战争后，英、法、美、德、日、俄等国展开了对中国的政治、经济、文化等方面的侵略，在许多城市形成几个帝国主义国家共同占领的大片租借地。租界中成立了外国侵略者的行政、税收、警察和司法机关，建立了殖民统治，外国教会则夺取了可随意到内地传教的特权，出现了许多带有殖民特色的建筑。封建的都城、州府县城还继续着原来的功能性质和格局，开始产生了微弱的资本主义。在甲午战争前，民族资本开办了100多家诸如纺织、化学、食品、机械、五金等大小企业。

这个时期的建筑活动很少，是中国近代建筑的早期阶段。民居的发展受到很大局限。北京圆明园、颐和园的重建与河北最后几座皇陵的修建，成了封建皇家建造的最后一批工程（图10-2）。城市的变化主要表现在通商口岸，在租界形成了不少新区域，出现了早期的外国教堂、领事馆、洋行、银行、饭店、俱乐部及独立式住宅等新建筑。建筑形式大部分是资本主义殖民时期建筑的"翻版"，多数是一二层楼的"卷廊式"和欧洲的古典式建筑。这类建筑采用的是砖木混合结构，用材没有大变化，但结构方式则比传统的木构架前进了一步（图10-3）。

2. 19世纪末到20世纪20年代末

19世纪90年代前后，各主要资本主义国家先后进入帝国主义阶段，中

图10-1
上海汇丰银行大楼/
翁岩拍摄

图10-2
慈禧陵/周承君拍摄

图10-3
砖木混合结构的住宅/
周承君拍摄

国被纳入世界市场范围。随着英、德、俄、日、法、美在中国掠夺的铁路建造权，青岛、大连、哈尔滨分别成为德、俄、日先后独占的城市。侵华的各资本主义国家纷纷将代表本国文化特色的建筑形式带入中国的租界，使延续发展了几千年的中国传统建筑体系受到强烈冲击。

这一时期近代建筑活动十分活跃，陆续出现了许多新建筑类型，如公共建筑中形成的行政、金融、商业、交通、教育、娱乐等基本类型。城市的居住建筑方面也由于人口的集中，房产地产的商品化，里弄住宅数量显著增加，开始有了少量多层大楼，尝试采用了钢筋混凝土结构。建筑形式主要仍保持着欧洲古典式和折中主义的面貌，仅少数建筑闪现出新艺术运动等新潮样式（图10-4）。一批"中国式"的新建筑出现在外国建筑师设计的教堂和教会学校建筑中，成为近代传统复兴建筑的先声。

3. 20世纪20年代末到30年代末

在经历了一段军阀割据后，垄断的封建买办官僚集团开始控制中国的政治、经济。战乱迫使当时的军阀、地主、商绅等涌入租界避难，刺激了租界内的房地产业和公共服务事业的发展。第一次世界大战后帝国主义忙于国内重建，中国的民族资产阶级也得到了发展机会。这个时期的中国建筑得到了比较全面的发展，是中国近代建筑最主要的活动时期（图10-5）。

中国开始有了自己的建筑师，1921年留美归国的建筑师吕彦直独立创办中国首家建筑事务所——彦记建筑事务所。建筑产业的规模、施工技术、建筑设备水平也相应得到了发展。上海出现了28座10层以上的建筑，最高的达到24层。建筑教育也有了初步的发展，并陆续成立了上海市建筑师学会（后扩为中国建筑师学会）、中国营造学社和中国建筑协会等组织。在20世纪20年代末还正式诞生了中国建筑史学科，学科的创立者梁思成、刘敦桢等做了大量工作，把建筑事业纳入学术领域，为中国建筑历史和建筑理论研究初步奠定了基础。

4. 20世纪30年代末到40年代末

这期间正逢我国抗日战争与第三次国内革命战争时期，中国建筑基本上处于停滞状态。位于抗战大后方的成都、重庆（临时首都）因经济的发展和人口的增加，城市建筑有一定程度的发展。部分沿海城市的工业向内地迁移，近代建筑活动开始扩展到一些内地的偏僻县镇。

二、中国近代建筑基本表现

中国近代建筑艺术是伴随着封建社会的解体、西方建筑的输入而形成的，它的发展与每一阶段的社会体制、生产方式、生活方式和审美趣味有着直接的联系，主要表现如下。

① 传统建筑在数量上仍占主导地位，由于出现了新的审美趣味，致使

图10-4
新艺术运动风格建筑/
周承君拍摄

图10-5
近代建筑/杜冰璇拍摄

建筑风格和某些艺术手法有所变化。

② 近代工业生产和以公共活动为主的新的社会生活，促使了新的建筑类型产生。

③ 新材料、新结构、新工艺也要求相应的新形式。

④ 封建等级制度的废除、社会体制的变革，使得传统建筑艺术赖以存在的许多重要审美价值发生了根本动摇，建筑艺术的社会功能有所改变，要求创造出能体现新的审美价值、适应新的社会功能的新形式。

⑤ 传统的审美心理与新的审美价值、新的社会功能产生了新的矛盾，在新建筑中能否体现和怎样体现传统形式，成为近代建筑美学和艺术创作的核心问题。

总的来说，中国近代建筑艺术处在一个大转折的过程当中。一方面，新的功能要求、新的建造条件和手段，以及在中国土地上建造的西式建筑，为中国建筑师提供了就近学习的机会，对促进中国建筑的发展起着积极的作用；另一方面，新一代受过现代教育的中国建筑师并不认为现代化就是西方化，也在探索多种民族化的途径。虽然不一定都是成功的，但不论是经验还是教训，中国近代建筑毕竟是新中国建筑赖以发展的直接基础，是中国古典建筑与新中国建筑之间的过渡。

三、中国近代建筑教育

中国近代建筑教育由两个渠道组成：一是国内兴办建筑科、建筑系；二是到欧美和日本留学。在时间程序上，留学在先，办学在后。国内的建筑学科是建筑留学生回国后正式开办的。

从现有资料看，我国最早到欧美和日本留学学习建筑始于1905年。这一年，徐鸿遇到英国利兹大学学习建筑工程，许士谔到日本东亚铁道学校建筑科学习。他们可能是中国最早的建筑留学生。在这些留学的学校中，美国的宾夕法尼亚大学的建筑系影响最大，范文照、朱彬、赵深、杨廷宝、陈植、梁思成、李扬安、卢树森、吴景奇、黄耀伟、吴敬安、谭垣等都先后毕业于该系，他们之中的许多人成了中国近代建筑教育、建筑设计和建筑史学的奠基人和主要骨干。

直到1923年，苏州工业专门学校设立建筑科，迈出了中国人创办建筑学科教育的第一步。苏州工专建筑科是由柳士英发起，与刘敦桢、朱士圭、黄祖淼共同创办的。他们四位都是留学日本后回国的，很自然地沿用了日本的建筑教学体系。学制3年，课程偏重工程技术，专业课程设有建筑意匠（即建筑设计）、建筑结构、中西营造法、测量、建筑力学、建筑史和美术等。苏州工专建筑科历时4年，于1927年与东南大学等校合并为国立第四中山大学，在工学院内设置了建筑科，1928年5月定名为中央大学，这个建筑科是中国高等学校的第一个建筑科。

紧接中央大学之后，东北大学工学院和北平大学艺术学院也于1928年开设了建筑系。东北大学工学院建筑系由梁思成创办，教授有陈植、林徽因、蔡方荫等，是清一色的留美学者，学制4年。梁思成（1901—1972）（图10-6），1915—1923年就学于北京清华学校，1927年获宾夕法尼亚大学建筑系硕士学位，1948年获得美国普林斯顿大学荣誉博士学位。梁思成长期从事建筑教育事业，对建筑教育事业做出了重要贡献。梁思成是中国最早用科学方法调查研究古代建筑和整理建筑文献的学者之一，他的学术著作引起了中外学者的重视，是中国建筑界的一份宝贵遗产。北平大学艺术学院建筑系的创办，起于该院院长杨仲子，他是留法学者，主张像法国那样在艺术学院中设建筑系，基本上沿用法国的建筑教学体系，学制4年。

正是这些早期建筑教育者的教学实践和设计思想，推动了整个中国建筑教育的现代进程。

四、中国近代建筑作品与建筑思潮

中国近代的建筑形式和建筑思想十分复杂，既有延续下来的旧建筑体系，又有输入和引进的新建筑体系；既有形形色色的西方风格的西式建筑，又有为新建筑探索"中国固有形式"的"传统复兴"；既有西方近代折中主义建筑的广泛分布，也有西方"新建筑运动"和"现代主义建筑"的初步展露；既有世界建筑潮流制约下的外籍建筑师的思潮影响，也有在中西文化碰撞中的中国建筑师的设计探索。

1.西式折中主义形式

西式建筑在中国近代建筑中占据很大的比重。它在近代中国有两个途径：一是被动地输入，二是主动地引进。

被动输入是在资本主义列强侵略的背景下展开的，主要出现在外国租界、租借地、附属地、通商口岸、使馆区等被动开放的特定地段，展现在外国大使馆、工部局、洋行、银行、饭店、商店、火车站、俱乐部和教堂等建筑。这些统称为"洋房"的庞大新类型建筑在输入新功能、新技术的同时，也带来了西式建筑风貌。这类建筑最初曾由非专业的外国匠商营造，后来多由外国专业建筑师设计，它们是近代中国西式建筑的一大组成部分。

主动引进的西式建筑，指的是中国业主兴建的或中国建筑师设计的"洋房"，早期主要出现在洋务运动、清末"新政"和军阀政权所建造的建筑上，如北京的陆军部、海军部、总理衙门、大理院、参谋本部、国会众议院，以及江苏、湖南、湖北等省的咨议局等。这些活动本身带有学习西方资产阶级民主的性质，因此建筑大多仿用国外行政、会堂建筑常见的西方古典式外貌。

天津劝业场（图10-7）就是其中的代表之一，由法国建筑师慕乐和设计，1928年建成，是法租界商业中心的标志，也成为当时天津的标志性建筑。主体5层，局部7层，转角处有两层八角塔楼，上立圆亭，再覆穹顶，形成建筑构图中心。建筑师混合使用各种设计手法以追求商业气氛，构图完美，杂而不乱，是高水平的折中主义建筑作品。

2.中国传统复兴主义形式

在中外建筑文化碰撞的形势下，中国近代出现了各种形态的中西交汇建筑形式。总的说来可以概括为两大类：一类是中国传统的旧体系建筑的"洋化"，另一类是外来的新体系建筑的"本土化"。前者主要出现在沿海侨乡的住宅、祠堂和遍布各地的"西式店面"等民间建筑中，大多数是由民间匠师自发形成的，大体上停留于传统建筑的基本格局中生硬地掺和西式的门面、柱式和细部装饰。后者则是中国近代新建筑"中国固有形式"的传统复兴潮流。这股潮流先由外国建筑师发端，后由中国建筑师引向高潮。

图10-6
梁思成与林徽因/图源：
中国营造学社纪念馆

图10-7
天津劝业场/杜冰璇拍摄

这股传统复兴潮流，在"中国式"的处理上差别很大。当时针对这些建筑的不同形式，大体把它概括为三种设计模式：第一种是被视为仿古做法的"宫殿式"；第二种是被视为折中做法的"混合式"；第三种是被视为新潮做法的以装饰为特征的"现代式"。

南京中山陵（图10-8）于1926年始建，1929年建成，位于江苏南京紫金山南麓，由吕彦直设计，经过方案竞选而定。主体建筑面积6684平方米。整座中山陵由墓道和陵墓组成，结合山势，运用陵门等陵墓要素，以大片绿化和平缓台阶连缀建筑个体，雄伟而庄严。主体建筑祭堂吸取中国古典建筑手法，应用新材料与新技术，成为中国近代建筑中的杰作和现代化与民族化相结合的起点。

3.西方现代主义形式

19世纪下半叶，欧洲兴起探求新建筑运动，19世纪80年代和19世纪90年代相继出现新艺术运动和青年风格派等探求新建筑的学派。这些新学派力图跳出学院派折中主义的窠臼，摆脱传统形式的束缚，使建筑走向现代化。这场运动传遍欧洲，并影响到美国，也渗透入近代中国。20世纪初在哈尔滨、青岛、上海等城市，开始出现一批新艺术运动和少量青年风格派的建筑。

上海沙逊大厦（图10-9），又名华懋饭店，是当时上海滩最豪华的旅店，位于南京路外滩，是上海标志性建筑之一。它建于1928年，由英商公和洋行设计，为10层（局部达13层）钢框架结构，1956年改为和平饭店，被列为国内的世界著名饭店之一。建筑平面呈"A"字形，外饰采用花岗石贴面，立面处理成简洁的直线条，底部饰有花纹雕刻。东立面为主立面，顶部冠以十多米高的方尖锥式瓦楞紫铜皮屋顶，具有当时美国流行的芝加哥学派高层建筑风格。

上海国际饭店（图10-10）建于1934年，是中国近代最著名的摩天大楼，曾被西方社会称作"远东第一楼"。由中国银行储蓄会所建，匈牙利建筑师邬达克设计。大楼24层，全高82米，钢框架结构，是当时国内最高的建筑物。外立面采用直线处理，底部墙面镶嵌黑色磨光花岗石，上部镶砌棕褐色面砖，前部14层以上每4层收缩一次。平面设计紧凑，造型简洁挺拔。

图10-8
南京中山陵/
蒋璨拍摄

图10-9
上海沙逊大厦/
杜冰璇拍摄

第二节　中国现代建筑

　　中国现代建筑泛指自20世纪中叶以来的中国建筑。1949年中华人民共和国建立后，中国建筑进入新的历史时期，大规模、有计划的国民经济建设推动了建筑业的蓬勃发展。

一、中国现代建筑发展概况

　　中国现代建筑在数量、规模、类型、地区分布及现代化水平上都突破了近代的局限，展现出崭新的姿态。这一时期的建筑大都是国计民生急需的。从风格特点上看，可以分为三类：第一类是注重民族形式的，如1954年建成的重庆人民大礼堂、北京友谊饭店等；第二类是强调功能的，形式趋于现代的，如1952年建成的北京和平宾馆、北京儿童医院等；第三类是借鉴苏联建筑形式的，包括1954年建成的北京展览馆（图10-11）和1955年建成的武汉展览馆（原名中苏友好宫）等。

　　1958年，为庆祝新中国成立10周年，国家决定在北京兴建人民大会堂、革命历史博物馆、军事博物馆、农业展览馆、民族文化宫、北京火车站、工人体育场、钓鱼台国宾馆、华侨饭店、国家影剧院十大建筑。这些建筑都集中在北京，全面反映了我国当时的建筑水平。

　　1960—1965年，我国遇到了严重的自然灾害，国民经济进入调整阶段，基建项目大大压缩。1966年，"文化大革命"开始，建筑业和各行各业一样受到了严重的冲击。

　　1978年12月，党的十一届三中全会召开。国民经济得到恢复与发展，人民的生活也迅速提高到一个新的水平。思想的解放，需求的增加，中国建筑很快进入迅猛发展的阶段。自20世纪80年代以来，中国建筑逐步趋向开放、兼容，中国现代建筑开始向多元化发展。

二、中国现代建筑作品与建筑思潮

1.历史主义的延续与发展

　　20世纪50年代，爱国主义与民族传统相联系，产生了一大批从历史主义传统中发掘建筑语言完成的建筑设计作品。

图 10-10
上海国际饭店/蒋璨拍摄

图 10-11
北京展览馆/周承君拍摄

重庆人民大礼堂（图10-12）是中华人民共和国成立后不久兴建的全国第一个最大的工程项目，由张家德设计。融中国古典形式为一体，中部会堂为圆形，冠以一重檐宝顶，类似天坛祈年殿，总高5米，直径46米。堂前为双重檐歇山楼，外轮廓似天安门。整座建筑坐落在山冈上，体量庞大，雄伟壮观。

中国美术馆（图10-13）原为国防工程，因经济困难缓建于1962年。主要采用折中主义手法，由建筑师戴念慈在清华大学设计小组方案的基础上调整完善并主持完成。它是20世纪五六十年代古典建筑中口碑甚好的一座。主体大楼为仿古阁楼式，黄色琉璃瓦大屋顶，四周廊榭围绕，具有鲜明的民族建筑风格。主楼建筑面积18000多平方米，20世纪90年代重新改造与装修后仍在继续使用，是中国美术界举办最高等级展览的场所。

2. 复古主义的探索与研究

复古主义创作中也有探索，但步伐较小。既有针对特定环境的探索，也有从设计理念上的探索。

北京和平宾馆（图10-14）1952年建成，由杨廷宝设计。钢筋混凝土框架结构，建筑面积8500平方米。这是当时大屋顶盛行时，坚持采用现代形式的建筑。整个建筑设计周密，功能分区合理，保留古树，巧妙利用空间，是杨廷宝的代表作之一。由于此方案熟练采用现代建筑的设计手法，被誉为"中国当代建筑设计的里程碑"。

3. 政治相关的建筑作品

20世纪50年代以后的建筑作品，没有几处能摆脱政治因素的影响。如国庆工程十大建筑就有两个明显的特点：一是立意上突出表现新中国成立的伟大意义，具有明显的纪念性；二是在形式上借鉴传统的设计方法，具有明显的民族性。

人民大会堂（图10-15）位于北京市天安门广场西侧，1959年10月竣工，总建筑师为张镈，建筑方案设计师为赵冬日、沈其。占地面积15万平方米，总建筑面积17.18万平方米，南北长336米，东西宽174米，由万人堂、宴会厅、全国人大常委会办公楼三部分组成，造型雄伟壮丽，富有民族风格。正面纵分为五段，中部稍高，主次分明。立面采用中国传统建筑

图10-12
重庆人民大会堂/翁岩
拍摄
图10-13
中国美术馆/翁岩拍摄
图10-14
北京和平饭店/周承君
拍摄
图10-15
人民大会堂/周承君
拍摄

三段式的处理手法，顶部为黄色琉璃，四角起翘，挺拔有力。

民族文化宫（图10-16）位于北京市西城区复兴门内大街北侧，于1959年建成，由张镈设计。平面布局呈山字形，东西宽185.78米，南北纵深105米，建筑面积37000多平方米。建筑体为中央塔楼，地下2层，地上13层，地面以上高68米，上部为绿色琉璃瓦双重方形檐攒尖顶，整体色彩明快，造型挺拔，是当时超高层建筑中对民族形式的一场尝试。建筑东西两翼2～3层，白色面砖饰面，翠绿色琉璃瓦屋顶，方整石墙，融现代建筑与传统民族风格于一体，造型优美。

4.开放时期的作品与潮流

这个时期自1979年至1999年，1978年12月在党的十一届三中全会上通过了改革开放的重大决策。政治上的改革开放也促使了建筑设计领域向国外开放。

北京香山饭店（图10-17）由美籍华人建筑师贝聿铭设计，是一件新古典主义的作品，1984年曾获美国建筑学会荣誉奖。整座饭店凭借山势，高低错落，蜿蜒曲折，院落相间，内有18个景观，山石、湖水、花草、树木与白墙灰瓦式的主体建筑相映成趣。饭店大厅面积800余平方米，阳光透过玻璃屋顶泻洒在绿树茵茵的大厅内，娇媚而舒适。

贝聿铭是在中国本土的建筑师不满意于苏联的创作道路，也不满意于现代建筑的道路，更不满意于复古主义道路的艰难时刻来到中国现身说法的。他想表明东方文化与西方文化相融时可以产生什么样的优秀成果，将选址定在不受城市环境干扰的香山的景色宜人的谷地中。香山饭店显示了浸润过这位大师少年时代的江南文化和大师驾驭并仔细推敲过的现代主义成果的交融。岁月流逝，香山饭店所体现的创作方向，显示了强大的生命力，连同它的漏窗、白墙、灰色线条等成为人们竞相效仿的对象。

美国贝克特设计公司设计的北京长城饭店（图10-18）也是20世纪80

图10-16
北京民族文化宫/
周承君拍摄

图10-17
北京香山饭店/
周承君拍摄

年代初落户北京的，该饭店由中国国际旅行社北京分社和美国伊沈建筑发展有限公司合资建造和经营，并按最高国际标准的大型旅游饭店设计。由它开始了大片镜面玻璃幕墙映照古都北京的做法。开放的北京人接受了这第一个造访者，并对用有城垛或女儿墙的裙房隐喻长城的手法作了认可。

与长城饭店相比，上海金茂大厦（图 10-19）对中国文化及其建筑表达要更细腻一些，它是由美国 SOM 事务所设计，在 20 世纪 90 年代末建成的。该大厦以高层的方式容纳多种功能的同时，并没有满足于符号式的表达。设计运用对密檐塔的韵律、轮廓线、腰檐的分析，结合钢结构的结构要求和创造可能，形成了变化的转角，最终收成尖顶，也从而完成了文化意味的建筑转换，显示了一种理性的典雅气质，是上海浦东诸高层中反映较好的一座。

在开放时期的城市高层建筑的浪潮中，许多城市的高层建筑都是由国外建筑师完成初步设计的，如深圳地王大厦、上海新锦江大酒店、广州中信广场和珠海银都酒店。值得一提的还有一座外国建筑师约翰·波特曼的重要作品——上海商城，因其在人满为患的城市中为市民提供了较多的公共空间而受市民欢迎。波特曼的共享空间手法无论在功能上还是在趣味上都在上海找到了知音。

小知识：上海金茂大厦

上海金茂大厦地处陆家嘴金融贸易区中心，东临浦东新区，西眺上海市及黄浦江，南向浦东张杨路商业贸易区，北临 10 万平方米的中央绿地，建筑外观属塔形建筑。1998 年 6 月，上海金茂大厦荣获伊利诺斯世界建筑结构大奖；1999 年 10 月，上海金茂大厦荣膺新中国 50 周年上海十大经典建筑金奖首奖；2013 年，上海金茂大厦通过 LEED-EB（既有建筑营运管理）认证；2020 年 1 月 6 日，入选 2019 上海新十大地标建筑。

图 10-18
北京长城饭店 /
蒋璨拍摄

图 10-19
上海金茂大厦 /
杜冰璇拍摄

深度阅读

中国营造学社

中外建筑史

History of
Chinese and Foreign
Architecture

古埃及文明以金字塔、狮身人面像等宏伟的陵墓建筑闻名于世，展示了古埃及人对死亡和永生的信仰和追求；古西亚文明以通天塔、空中花园等壮观的宗教建筑和皇家建筑著称，体现了古西亚人对神灵和王权的崇拜和敬畏；古印度文明的佛塔、石窟寺等精美的佛教和印度教建筑，反映了古印度人对宗教和哲学的思考和探索；古地中海文明的神庙、剧场、竞技场等优雅的古典建筑，表现了古地中海人对美和理性的追求和崇尚；古中美洲文明以神殿、宫殿等雄伟的玛雅建筑和阿兹特克建筑而著名，显示了古中美洲人对天文和祭祀的研究和实践。

　　每个文明都在其特定的历史背景和地理环境中，这种相对孤立的发展使得每个文明都具有自身的独特特征，包括社会政治结构、宗教信仰、语言文字、技术创新以及艺术风格等方面，形成了一系列富有创造性的建筑成就。

第二部分

外国建筑史

History of
Foreign Architecture

第十一章
古代埃及建筑和
两河流域建筑

埃及有句谚语说："人类惧怕时间，而时间惧怕金字塔。"金字塔仿佛就是为埃及法老建造的天梯，以便死后可以进入天国。了解奴隶制社会时期古代埃及和两河流域建筑的发展情况，进而对奴隶制社会建筑的起源和发展方向有更深刻的认识。

第十一章要点概况

能力目标	知识要点	相关知识
理解古埃及和两河流域建筑的发展概况，并将这些知识应用在实践创作中	古埃及建筑的类型和代表性建筑	古埃及建筑概述；金字塔的演变；古埃及的神庙
	两河流域建筑的类型和代表性建筑	两河流域建筑概述；典型两河流域建筑

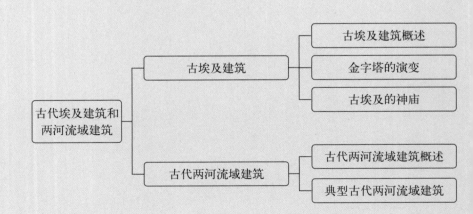

波斯人曾创立横跨亚非欧的伟人帝国，他们信奉拜火教，露天设祭，没有庙宇。按部落特有观念，皇帝的权威不是由宗教建立的，而是由他所拥有的财富建立的。波斯皇帝的财富掠夺和聚敛不择手段，宫殿极其豪华壮丽，却没有宗教气氛。

珀赛玻里斯宫是其中最著名的一座，如图11-1所示。它是公元前518年至公元前460年波斯王大流士和泽尔士所造的宫殿。建筑群倚山建于一高1.5米、面积约12.7万平方米的大平台上，入口处是一个壮观的石砌大台阶层，宽6.7米，邻近两侧刻有朝贡行列的浮雕，前有门楼。中央为接待厅和百柱厅，东南面为宫殿和内宫，周围是绿化和凉亭等，布局整齐但无轴线关系。伊朗高原盛产硬质彩色石灰岩，再加上气候干燥炎热，所以建筑多为石梁柱结构和百柱厅，外有敞廊。

在漫漫的历史长河中，与中国古代河岸相对应的另一边，我们称之为外国建筑。他们主体上以石材和券拱结构为主，追求科学与理性，对人体自身的比例尺度孜孜以求，其美学源头可一直追溯到尼罗河流域和两河流域。

宏伟的金字塔背后是无数劳动人民的智慧与努力，金字塔的产生、发展以及没落是建筑史不可或缺的一部分。同样，古埃及的神庙和石刻艺术也是建筑艺术长河中的精品。两河流域的建筑以其自身神秘的气息和壮阔的遗址向世人展示着她曾经辉煌的历史。

第一节　古代埃及建筑

埃及是最古老的国家和世界文明的发源地之一，在这里产生了人类第一批巨大的纪念性建筑物。

一、古埃及建筑概述

古埃及的建筑主要分为三个时期。

（1）古王国时期（公元前三千纪）　这时期由氏族公社的成员建造的金字塔，反映着原始的拜物教，纪念性建筑物是单纯而开朗的。古埃及的

图11-1
珀赛玻里斯宫/周承君
拍摄

建筑师们用庞大的规模、简洁沉稳的几何形体、明确的对称轴线和纵深的空间布局来体现金字塔的雄伟、庄严、神秘的效果。

（2）中王国时期（公元前21世纪—公元前16世纪）　新宗教形成，从皇帝的祀庙中脱胎出神庙的基本形制。这一时期已采用梁柱结构，能建造较宽敞的内部空间，建筑以石窟、陵墓为代表，建于公元前2000年前后的曼都赫特普三世墓是典型实例。

（3）新王国时期（公元前16世纪—公元前11世纪）　这是古埃及最强大的时期，频繁的远征掠夺来大量的财富和奴隶，材料和劳动力充足。建筑以神庙为代表，追求神秘和威严的气氛。它主要由围有柱廊的内庭院、接受臣民朝拜的大柱厅和只许法老和僧侣进入的神堂密室三部分组成。其规模最大的是卡纳克和卢克索的阿蒙神庙。

在建筑材料方面，古埃及人使用石头、棕榈木、芦苇、纸草、黏土和土坯等建造房屋。在建筑技术方面，古埃及人在几何学、测量学方面取得了很大的成就，并创造了起重运输机械，这些成就对建筑的发展起着巨大的推动作用。古王国时期的金字塔，方位准确，几何形体精确，误差几乎为零。很多巨大的建筑物砌筑得严丝合缝，在没有风化的地方至今仍连刀片都插不进去。中王国时期的纪念碑最高的达到52米，细长比为1∶10，柱子也有高达21米的。这些都说明当时建筑技术水平的高超。

二、金字塔的演变

古埃及人迷信人死之后，灵魂不灭，只要保护住尸体，3000年后就会在极乐世界里复活永生，因此他们特别重视建造陵墓。除了庞大的地下墓室之外，还在地上用砖造祭祀的厅堂，称为玛斯塔巴。内有厅堂，墓室在地下，上下有阶梯或斜坡甬道相连。后来的金字塔是由此发展起来的。

1.金字塔的雏形

为了制造出对皇帝本人的崇拜就必须改变陵墓形制，把皇帝的陵墓发展为纪念性的建筑物。于是，第一王朝皇帝乃伯特卡（Nebetka）在萨卡拉的陵墓，就在祭祀厅堂之上造了9层砖砌的台基，向高处发展的集中式构图的纪念性萌芽产生了。

2.金字塔的成形

到了古王国时期，随着中央集权国家的巩固和强盛，越来越刻意制造对皇帝的崇拜，用永久性的材料——石头，建造了一个又一个的陵墓，最后形成了金字塔。

第一座石头的金字塔是萨卡拉的昭赛尔金字塔，如图11-2所示。大约造于公元前3000年，它属于台阶形的金字塔，基底东西长126米，南北长106米，高约60米，分为6层。它的祭祀厅堂、围墙和其他附属建筑物还没有摆脱传统的束缚，依然模拟用木材和芦苇造的宫殿，用石材刻出那种宫殿建筑的种种细节。这纤细华丽的做法把金字塔映衬得端重、单纯，纪念性强。

昭赛尔金字塔建筑群的入口在围墙东南角，从这里进入一个狭长、黑暗的甬道。走出甬道，就是院子，明亮的天空和金字塔同时呈现在眼前。这个建筑处理的用意在于造成从现世走到了冥界的假象。而死后的皇帝仍然在冥界统治着。光线的明暗和空间的开阔的强烈对比，震撼着人们的心灵。

3.金字塔的高潮

公元前三千纪中叶，在尼罗河三角洲的吉萨（Ciza）造了三座大金字塔，是古埃及金字塔最成熟的代表。在今开罗近郊，主要由胡夫（Khufu）金字塔、哈夫拉（Khafra）金字塔、门卡乌拉（Menkaura）金字塔及大狮身人面像（Great Sphinx）组成，周围还有许多“玛斯塔巴”与小金字塔（图11-3）。

胡夫金字塔是国王胡夫的陵墓，也称吉萨大金字塔，是其中最大者。据说，10万人用了30年的时间才得以在公元前2690年左右建成。形体呈立方锥形，四面正向方位。塔原高146.4米，现为136.5米，底边各长230.6米，塔身表面原有一层磨光的石灰岩贴面，今已剥落（图11-4）。该金字塔内部的通道对外开放，该通道设计精巧，计算精密，令世人赞叹。

第二座金字塔是胡夫的儿子哈夫拉国王的陵墓，建于公元前2650年，比前者低3米，现高为133.5米。建筑形式更加完美壮观，塔前建有庙宇等附属建筑和著名的狮身人面像（图11-5）。狮身人面像的面部参照哈夫拉，身体为狮子，高22米，长57米。整个雕像除狮爪外，全部是一块天然岩石雕成。

第三座金字塔属胡夫的孙子门卡乌拉国王，建于公元前2600年左右。当时正是第四王朝衰落时期，金字塔的建筑也开始被腐蚀。门卡乌拉金字塔的高度突然降低到66米，内部结构倒塌（图11-6）。

三座金字塔呈对角线连接，以蔚蓝的天空为背景，屹立在一望无际的黄色沙漠上，是千百万奴隶在极其原始的条件下的劳动与智慧的结晶。

埃及人眼中的金字塔形，还带有太阳神崇拜的意味。在赫利奥波利斯的阿蒙拉神庙里，有一小型四锥体石块，外用铜或金箔包住，在阳光下烁烁闪光，那是太阳神的象征。古埃及人把此形状扩大数千万倍，屹立于沙漠之中，再把这种包有铜或金的石头放在金字塔顶，将太阳的光辉折射到国王的土地上，让人们领受到太阳神的恩泽。由此可见，金字塔蕴含着浓厚的宗教性质。

古代世界七大奇迹之一：胡夫金字塔

胡夫金字塔是古埃及金字塔中最大的金字塔。塔高146.5米，因年久风化，顶端剥落10米，现高136.5米，相当于40层大厦高。大小不等的石料重达1.5吨至50吨，塔的总重量约为600万吨。它的规模是埃及发现的110座金字塔中最大的。它是一座几乎实心的巨石体，成群结队的人将这些大石块沿着金字塔内部的螺旋上升通道往上拖运，然后逐层堆砌而成，十万多名工匠共用约20年的时间才完成的人类奇迹。

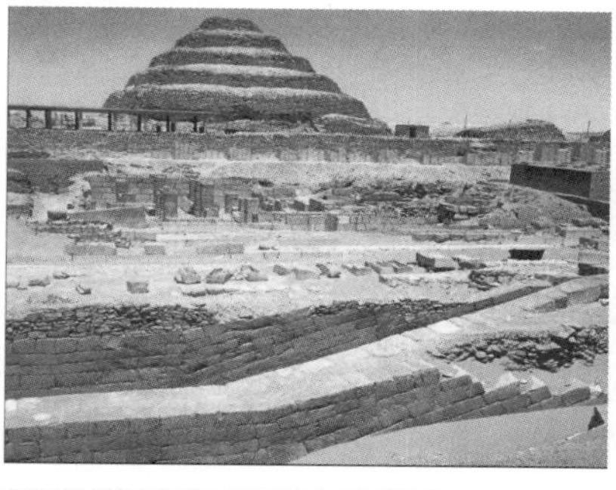

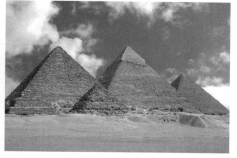

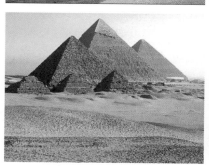

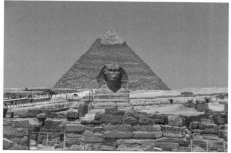

图11-2
昭赛尔金字塔（古王国时期）

图11-3
吉萨金字塔群/周承君拍摄

图11-4
胡夫金字塔（古埃及）/周承君拍摄

图11-5
哈夫拉金字塔和狮身人面像/周承君拍摄

4.金字塔的衰落

中王国时期，首都迁到上埃及的底比斯（Thebes），峡谷窄狭，两侧悬崖峭壁。在这里，金字塔的艺术构思完全不合适了。皇帝们仿效当地贵族的传统，大多在山岩上凿石窟作为陵墓。于是，就利用原始拜物教中的山岩崇拜来神化皇帝。

在这种情况下，皇帝陵墓的新格局是祭祀的厅堂成了陵墓建筑的主体，扩展为规模宏大的祀庙。整个悬崖被巧妙地组织到陵墓的外部形象中，它们起着金字塔起过的作用。

三、古埃及的神庙

1.太阳神庙的特点

到了新王国时期，太阳神庙（图11-7）代替陵墓成为皇帝崇拜的纪念性建筑物，占据了最重要的地位。庙宇有两个艺术重点：一个是大门，群众性的宗教仪式在它前面举行，力求富丽堂皇，和宗教仪式的戏剧性相适应；另一个是大殿，皇帝在这里接受少数人的朝拜，力求幽暗而威严，和仪典的神秘性相适应。

方尖碑（Obelisk）是太阳神的标志，常成对地竖立在神庙的入口处（图11-8）。其断面呈正方形，上小下大，顶部为金字塔形，常镀合金。高度不等，已知最高者达50余米，一般高宽比为（9～10）：1，用整块的花岗岩制成，碑身刻有象形文字的阴刻图案。

2.卡纳克阿蒙神庙

新王国时期，皇帝们经常把大量财富和奴隶送给神庙，祭司们成了最富有、最有势力的奴隶主贵族。神庙遍及全国，底比斯一带神庙络绎相望，其中，规模最大的是卡纳克（Karnak）和鲁克索（Luxor）两处的阿蒙神庙。

卡纳克的阿蒙神庙是用很长时间陆续建造起来的，总长366米，宽110米。前后一共造了6道大门，而以第一道最为高大，它高43.5米，宽113米，如图11-9所示。主神殿是柱子林立的柱厅，宽103米，进深52米，面积达5000平方米，内有16列共134根高大的石柱。中间两排12根柱高21米，直径3.6米，支撑着当中的平屋顶。两旁柱子较矮，高13米，直径2.7米。殿内石柱如林，仅以中部与两旁屋面高差形成的高侧窗采光，光线阴暗，形成了法老所需要的"王权神化"的神秘压抑的气氛。这些巨大的形象震撼人心，精神在物质的重量下感到压抑，而这些压抑之感正是崇拜的起始点，这也就是卡纳克阿蒙神庙艺术构思的基点。

在卡纳克神庙的周围有孔斯神庙和其他小神庙，宗教仪式从卡纳克神庙开始，到鲁克索神庙结束。两者之间有一条1090米长的石板大道，两侧密排着圣羊像，路面夹杂着一些包着金箔或银箔的石板，闪闪发光。

图11-6
门卡乌拉金字塔/黄真真
拍摄

图11-7
太阳神庙（新王国
时期）/黄真真拍摄

图11-8
方尖碑/周承君拍摄

图11-9
卡纳克阿蒙神庙/
黄真真拍摄

埃及各地都有神庙建筑，这些神庙也各具特色。有代表性的是拉美西斯二世修建的阿布辛贝神庙（图11-10），整个神庙开凿在一块巨大的岩石山体上，以入口及神庙内各种精美的雕刻闻名（图11-11）。

第二节　古代两河流域建筑

两河流域是指在底格里斯河和幼发拉底河之间的流域——苏美尔地区（中下游地区），两河文明是世界最早的文明之一，又称为美索不达米亚（古巴比伦的所在）文明。

一、古代两河流域建筑概述

在这里曾出现巴比伦与亚述帝国，此后又经过波斯、马其顿、罗马与奥斯曼等帝国的统治。第一次世界大战后，其主要部分在今伊拉克境内。

两河流域（古西亚）的建筑成就在于创造了以土作为基本原料的结构体系和装饰手法，从夯土墙到土坯砖和烧砖，随后又创造了用来保护和装饰墙面的面砖和彩色玻璃砖。著名的例子是"世界七大奇迹"之一的新巴比伦城墙，如图11-12所示。城墙以亮丽的深蓝色为底色，由白、黄两色组成的狮子、公牛和龙的图案散布在城墙各处，由上到下一层一层地排列着，昂首阔步，栩栩如生。两河流域色彩斑斓的饰面技术对后来的拜占庭建筑和伊斯兰建筑影响很大。

二、典型古代两河流域建筑

乌尔观象台和亚述文明的遗迹——萨艮王宫反映了其独特的建筑艺术成就。

1.乌尔观象台

乌尔观象台（Ziggurat）又称山岳台，是古代西亚人崇拜山岳、崇拜天体、观测星象的塔式建筑物（图11-13）。随着生产力的发展和对集中式高耸构图的纪念性认识的增加，终于形成了叫山岳台的宗教建筑物。后来，当地居民的天体崇拜也采用了这种高台建筑物，它的形制同天体崇拜的宗教观念相符合。

山岳台是一种多层的高台，有坡道或者阶梯逐层通达台顶，顶上有一间不大的神堂。坡道或阶梯有正对着高台立面的，有沿正面左右分开上去

图11-10
阿布辛贝神庙/黄真真拍摄

图11-11
古埃及柱式的雕塑艺术/周承君拍摄

图11-12
新巴比伦城的伊什达城门/黄真真拍摄

图11-13
乌尔山岳（观象）台/周承君拍摄

的，也有螺旋式的。古埃及的台阶形金字塔或许同它有过联系。公元前3世纪，几乎每个城市的主要庙宇都有一个或者几个山岳台或者天文台。残留至今的乌尔（Ur）的月神台由生土夯筑，外贴一层砖，砌着薄薄的凸出体，总高约21米。

2.萨艮王宫

公元前8世纪，两河上游的亚述统一了西亚，征服了埃及。其建筑除了当地的石建筑传统之外，又大量汲取两河下游和埃及的经验，兴建都城，建设规模大于以前西亚任何一个国家。城市平面为方形。每边长约2000米，城墙厚约50米，高约20米，上有可供四马战车奔驰的大坡道，还有碉堡和防御性门楼。最重要的建筑遗迹是萨艮王宫（图11-14）。

宫殿与观象台同建在一高18米、边长300米的方形土台上。从地面通过宽阔的坡道和台阶抵达宫门。宫殿由30多个内院组成，功能分区明确，有房间200余间。平台的下面砌有拱券沟渠。王宫正面的一对塔楼突出了中央的券形入口。宫墙满贴彩色琉璃面砖（图11-15），上部有雉堞，下部有高3余米的石板贴面。其上雕刻着从正、侧面看起来均形象完整、具有5条腿的人首翼牛像。

人首翼牛像是萨艮王宫宫殿裙墙转角处的一种建筑装饰。它们的正面表现为圆雕，侧面为浮雕。正面有两条腿，侧面4条，转角一条在两面共用，一共5条腿。因为它们巧妙地符合观赏条件，所以并不显得荒诞。它们的构思不受雕刻体裁的束缚，把圆雕和浮雕结合起来，很有创新精神。人首翼牛像是亚述常用的装饰题材，象征健壮。大门处的一对人首翼牛像高约3.8米，它们象征着智慧和力量，守护着宫殿。

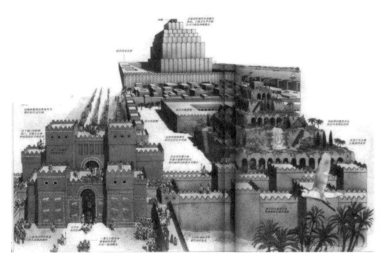

图 11-14
萨艮王宫

图 11-15
琉璃砖浮雕/黄真真拍摄

深度阅读
世界六大文明概况

深度阅读
金字塔的建造

第十二章
古希腊建筑与
古罗马建筑

在爱琴文化消失的三四百年后，巴尔干半岛、小亚细亚西岸以及爱琴海岛屿上出现了许多小的国家，它们互相吞并，逐渐形成了古希腊。因此当地环境复杂多变，每个地方都有地方神，圣地与神相对应，建筑重视场所精神。"光荣属于希腊，伟大归于罗马"。古罗马建筑是在古希腊建筑上的继承与发展，围绕仪式塑造空间的艺术，强调创造有秩序的人工环境。

第十二章要点概况

能力目标	知识要点	相关知识
了解古希腊建筑的类型和代表作品，掌握古希腊建筑对后世建筑的影响	古希腊建筑的发展概况；柱式的演变；代表性建筑	古希腊建筑概述；古希腊建筑柱式的演变；雅典卫城
了解古罗马建筑的类型和代表作品，掌握古罗马建筑对后世建筑的影响	古罗马建筑的发展概况；古罗马拱券技术；古罗马柱式；代表性建筑	古罗马建筑概述；古罗马拱券技术；古罗马柱式；古罗马万神庙；古罗马公共建筑及广场

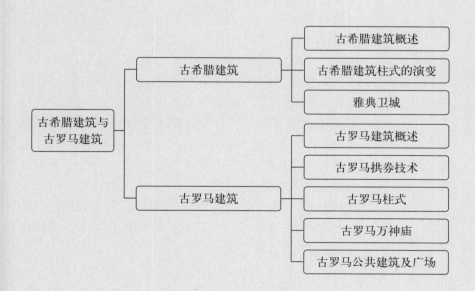

胜利神庙体量很小，在山门右前方（图12-1）。神庙内有个爱奥尼式门厅和一个约呈方形的内庙组成。一条饰以高凸浮雕、高43厘米的中楣饰带，围绕在建筑物外部檐壁，全长26米。神庙分前庙、正庙和后庙。在神庙东面有个执盾的雅典娜神像浮雕。檐壁上的浮雕和基墙上沿1米高的女儿墙外侧的浮雕题材都取自反波斯侵略战争的场面。胜利神庙是波希战争后第一个着手设计的建筑物，命题、选址、构图、装饰都是以庆祝卫国战争胜利为主题，把这种纪念永恒保存下去。

建筑是一门设计空间结构的杰出艺术，即有效地发挥空间作用的艺术。古希腊是欧洲建筑和文化的摇篮，古希腊创造的柱式影响了整个世界，雅典卫城是古希腊建筑群的代表作品，它的布局方式和创作手法一直影响到现在，是世界建筑史完美的代表；而古罗马更是以其辉煌的券拱和公共建筑向世界展示它的魅力，更重要的是，古罗马将柱式与拱券完美地结合，至今令人回味无穷。古希腊的科学、理性与探索精神，是其建筑文化的核心所在，对于今天的我们仍有启示意义。我们要深入理解其文化内涵，弘扬新时代科学精神，建设现代文化强国。

第一节　古希腊建筑

一、古希腊建筑概述

公元前8世纪起，在巴尔干半岛、小亚细亚西岸和爱琴海的岛屿上建立了很多小小的奴隶制国家，后扩展到意大利、西西里和黑海沿岸。这些国家之间的政治、经济、文化关系十分密切，总称为古希腊。

古希腊建筑的起源可以追溯到公元前2000年左右的早期文明时期。其发展中最重要的时期是公元前六世纪至公元前四世纪的古典时期。中世纪和文艺复兴时期对古希腊建筑的影响也是不可忽略的。

古希腊建筑主要经历了以下四个时期。① 克里特文明时期：该时期的建筑样式具有独立特点，以城市迷宫和巨型王宫为特征。② 德罗斯时期：这个时期大量的希腊人定居在爱琴海地区，他们开始修建城市和城墙，并开始建造石质祭坛和宗教建筑。③ 几何时期：此时期希腊城邦已经建立起来，建筑风格变得更加传统，以长方形为基础，带有特殊形式的三角墙、锯齿形边缘、红色和黑色斑点。④ 克林普斯时期：这个时期古希腊的建筑技术取得了巨大的进步，建筑高度增加，采用了柱式结构，出现了大型建筑，如神庙、剧院以及宏伟的市政建筑等。

古希腊是欧洲文化的摇篮，古希腊的建筑同样也是西欧建筑的开拓者，一些建筑物的形制和艺术形式，深深地影响着欧洲2000多年的建筑史。

二、古希腊建筑柱式的演变

石造的大型庙宇的典型形制是围廊式（图12-2），因此，柱子、额枋和

图12-1
胜利神庙/山棋羽拍摄

图12-2
古希腊围廊式石制庙宇/
杜冰璇拍摄

檐部的艺术处理基本上决定了庙宇的面貌。古希腊建筑艺术的种种改进，都集中在这些构件的形式、比例和相互组合上。公元前6世纪，它们已经相当稳定，有了成套的做法。这套做法以后被罗马人称为"柱式"（Ordo）。

1.柱式的组成

柱式一般由檐部、柱子、基座三部分组成，有时只包括前两部分（图12-3）。柱子是主要的承重构件，也是艺术造型中的重要部分。从柱身高度的1/3开始，它的断面逐渐缩小，叫收分。柱子收分后形成略微向内弯曲的轮廓线，加强了它的稳定感。檐部、柱子、基座又分别包括若干细小的部分，它们大多是由于结构或构造的要求发展演变而来的。在檐口、檐壁、柱头等重点部位常饰有各种雕刻装饰，柱式各部分之间的交接处也常带有各种线脚。

柱式各部分之间从大到小都有一定的比例关系。由于建筑物的大小不同，柱式的绝对尺寸也不同，为了保持各部分之间的相对比例关系，一般采用柱下部的半径作为量度单位，称为"母度"。母度的作用相当于我国古代建筑斗拱中的"斗口"。

2.古希腊柱式

古希腊主要有两种柱式同时在演进。一种是流行于小亚细亚的共和制城邦里的爱奥尼柱式（Ionic），如图12-4所示。秀美华丽，比例轻快，开间宽阔，反映着从事手工业和商业的平民们的艺术趣味。另一种是意大利、西西里一带寡头制城邦里的多立克柱式（Doric），如图12-5所示。多立克柱式比较粗笨，受古埃及建筑的影响，反映着寡头贵族的艺术趣味。

古希腊对人体美的重视和赞赏在柱式的造型中具有明显的反映，刚劲、粗壮的多立克柱式象征着男性的体态和性格，爱奥尼柱式则以柔和、秀丽表现了女性的体态和性格，希腊晚期出现科林斯柱式（图12-6），除柱头由毛茛叶纹装饰外，其他部分同爱奥尼式一样，因此一般不列入古希腊主要柱式。

三、雅典卫城

公元前5世纪中叶，在希波战争中，古希腊人击败了波斯的侵略，作

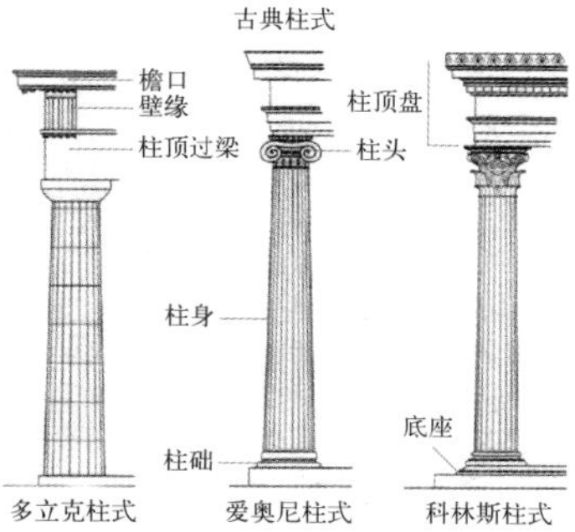

图12-3
古希腊古典柱式

图12-4
爱奥尼柱式

图12-5
多立克柱式

图12-6
科林斯柱式

雅典卫城是希腊最杰出的古建筑群，是综合性的公共建筑，为宗教政治的中心地。雅典卫城面积约有3公顷，位于雅典市中心的卫城山丘上，始建于公元前580年。卫城中最早的建筑是雅典娜神庙和其他宗教建筑。在古代希腊遗址中，最有名的当数建造于雅典黄金时期的卫城。2000多年以来，雅典卫城一直是雅典市最壮美的风景。战争的破坏，宗教的亵渎，文化的掠夺，这一切都无法减弱它的魅力。在卫城这块废墟里埋藏着希腊黄金时代的理想、苏格拉底的哲学和毕达哥拉斯的几何学。作为古希腊建筑的代表作，雅典卫城达到了古希腊圣地建筑群、庙宇、柱式和雕刻的最高水平。

为古希腊的盟主，雅典进行了大规模的建设。建设的重点在卫城。在这种情况下，雅典卫城达到了古希腊圣地建筑群、庙宇、柱式和雕刻的最高水平（图12-7）。

1.雅典卫城简介

卫城建在一个陡峭的山岗上，仅西面有一通道盘旋而上。建筑物分布在山顶上约280米×130米的天然平台上。雅典卫城主要由四部分组成：帕提农神庙、伊瑞克提翁神庙、卫城山门和胜利神庙（图12-8）。

卫城的中心是雅典城的保护神雅典娜的铜像，主要建筑是膜拜雅典娜的帕提农神庙（又称雅典娜神庙）。建筑群布局自由，高低错落，主次分明。无论是身处其间或是从城下仰望，都可看到较完整丰富的建筑艺术形象。帕提农神庙位于卫城最高点，体量最大，造型庄重，其他建筑则处于陪衬地位。卫城南坡是平民的群众活动中心，有露天剧场和敞廊。卫城在西方建筑史中被誉为建筑群体组合艺术中的一个极为成功的实例，特别是在巧妙地利用地形方面更为杰出。

2.帕提农神庙

帕提农神庙是举世闻名的古代七大奇观之一，有"古希腊国宝"之誉，如图12-9所示。作为雅典卫城的主体建筑，它坐落于卫城山顶的最高处，在雅典的任何一处都可望见。其形制是古希腊神庙中最典型的，即长方形平面的列柱围廊式。它是古希腊建筑艺术的纪念碑，代表了古希腊建筑艺术的最高成就，被称为"神庙中的神庙"。

帕提农神庙除屋顶用木外，其他全部用晶莹洁白的大理石砌成，还用了大量镀金饰件。建筑在一个三级台基上，神庙基座长69.54米、宽30.89米，其建筑材料为石灰岩，外部由46根高10.43米、底径1.905米的大理石柱环绕。巨大的圆柱在东、西各设置8根，南北各有17根。东西两端形成三角形山花，是古典建筑风格的基本形式。神殿外围的多立克柱式被誉为此种柱式的典范。神庙全部是用雕刻和浮雕装饰起来的，尺度合宜，饱满挺拔，风格开朗，各部分比例匀称，雕刻精致。运用了视差校正手法以加强效果，即每根巨柱均向内微斜，被认为是现存建筑中最具均衡美感的伟人建筑。

神庙的内部分成两个大厅，正厅又叫东厅，内有双层叠柱式的三面回廊，加强了置放神像的空间的中央轴线感。后面是国库和档案馆，内有4

图12-7
雅典卫城远眺/杜冰璇拍摄

图12-8
雅典卫城复原图

根爱奥尼式柱子。几经战火的破坏和2000多年风雨的侵蚀，现在的神庙遗址大多已是断墙残垣了，神庙中雅典娜的巨大金像也早已不知所终。这一艺术珍品只剩下西边保留着的一些石柱和其他建筑了（图12-10）。

3.伊瑞克提翁神庙

伊瑞克提翁神庙是雅典卫城建筑中爱奥尼柱式的典型代表（图12-11），建在高低不平的高地上，建筑设计非常精巧。神庙东区是传统的6柱门面，向南采取虚厅形式。南端用6根大理石雕刻而成的少女像代替石柱顶起石顶，充分体现了建筑师的智慧，她们长裙束胸，轻盈飘忽，头顶千斤，亭亭玉立（图12-12）。由于石顶的分量很重，6位少女为了顶起沉重的石顶，颈部必须设计得足够粗，但是这将影响其美观。于是建筑师给每位少女颈后保留了一缕浓厚的秀发，再在头顶加上花篮，成功地解决了建筑美学上的难题，因而举世闻名。

图12-9
帕提农神庙/杜冰璇拍摄

第二节　古罗马建筑

古希腊晚期的建筑成就由古罗马直接继承，古罗马劳动者把它向前大大推进，达到全世界奴隶制时代建筑的最高峰。

图12-10
帕提农神庙复原图

一、古罗马建筑概述

罗马本是意大利半岛中部西岸的一个小城邦国家，公元前5世纪起实行自由民主的共和政体。公元前3世纪，罗马征服了全意大利，接着向外扩张，到公元前1世纪末，统治了东起小亚细亚和叙利亚，西到西班牙和不列颠的广阔地区。北面包括高卢（相当现在的法国、瑞士的大部分以及德国和比利时的一部分），南面包括埃及和北非。

1.古罗马帝国及其建筑

公元前30年起，罗马成为帝国。公元1～3世纪是古罗马建筑最繁荣的时期，重大的建筑活动遍及帝国各地，最重要的集中在罗马本城。在理论方向上，古罗马形成了系统的建筑理论体系，以维特鲁威的《建筑十书》为主，成为自文艺复兴以后300多年建筑学方面的基本教材。

由于古罗马公共建筑物类型多，形制相当发达，样式和手法很丰富，结构水平高，而且初步建立了建筑的科学理论，所以对后世欧洲的建筑，甚至全世界的建筑，产生了巨大的影响。

图12-11
伊瑞克提翁神庙/
杜冰璇拍摄

2.古罗马建筑发展历程

古罗马的建筑按其历史发展可分为三个时期。

（1）罗马共和国初期（公元前8世纪—公元前2世纪）　此时，拱券结构发展并基本成形，建筑在石工、陶瓷构件方面也有突出成就。

（2）罗马共和国盛期（公元前2世纪—公元前30年）　在公路、桥梁、

图12-12
伊瑞克提翁神庙女神
柱廊/杜冰璇拍摄

城市街道与输水道方面进行大规模的建设。公元前146年对古希腊的征服，又使它承袭了大量的古希腊文化。除了神庙之外，公共建筑如剧场、竞技场、浴场、巴西利卡等十分活跃，并发展了罗马角斗场。同时古希腊建筑在建筑技艺上的精益求精与古典柱式也强烈地影响着罗马。

（3）罗马帝国时期（公元前30年—公元476年）　这时，歌颂权力、炫耀财富、表彰功绩成为建筑的重要任务，建造了不少雄伟壮丽的凯旋门、纪功柱和以皇帝名字命名的广场、神庙等。圆形剧场与浴场等亦趋于规模宏大与豪华富丽。

二、古罗马券拱技术

古罗马建筑在材料、结构、施工与空间创造等方面均有很大的成就。在空间创造方面，重视空间的层次、形体与组合，并使之达到宏伟的富于纪念性的效果。在建筑材料上，除了砖、木、石外，还有运用地方特产火山灰制成的天然混凝土。在结构方面，罗马人发展了券拱结构，这种结构是古罗马时期重要的建筑特色之一，由于采用了4柱支撑的十字形拱结构，使得建筑形成连续的拱形空间成为可能。（图12-13）。同时墙面被支柱所代替，形成了通透的拱廊形式。另外古罗马也发展了综合东西方大全的柱与券拱结合的体系。

三、古罗马柱式

古罗马的柱式为五种，即多立克柱式、塔司干柱式、爱奥尼柱式、科林斯柱式和复合柱式，并且古罗马人创造了柱式与券拱结合的方法——券柱式（图12-14）。

1.古罗马基本柱式

古罗马使用的柱式有五种，如图12-15所示。古罗马人继承了古希腊的三种柱式，同时又增加了两种柱式。各种柱子与檐口的关系耐人寻味，如图12-16所示。

塔司干柱式（Tuscan）是古罗马原有的一种柱式，形式和多立克柱式很相似，但是柱身没有凹槽。

复合柱式（Composite）是一种更为华丽的柱式，由爱奥尼柱式和科林斯柱式混合，有很强的装饰性。

2.柱式和券拱的结合

古罗马建筑主要使用券拱结构，而这种结构中是不需要柱式的。为了能够将柱式应用到建筑中，古罗马人创造了将柱式和券拱结合起来的方法，主要有以下五种。

（1）列柱式　在连续券中，柱梁作为券拱的落脚点，这种做法使立面

图12-13
光辉的券拱技术/山棋羽
拍摄

图12-14
券柱式立面/杜冰璇
拍摄

开阔，韵律感很强。

（2）壁柱、倚柱　壁柱虽然保持着柱子的形式，但它实际上只是墙的一部分，并不独立承受重量，而主要起装饰或划分路面的作用。按凸出墙面的多少，壁柱可分为半圆柱、四分之三圆柱等。倚柱的柱子是完整的，和墙面离得很近，主要也是起装饰作用。倚柱常常和山花共同组成门廊，用来强调建筑的入口部分。

（3）巨柱式　是指两层以上的建筑在立面上柱子贯通整个高度，可使建筑显得高大雄伟。

（4）双柱式　是将两根柱子并在一起当成一个柱子使用。

（5）叠柱式　是将柱子按层设置，一般在底层使用多立克或塔司干柱式，第二层选择爱奥尼柱式，第三层选择用科林斯柱式，第四层选择科林斯的壁柱。叠柱使建筑在立面构图上富于韵律感。

3.古希腊与古罗马柱式的不同

古罗马建筑一般体积都比较大，所以古罗马建筑在古希腊柱式的基础上做了局部的改动，比古希腊柱式加了一些线条，使古罗马柱式中的柱子更为细长（图12-17）。古希腊柱式和古罗马柱式当中的线脚也有很大的不同（图12-18）。古希腊柱式的线脚形态自然，刚劲挺拔，很难用规整的弧线表现。而古罗

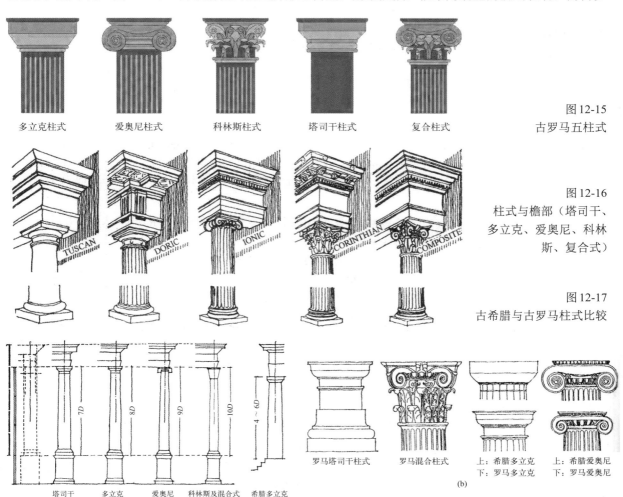

图12-15
古罗马五柱式

图12-16
柱式与檐部（塔司干、多立克、爱奥尼、科林斯、复合式）

图12-17
古希腊与古罗马柱式比较

小知识：万神庙

万神庙位于意大利首都罗马圆形广场的北部，是罗马最古老的建筑之一，也是古罗马建筑的代表作。万神庙采用了穹顶覆盖的集中式形制，重建后的万神庙是单一空间、集中式构图的建筑物的代表，它也是罗马穹顶技术的最高代表。是古代建筑中最为宏大，保存近乎完美的，同时也是历史上最具影响力的建筑之一。

马柱式的线脚则多采用直线与半圆或四分之一圆等进行组合，如图12-19。

四、古罗马万神庙

单一空间、集中式构图的建筑物的代表是古罗马城的万神庙（Pantheon），它也是古罗马穹顶技术的最高代表。在现代结构出现以前，它一直是世界上跨度最大的大空间建筑（图12-20）。

早期的万神庙也是前柱廊式的，但焚毁之后重建时，采用了穹顶覆盖的集中式形制。新万神庙平面是圆形的，穹顶直径达43.3米，顶端高度也是43.3米。按照当时的观念，穹顶象征天宇。它中央有一个直径8.9米的圆洞，象征着神和人的世界的联系，有一种宗教的宁谧气息。

万神庙的结构为混凝土浇筑，为了减轻自重，厚墙上开有壁龛，龛上有暗券承重，龛内置放神像（图12-21）。神像外部造型简洁，内部空间在圆形洞口射入的光线映影之下宏伟壮观，并带有神秘感。室内装饰华丽，堪称古罗马建筑的珍品，如图12-22所示。

五、古罗马公共建筑及广场

1.古罗马大角斗场

古罗马大角斗场也叫科洛西姆角斗场，专为奴隶主和人们看角斗而造。这座建筑物形制完善，结构、功能和形式和谐统一，是古罗马建筑的代表作品（图12-23、图12-24）。古罗马人曾经用大角斗场象征永恒。

大角斗场平面是椭圆形的，中央是表演区，四周是观众席。表演区长轴86米，短轴54米；观众席长轴188米，短轴156米，大约有60排座位，逐排升起，分为五区。前面一区是荣誉席，最后两区是下层群众的席位，中间是骑士等地位比较高的公民坐的，如图12-25所示。为了架起观众席，选择了混凝土的筒形拱与交叉拱结构。底层有7圈灰华石的墩子，平行排列，每圈80个。底层结构面积只占六分之一底层面积，在当时是很惊人的成就。

图12-18
古希腊线脚与古罗马线脚比较

图12-19
古罗马柱式的线脚

图12-20
古罗马万神庙/山棋羽拍摄

图12-21
古罗马万神庙内景/杜冰璇拍摄

图12-22
古罗马万神庙穹顶/杜冰璇拍摄

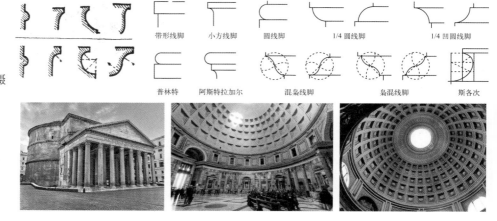

2. 卡瑞卡拉浴场

古罗马另一个公共建筑的代表作品是卡瑞卡拉浴场（Thermae of Caracalla）。浴场的主体建筑为228米×115.82米的对称建筑物，内设冷水浴、温水浴、热水浴三个大厅，可容纳1600人同时沐浴。每个浴室之外都有更衣室等辅助性用房。结构是梁柱与券拱并用，并能按不同的要求选用不同的形式。浴场室内装饰华丽，并设有许多凹室与壁龛。建筑功能、结构与造型在此是统一的，并创造了动人的空间序列（图12-26、图12-27）。主体建筑周围是花园，最外圈设置有商店、运动场、演讲厅以及与输水道相连的蓄水槽等。

3. 恺撒广场

古罗马广场的演变鲜明地表现出建筑形制同政治形势的密切关系。早期的广场是零乱地建造起来的，没有统一的规划。庞贝城的广场在周围造了一圈两层的柱廊，使广场的面貌完整了些。广场上举行角斗的时候，敞廊上层就成了观众席。

共和末期，恺撒擅权之后，造了一个封闭的、按完整规划建造的广场（图12-28）。它的后半部是围廊式维纳斯庙，广场成了庙宇的前院。维纳斯是恺撒家族的保护神，因此，广场隐然是恺撒个人的纪念物。广场中间立着恺撒的骑马青铜像，镀金。恺撒广场第一个定下了封闭、轴线对称的、以一个庙宇为主体的广场的新形制。

4. 图拉真广场

图拉真广场建于公元107年，是为了纪念图拉真大帝远征罗马尼亚获胜。两所巨大的图书馆、两座宏伟的大会堂、至今还耸立在废墟上的图拉真胜利纪念柱和一排排雕像构成了当时全城最壮观的地区。帝制建成以后，古罗马皇帝渐渐吸取东方君主国的习俗，建立起一整套繁文缛节来崇

古罗马万神庙

奉皇帝。最强有力的皇帝之一图拉真，在奥古斯都广场旁边建造了古罗马最宏大的广场——图拉真广场（图12-29）。广场的形制参照了东方君主国建筑的特点，不仅轴线对称，而且作多层纵深布局。在将近300米的深度里，布置了几进建筑物。室内室外的空间交替；空间的纵横、大小、开阔、明暗交替；雕刻和建筑物交替。有意识地利用这一系列的交替酝酿建筑艺术高潮的到来还使用了一些令人感到意外的手法。在运动中展开和深入，这是建筑艺术的一个重要的特点，不论是沿轴线的，还是绕弯子的，像古希腊的圣地那样。

另外，古罗马公共建筑中还有一种典型的空间形制叫作巴西利卡（Basilica），它是一种综合用作法庭、交易所与会场的大厅形建筑。平面一般为长方形，两端或一端有半圆形的龛（Apse）。大厅通常被2排或4排柱子纵分成3或5部分。当中部分宽而且高，被称为中厅（Nave，又译中央通廊），两侧部分窄而且低，称为侧廊（Aisle），侧廊上面常有夹层。

图12-29
图拉真广场/杜冰璇拍摄

在古罗马的废墟上，逐渐建立起了许多具有典型特征的建筑，它们大多尖塔高耸、尖形拱门，利用尖肋拱顶、飞扶壁、修长的束柱，营造出轻盈修长的飞天感，繁复的装饰雕刻，轻盈美观，高耸峭拔。那是一个信仰时代，拜占庭、罗马风、哥特式、伊斯兰建筑各自绽放光芒。

第十三章要点概况

能力目标	知识要点	相关知识
结合当时的社会背景理解欧洲中世纪建筑的发展；能简要分析拜占庭建筑、罗马风建筑、哥特式建筑、伊斯兰建筑的风格特征	拜占庭建筑特征；拜占庭建筑代表作品	拜占庭建筑概述；拜占庭建筑特征；典型拜占庭建筑
	罗马风建筑的特征与代表作品；哥特式建筑的特征与代表作品	西欧建筑概述；罗马风建筑；哥特式建筑
	伊斯兰建筑特征；伊斯兰建筑代表作品	伊斯兰建筑的类型；伊斯兰建筑特征；典型伊斯兰建筑

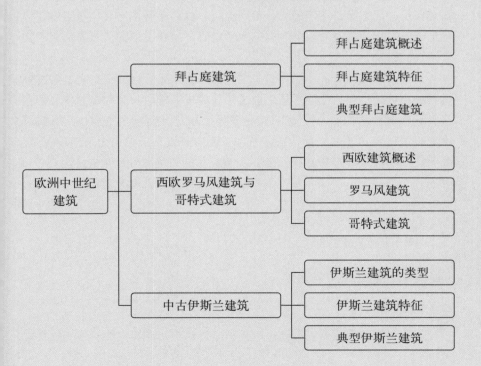

米兰大教堂

意大利最著名的哥特式教堂是米兰大教堂（图13-1）。它是欧洲中世纪最大的教堂之一，14世纪80年代动工，直到19世纪初才最后完成。教堂内部由四排巨柱隔开，宽达49米。中厅高约45米，而在横翼与中厅交叉处，更拔高至65米多，上面是一个八角形采光亭。中厅高出侧厅很少，侧高窗很小。内部比较幽暗，建筑的外部全由光彩夺目的白大理石筑成。高高的花窗、直立的扶壁以及135座尖塔，都表现出向上的动势，塔顶上的雕像仿佛正要飞升。两边正面是意大利人字山墙，也装饰着很多哥特式尖券尖塔，但它的门窗已经带有文艺复兴晚期的风格。

建筑没有终极，只有不断变革。欧洲中世纪是欧洲建筑发展的重要时期，这段时期的东西欧伴随着宗教的不同，建筑也有很大的不同，东欧发展的是古罗马的穹顶结构和集中式形制，而西罗马发展的则是古罗马的拱顶结构和巴西利卡形制。两种类型的建筑都各有各的特点，并且都对建筑的发展有了一定的促进作用。

第一节 拜占庭建筑

公元395年，罗马帝国分裂为东西两个国家，西罗马的首都仍在当时的罗马，而东罗马则将首都迁至君士坦丁堡，后人称为拜占庭帝国。拜占庭建筑就是诞生于这一时期的一种建筑文化。

一、拜占庭建筑概述

拜占庭建筑是在继承古罗马建筑文化的基础上发展起来的。由于地理位置的影响，它又吸取了波斯、两河流域、叙利亚等东方文化，形成了自己的建筑风格，并对后来俄罗斯的教堂建筑、伊斯兰教的清真寺建筑产生了积极的影响。

其建筑发展可分为三个阶段。公元4～6世纪的拜占庭主要是按古罗马城的样子来建设君士坦丁堡，建设了规模宏大的以一个穹隆为中心的圣索菲亚大教堂（图13-2）。后来，由于外敌相继入侵，国土缩小，建筑减少，规模也大不如前。其特点是占地少而向高发展，中央大穹隆没有了，改为几个小穹隆群，并着重于装饰，如威尼斯的圣马可大教堂（图13-3）。公元13～15世纪，"十字军"的数次东征使拜占庭帝国大受损失，这时建筑既不多，也没有什么新创造。

二、拜占庭建筑特征

1.屋顶造型普遍使用"穹隆顶"

2.集中式形制

整体造型中心凸出。在一般的拜占庭建筑中，建筑构图的中心往往是

图13-1
米兰大教堂/翁岩拍摄

图13-2
圣索菲亚大教堂/翁岩拍摄

图13-3
意大利威尼斯的圣马可大教堂/蒋璨拍摄

既高又大的圆穹顶，围绕这一中心部件周围又常常有序地设置一些与之协调的小穹顶或筒拱（图13-4）。穹顶和它四面的筒拱形成等臂的十字称为希腊十字式。

3.结构特征

它创造了把穹顶支撑在方形空间上的结构方法和与之相应的集中式建筑形制。其典型做法是在方形平面的4边发券，在4个券之间砌筑以对角线为直径的穹顶，仿佛一个完整的穹顶在4边被发券切割而成。它的重量完全由4个券承担，从而使内部空间获得了极大的自由。为了进一步提高穹顶的标志作用，完善集中式形制的外部形象，又在4个券的顶点之上做水平切口，在这切口之上再砌半圆形的穹顶。后来在这水平切口之上砌一段圆筒形的鼓座，穹顶砌在鼓座之上。水平切口所余下的4个角上的球面三角形部分，称为帆拱（图13-5）。帆拱既使得建筑方圆过渡自然，又扩大穹顶下空间，是拜占庭结构当中最具特色的。

4.装饰特征

拜占庭建筑的装饰是色彩斑斓、灿烂夺目、十分精美的（图13-6）。内墙装修有彩画和贴面两种。在色彩的使用上，变化而又统一，使建筑内部空间与外部立面显得灿烂夺目。彩画以粉画为主，而贴面材料则有多种，如大理石、马赛克等（图13-7、图13-8）。主题是宗教故事、人物、动物、植物等。石雕艺术的重点部位是发券、柱头、檐口等，题材是几何图案或植物等，如图13-9、图13-10所示。

三、典型拜占庭建筑

1.圣索菲亚大教堂

拜占庭建筑最光辉的代表是君士坦丁堡的圣索菲亚大教堂，是东正教

图13-4
拜占庭集中式形制建筑/
翁岩拍摄

图13-5
帆拱

图13-6
灿烂夺目的内部装饰/
翁岩拍摄

图13-7
圣索菲亚大教堂内景顶
上的壁画/翁岩拍摄

图13-8
马赛克镶嵌成的壁画/
翁岩拍摄

图13-9
圣索菲亚大教堂雕
刻镂空的精美柱头/
翁岩拍摄

图13-10
圣索菲亚大教堂柱式/
蒋璨拍摄

小知识：圣马可大教堂

圣马尔谷圣殿宗主教座堂，简称圣马可大教堂，矗立于威尼斯市中心的圣马可广场上，始建于公元829年，重建于1043～1071年。它曾是中世纪欧洲最大的教堂，是威尼斯建筑艺术的经典之作，它同时也是一座收藏丰富艺术品的宝库。圣马可大教堂是基督教世界最负盛名的大教堂之一，是第四次"十字军"东征的出发地，威尼斯的荣耀，威尼斯的富足，当然，还有威尼斯的历史和信仰尽在于此。

圣索菲亚大教堂是集中式的，内殿东西长77.0米，南北长71.7米。整个平面是个巨大的长方形。从外部造型看，它是个典型的以穹顶大厅为中心的集中式建筑。布局属于以穹隆覆盖的巴西利卡式。中央穹顶凸出，四面体量相仿但有侧重，前面有一个大院子，正南入口有两道门庭，末端有半圆神龛，如图13-12所示。

中央的大穹顶直径32.6米，离地54.8米，通过帆拱支撑在4个大柱墩上。内部空间丰富多变，穹顶之下，与柱之间，大小空间前后上下相互渗透。穹顶底部密排着一圈40个侧窗，将天然光线引入教堂，使整个空间变得飘忽、轻盈而又神奇，增加宗教气氛。而且也借助建筑的色彩语言，进一步营造艺术氛围。大厅的门窗玻璃是彩色的，柱墩和内墙面用白、绿、黑、红等彩色大理石拼成，柱子用绿色，柱头用白色，某些地方镶金，圆穹顶内都贴着蓝色和金色相间的玻璃马赛克。这些色彩交相辉映，既丰富多彩、富于变化，又和谐相处，统一于总体神圣、高贵、富有的意境，从而有力地显示了拜占庭建筑充分利用建筑的色彩语言构造艺术意境的魅力。这座建筑也就因此成为中世纪乃至人类建筑史上璀璨夺目、光耀千秋的杰作，如图13-13所示。

2. 圣马可大教堂

圣马可大教堂始建于公元829年。从外观上来看，它的5座圆顶仿自圣索菲亚大教堂，正面是华丽的拜占庭装饰，而整座教堂的整体布局呈现出希腊十字式的设计。

教堂内部从地板、墙壁到天花板上，都是细致的马赛克镶嵌画，主题涵盖了十二使徒的布道、基督受难、基督与先知以及圣人的肖像等。这些画作都覆盖着一层闪闪发亮的金箔，使得整座教堂都笼罩在金色的光芒里，所以教堂又被称为黄金教堂。教堂中间最后方是黄金祭坛，高1.4米，宽3.48米，上共有2000多颗各式宝石如珍珠、祖母绿和紫水晶等。中央的圆顶则是一幅耶稣升天的庞大镶嵌画，是由威尼斯一群非常优秀的工匠在13世纪完成的。这座伟大的教堂在1807年之前一直是威尼斯总督的私人礼

图 13-11
圣索菲亚大教堂全景/
翁岩拍摄

图 13-12
圣索菲亚大教堂

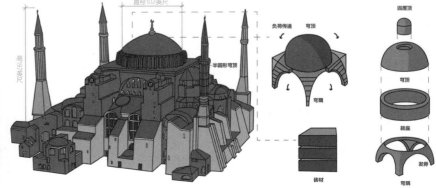

拜堂。

建设圣索菲亚大教堂后，拜占庭后来的教堂规模都很小，穹顶直径最大的也不超过6米。不过，这些教堂在外形上穹顶逐渐饱满起来，举起在鼓座之上，统率整体而成为中心，形成了垂直轴线，完成了集中式的构图，体形比早期的舒展、匀称。

第二节　西欧罗马风建筑与哥特式建筑

一、西欧建筑概述

罗马帝国末期，西欧经济衰落。公元5～10世纪，西欧进入封建社会后，建筑的体量都不是很大，建造也很粗糙。但封建制度毕竟比奴隶制度进步。城市的自由工匠们掌握了比古罗马的奴隶娴熟得多的手工技艺，建筑也进入了新阶段。除了教堂，各种公共建筑物也逐渐多了起来。

西欧中世纪封建制建筑大体上分两个时期：公元10～12世纪以教堂为代表的"罗马风"建筑；公元12～15世纪以法国为中心的哥特式建筑。早期基督教建筑是同拜占庭建筑同时发展起来的，包括古罗马迁都后的西罗马帝国时期及帝国灭亡后300余年的西欧封建混战时期的建筑。

二、罗马风建筑

1.罗马风建筑特征

公元9世纪左右，西欧正式进入封建社会。建筑除基督教教堂外，还有封建城堡与教会修道院等，其规模和意匠远不及古罗马建筑。建筑材料大多来自古罗马废墟，建筑艺术上继承了古罗马的半圆形券拱结构，形式上又略有古罗马的风格，故称为罗马风建筑。它所创造的扶壁、肋骨拱与束柱在结构与形式上都对后来的建筑影响很大。

2.典型罗马风建筑

比萨大教堂的钟塔和洗礼堂，是意大利中世纪最重要的建筑群之一（图13-14）。主教堂是拉丁十字式的，全长95米，有4排柱子。中厅用木桁架，侧廊用十字拱。正面高约32米，有4层空券廊作装饰，形体和光影都有丰富的变化。

钟塔在主教堂东南20多米，圆形，直径大约为16米，高8层，中间6层围着空券廊。后来，由于基础不均匀沉降，塔身开始逐年倾斜。但由于结构的合理性和设计施工的高超技艺，塔体本身并未遭到破坏，并一直流传至今，历时近千年。它就是享誉世界的比萨斜塔（图13-15）。

三、哥特式建筑

罗马风建筑之后，就是公元12～15世纪西欧以法国为中心的哥特式

图13-13
圣索菲亚大教堂内景/
翁岩拍摄

建筑。哥特式建筑是欧洲封建城市经济占主导地位时期的建筑。公元 10 ~ 12 世纪，随着欧洲封建社会进程的发展，建筑也逐步得到发展。这时期的建筑仍以教堂为主，但反映城市经济特点的城市广场、市政厅、手工业行会等也不少，市民住宅也大有改善。建筑风格完全脱离了古罗马的影响，而是以尖券（来自东方）、尖形肋骨拱顶、坡度很大的两坡屋面和教堂中的钟楼、扶壁、束柱、花空棂等为特点。

1.哥特式建筑特征

（1）结构体系　使用骨架券，用十字拱减轻拱顶的重量及侧推力；使用飞券传递屋顶的侧推力；使用两圆心的尖券或尖拱。

（2）内部空间　中厅窄而长，导向祭坛的动势明显；中厅很高，宗教气氛浓厚；框架式的结构；支柱和骨架嵌合为一体；玻璃窗面积大、颜色丰富。

（3）外部造型　西立面的构图特征：一对塔夹着中厅山墙的立面，以垂直线条为主。水平方面有山墙檐部比例修长的尖券栏杆和一、二层之间放置雕像的壁龛，把垂直方向分为 3 段。在中段的中央部分是象征天堂的玫瑰窗，下段是 3 个透视门洞。所有发券都是双圆心的尖券，使细部和整体显得非常统一。突出垂直线条向上升腾之势，产生挺拔向上直冲云霄之感（图 13-16）。水平划分较重，使立面较为温和、舒缓。

2.典型哥特式建筑

（1）巴黎圣母院　1163—1250 年建，是法兰西早期哥特式建筑的典型实例，位于巴黎城中（图 13-17）。入口西向，前面广场是市民的市集与节日活动中心。教堂平面宽约 47 米，深约 125 米，可容纳近万人。东端有半圆形通廊。中厅很高，是侧廊（高 9 余米）的 3.5 倍。结构用柱墩承重，使柱墩之间可以全部开窗，并有尖券六分拱顶、飞扶壁等。正面是一对高 60 余米的塔楼，粗壮的墩子把立面纵分为 3 段，两条水平向的雕饰又把 3 段联系起来。正中的玫瑰花窗（直径 13 米）、西侧的尖券形窗、到处可见的垂直线条与小尖塔装饰都是哥特式建筑的特色（图 13-18）。特别是正中高达 90 米的尖塔与前面的那对塔楼，使远近市民在狭窄的城市街道上举目可见。

图 13-14
比萨大教堂建筑群/蒋璨拍摄

图 13-15
比萨斜塔/蒋璨拍摄

图 13-16
哥特式建筑/翁岩拍摄

图 13-17
巴黎圣母院/蒋璨拍摄

图 13-18
巴黎圣母院西面翼廊上的玫瑰花窗与外立面图/翁岩拍摄

（2）兰斯主教堂　1211—1290年建，是法兰西国王的加冕教堂，主教堂内设有主教座，每个教区只有一所。该教堂以形体匀称、装饰纤巧著称，墩柱形式与装饰主题一致，格调统一，如图13-19所示。

（3）亚眠主教堂　1220—1288年建，是中厅系典型的法国哥特式建筑，宽约15米，高约43米。由于起伏交错的尖形肋骨交叉拱与把柱墩造成束柱的样式，看上去比真实的还要高，如图13-20所示。

（4）科隆主教堂　始建于1248年，是欧洲北部最大的哥特式建筑，半面143米×84米，西面的一对八角形塔楼建于1842—1880年，高达150余米，体态硕大。中厅宽12.6米，高46米。教堂内外布满雕刻与小尖塔等装饰，垂直向上感很强，如图13-21所示。

第三节　中古伊斯兰建筑

一、伊斯兰建筑的类型

由于建筑材料、技术、习惯和民族文化不同，伊斯兰建筑艺术风格也不统一，大多沿用当地的建筑传统和艺术元素。伊斯兰建筑艺术受美索不达米亚、埃及、波斯、希腊、罗马、拜占庭和中亚的影响，属于地中海谱系，主要特征包括多柱大厅、柱廊、穹顶、拱券、马赛克或釉面砖装饰等。

由于伊斯兰宗教的统一性和帝国集权性质，伊斯兰建筑特别是清真寺有一些共性的东西，如矩形平面、朝向原则、附带院落、宣礼塔、反对偶像崇拜所限定的雕塑与绘画风格等。清真寺是礼拜场所，也是社区中心、社交场所、法庭、学校和穆斯林旅行者的栖身之处。它无疑是我们理解伊斯兰建筑结构与审美趣味的最佳类型。在早期，清真寺是穆斯林社区的中心，它同时具有开展教育与进行慈善活动的功能。后来清真寺仅限于做礼拜，而其他具有特殊功能的机构分离出来，包括经文学院、救济院、医院、小学校等。伊斯兰建筑中有大量的纪念性陵墓。据说先知穆罕默德以及他创立的正统教义都不赞成修建陵墓，但这一建筑类型还是发展了起来。公元900年之前的陵墓很少见，而在此之后，先知、地方圣徒、国王显贵的陵庙建筑修建得越来越大，也越来越堂皇了。有的建筑已经成为伊斯兰的代表性建筑，其中以泰姬·玛哈尔陵最为著名，如图13-22~图

图13-19
兰斯主教堂/蒋璨拍摄

图13-20
亚眠主教堂/翁岩拍摄

图13-21
科隆主教堂/蒋璨拍摄

图 13-22
泰姬·玛哈尔陵/钟坤辰拍摄

图 13-23
泰姬·玛哈尔陵细节/钟坤辰拍摄

图 13-24
泰姬·玛哈尔陵细节/蒋璨拍摄

13-24所示。虽然各地宫殿的平面与尺度不同，但有一个共同的特点，就是具有高度的凝集性，往往围绕一个或数个院落安排，与欧洲的宫殿和城堡大不相同。在沙漠地区，伊斯兰宫殿如同一片绿洲，宫殿建于花园之中，或花园位于宫殿之中，在炎炎烈日下提供一片清凉。建于城市中心的宫殿被大大改建了，而保留着原样的建筑一般都成了废墟，只有通过考古发掘来了解。

二、伊斯兰建筑特征

伊斯兰建筑独具特色的要素有尖拱、洋葱形拱顶、内角拱、蜂窝拱、光塔、伊旺等。其中尖拱是伊斯兰建筑的主要表现形式，它与古罗马的圆形拱券相比，在视觉上有向上的动感，而且在结构上可以化简其上部的压力，使建筑物建得更高而且更为坚固。正是因为这一优点，使它成为后来西方哥特式建筑师的灵感之源。由于伊斯兰拱券呈尖头状，故穹顶的外形一般也采用了尖顶式的洋葱形式样，与西方的呈半球形的圆顶相比，轮廓更饱满，线条更富有变化，结构也更加稳固。当然，在伊斯兰建筑的起始阶段尚未形成这一特色，最初巴勒斯坦圣石庙、大马士革大清真寺以及后期奥斯曼突厥人的清真寺建筑中，主要承袭的是罗马和拜占庭的圆券和圆顶形式。穹顶构造技术对美化室内外的建筑景观，提升建筑物的纪念性效果起到决定性作用，而最不寻常的是15世纪伊朗和中亚地区那些美丽的圆顶。内角拱是一种在正方形或长方形平面之上创造拱顶或穹顶的方法，以叠涩法砌造，用以支撑横跨方形角落的拱券或圆顶。这与拜占庭的帆拱技术有着异曲同工之妙。至少从10世纪开始，内角拱的后部就实现了无负载重量，因此这一区域可供做任何装饰性的处理。在传统的内角拱和帆拱的基础上，穆斯林建筑师创造了一些新的装饰形式，以解决拱顶与底座之间的过渡问题。其中最著名的是钟乳拱，或称蜂窝拱，是由一排排密集而凸起的微型壁龛构成的。

高高的光塔（Minaret，又译宣礼塔）是清真寺的外观标志，也是纪念性陵墓的地标。它的前身是早期清真寺院内简单的高台，在做礼拜之前，宣礼人站在上面用声音来宣告礼拜时刻和召集信徒。光塔形制多种多样，起初为方形的、盘旋上升形的，在后期则多为圆柱形的。在中亚与伊朗地区，光塔还与大型入口的"伊旺"结合为一体。"伊旺"是一种在高大建筑壁面上开设的向内凹进、形同壁龛状的建筑形式，一般用作门廊。

伊斯兰建筑广泛地使用了石头、木材、灰泥、砖块、赤陶以及瓷砖进行装饰，还采用了雕刻、涂绘、上釉和泥金等多种技法来制作装饰面。伊斯兰教义反对以人的形象来表现主体的作品，所以建筑装饰的题材是以抽象的几何纹样、植物纹样、阿拉伯纹样、书法铭文为主。这些装饰的主体通常由一些单元格构成，具有比较强的延展性，可以无限地重复扩展以此来增加装饰的面积。在自然环境以黄褐色与棕色为主色调的地区，鲜亮的色彩是使建筑凸出于背景的重要方式。例如在伊朗与中亚的那些天青色的釉彩圆顶反射着天穹的光彩，赋予建筑一种脱离卑微尘世的高贵感。

三、典型伊斯兰建筑

1.大马士革倭马亚清真寺

大马士革的倭马亚清真寺坐落在叙利亚，它是世界上最著名的清真寺之一，也是伊斯兰教第四大清真寺，是倭马亚王朝国王于公元705年亲自主持建造的清真寺（图13-25）。它的工匠大多来自君士坦丁堡、埃及和大马士革本地。倭马亚清真寺为矩形平面的院落式布局，占地160米×100米。四周有围墙围合，围墙内附一圈圆拱券廊。东西两街的中心位置都有入口，东侧为主入口。礼拜堂是一个长方形大厅，一侧与院墙相接。大厅占据整个院落的南半部分，长136米，宽37米。纵向用两排柱分隔成3个开间，横向有24列柱，分成25个开间。清真寺的外观比较简陋，庭院内周围都是两道连续的拱券廊，在礼拜堂的中央开间有三角形山花，外墙绘有彩绘图案。

礼拜堂的入口上方是一个大的半圆形盘券，其内嵌套3个连续的子券。礼拜堂中央的位置后加建了一个拜占庭式的穹顶，带有八边形鼓座，穹顶和鼓座上都有开窗。在院落的东南角、西南角和北侧外墙的中央位置还建有3座尖塔，因是不同年份建造的，而显出不同的风格。礼拜堂内空间通透明亮，内部的柱子都是用大理石雕刻而成。廊柱分两组，下高上低。据史料记载，大厅中的四壁和圆柱上雕刻着较精致的花纹，大厅的顶部垂挂着一个偌大的灯。礼拜堂外面的广场和周边走廊的墙壁上都含有金砂这种材质，石块和贝壳镶嵌而成的巨幅壁画，描绘出了倭马亚时代大马士革的繁荣景象，它也是伊斯兰教清真寺建筑最早的范本。

2.科尔多瓦大清真寺

建于785年的科尔多瓦清真寺位于西班牙科尔多瓦市历史文化中心地带，是穆斯林在西班牙遗留下来的最为美丽的建筑之一，如图13-26、图13-27所示。走进清真寺大教堂内会把你带到另一个年代，恢宏的大门、圆顶、马赛克、瓷砖和装饰得令人惊叹不已的大厅，具有摩尔建筑和西班牙建筑的混合风格，也是伊斯兰世界最大的清真寺之一。清真寺平面为长方形，北面大殿为主要建筑，正殿中的石柱和拱门近三分之一被毁，从中建起一座文艺复兴式的教堂，包括主教堂、小礼拜堂、唱诗班等几部分。东西长126米，南北宽112米，石柱密布，如同柱林。现在殿内尚存的850根石柱，间距不到3米的18排石柱将正殿分成南北19行，每行各有29个拱门的廊翼，每个拱门又各有两层重叠的马蹄形拱券，用红砖和白云石交替砌成。

科尔多瓦大清真寺最初的形制来自叙利亚。建筑的平面为矩形院落式

图13-25
大马士革倭马亚清真寺/
钟坤辰拍摄

图13-26
科尔多瓦大清真寺/钟坤辰
拍摄

图13-27
科尔多瓦大清真寺细节/
翁岩拍摄

布局，占地面积约为135米×175米。入口在南侧，偏西。尖塔紧邻入口大门，平面为正方形，塔身分5段，层层缩减，上面还有一些栏杆、壁龛和一些雕刻装饰。北侧院落内遍植橘树，所以有"橘院"之称。巨大的礼拜堂占据着这个院落南部的3/5的面积，其余三个方向为单进的拱廊。规整悠长的柱廊层层叠叠，使整个室内空间总是回荡着一种神秘迷惘的宗教气息。拱廊为上下双层，采用马蹄形拱券和红白相间的大理石砌筑。柱子是古罗马科林斯式，没有柱础。柱高有3米，与桩高相比大约为1∶1。礼拜堂一侧有八角形的穹顶，石砌的工艺十分精湛，与拱廊一样，显示出拜占庭建筑的风格特征。圣龛是这座清真寺内最高贵的地方，由雕花大理石制成，其上装饰有拜占庭式的马赛克壁画。自8世纪以来，科尔多瓦大清真寺经历了多次的改建，融合了罗马式、哥特式、拜占庭、叙利亚和波斯等各地的多层建筑因素，成为西班牙最美丽且最独特的建筑。

3. 比比–哈内姆大清真寺

比比–哈内姆大清真寺位于乌兹别克斯坦撒马尔罕，在当时被认为是东方最雄伟的建筑之一，如图13-28、图13-29所示。

清真寺平面为方形院落式布局，主入口朝东，沿东西南轴线完全对称。内院63米宽，76米深，规则整齐。清真寺主要包括入口大门、礼拜堂、带有单面柱廊的围墙、南北两侧的侧殿和围墙四角的4座八边形塔。入口大门进深为4个开间，19米高，尺度巨大。从清真寺的外观看，正殿上方耸立着天蓝色的大穹顶，它的周围还环绕着398个大小不一的小穹顶，表达出恢宏和迷人的风采。清真寺的所有墙壁上都镶有彩色瓷砖拼成的各式图案和彩石镶嵌的壁画。该寺的大门上镌刻着细密的花卉藤蔓和回纹图案。在阳光照耀下，显示着独特的神韵。比比–哈内姆大清真寺常是帖木儿时代最杰出的建筑之一，代表着中亚伊斯兰建筑的最高成就，可惜现状损毁十分严重。

图13-28
比比-哈内姆大清真寺/
钟坤辰拍摄

图13-29
比比-哈内姆大清真寺
细节/翁岩拍摄

深度阅读

拜占庭建筑的发展

第十四章
意大利文艺复兴
建筑与巴洛克
建筑

美国历史学家克罗斯比在《哥伦布大交换》中写道："虽然文艺复兴的年月已远，文艺复兴式的综合整理，却依然亟须尝试。将各行专家的发现整合起来，建立我们对这个星球上的生命的整体认识。"建筑师们善于运用自然光的幻影来增加建筑的虚实、明暗对比，并达到了玄妙的效果。文艺复兴就像是一种心情，此心情氤氲了整个欧罗巴，别的盛衰可依其行为而踪迹之，文艺复兴至今言犹在耳事犹在身。

第十四章要点概况

能力目标	知识要点	相关知识
了解意大利文艺复兴建筑的发展，能够通过代表作品分析文艺复兴建筑和巴洛克建筑的主要特征	佛罗伦萨主教堂穹顶的特点；圣彼得大教堂的特点；文艺复兴时期主要代表人物及其代表作品	文艺复兴建筑的春雷；文艺复兴建筑的成熟；文艺复兴建筑的巅峰与衰落；文艺复兴时期的群星荟萃
	巴洛克建筑的特点及代表作品	巴洛克建筑的产生；巴洛克建筑的兴盛；巴洛克建筑的特征

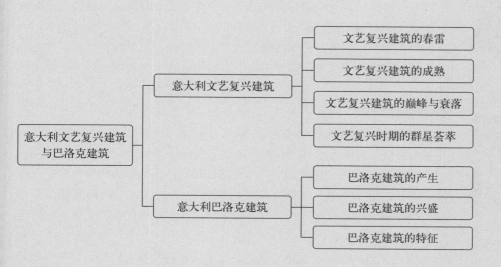

图 14-1
圣卡罗教堂 / 周承君
拍摄

图 14-2
佛罗伦萨主教堂

图 14-3
佛罗伦萨主教堂穹顶内面 /
翁岩拍摄

巴洛克建筑典型实例有意大利罗马的圣卡罗教堂（图 14-1），是波洛米尼设计的。它的殿堂平面近似橄榄形，周围有一些不规则的小祈祷室，此外还有生活庭院。殿堂平面与天花装饰强调曲线动态，立面山花断开，檐部水平弯曲，墙壁凹凸度很大，装饰丰富，有强烈的光影效果。尽管设计手法纯熟，也难免有矫揉造作之感。17 世纪中叶以后，巴洛克式教堂在意大利风靡一时，其中不乏新颖独创的作品，但也有手法拙劣、堆砌过分的建筑。

意大利在中世纪就建立了一批独立的、经济繁荣的城市共和国。到 14 ～ 15 世纪，在佛罗伦萨等城市产生了早期的资产阶级思想。思想的核心是肯定人生，焕发对生活的热情，争取个人在现实世界中的全面发展，被后人称为人文主义。资产阶级建筑文化从市民建筑中分化出来，积极地向古罗马的建筑学习。同时诞生了真正的建筑师，他们富有生命力，在作品中追求鲜明的个性，创造了新的建筑形制、新的空间组合、新的艺术形式和手法，利用了科学技术的新成就，在结构和施工上都有很大的进步，造成了西欧建筑史的新高峰，并且为以后几个世纪的建筑发展开辟了广阔的道路。在当下，我们要充分借鉴西方人文主义的积极因素，立足于中国特色社会主义的现实，坚持以人为本，构建社会主义和谐社会。

第一节　意大利文艺复兴建筑

一、文艺复兴建筑的春雷

标志着意大利文艺复兴建筑开始的是佛罗伦萨主教堂的穹顶（图 14-2）。它的设计和建造过程、技术成就和艺术特色，都体现着新时代的进取精神。

主教堂是 13 世纪末佛罗伦萨的商业和手工业行会从贵族手中夺取了政权后，作为共和政体的纪念碑而建造的。由建筑师坎比奥设计。主教堂的形制很有独创性，虽然大体还是拉丁十字式的，但突破了中世纪教会的禁制，把东部歌坛设计成近似集中式的。这个 8 边形的歌坛，对边的宽度是 42.2 米，预计用穹顶覆盖。

15 世纪初，伯鲁乃列斯基着手设计这个穹顶。为了设计穹顶，伯鲁乃列斯基到罗马逗留几年，废寝忘食，潜心钻研古代的拱券技术，测绘古代遗迹，连一个安置铁插楔的凹槽都不放过。回到佛罗伦萨后，他做了穹顶和脚手架的模型，制定了大穹顶详细的结构和施工方案。他不仅考虑了穹顶的排水、采光和设置小楼梯等问题，还考虑了风力、暴风雨和地震等，并提出了相应的措施。

为了突出穹顶，先砌了一段 12 米高的鼓座。把这样大的穹顶放在鼓座上，这是前所未有的。虽然鼓座的墙厚达 4.9 米，伯鲁乃列斯基还是采取各种有效的措施减小穹顶的侧推力和重量，经过艰辛的努力，最终取得巨大的成功。佛罗伦萨主教堂的穹顶是世界上最大的穹顶之一（图 14-3 ～图 14-5）。它的结构和构造的精致远远超过了古罗马和拜占庭的。它是西欧第一个造在鼓座上的大型穹顶。穹顶平均厚度和直径之比为1∶21，而古罗马万神庙的则为1∶11。结构的规模也远远超过了中世纪的。

这个穹顶的施工也是一项伟大的成就。它的起脚高于室内地面55米，顶端底面高91米。这样的高空作业，脚手架技术发挥了重要作用。伯鲁乃列斯基还创造了一种垂直运输机械，利用了平衡锤和滑轮组，以至于用一头牛就可以做一般要6头牛才能做的功。因为这项工程的困难程度显而易见，所以当伯鲁乃列斯基提出他设计的施工方案时，曾经被人认为发了疯，甚至被撵出会场。工程开始后，又有人以为100年也造不成。但事实上只用了十几年时间，1431年就完成了穹顶。伯鲁乃列斯基接着建造顶上的采光亭，在接近完工时逝世，他被恭敬地安葬在这座主教堂里。采光亭1470年完成建造。

这座穹顶重大历史意义在于：第一，它是在建筑中突破教会的精神专制的标志。当时天主教会把集中式平面和穹顶看作异教庙宇的形制，严加排斥，而工匠们竟置教会的戒律于不顾，这需要很大的勇气、很高的觉醒才能这样做。第二，古罗马的穹顶和拜占庭的大型穹顶，在外观上是半露半掩的，还不会把它作为重要的造型手段。但佛罗伦萨主教堂的穹顶，借鉴了拜占庭小型教堂的手法，使用了鼓座，把穹顶全部表现出来，包括采光亭在内，总高107米，成了整个城市轮廓线的中心。这在西欧是前无古人的，因此，它是文艺复兴时期独创精神的标志。第三，无论在结构上还是在施工上，这座穹顶的首创性的幅度都是很大的，这标志着文艺复兴时期科学技术的普遍进步。佛罗伦萨主教堂的穹顶被公认为是意大利文艺复兴建筑的第一件作品、新时代的第一朵迎春花。

二、文艺复兴建筑的成熟

16世纪上半叶，由于新大陆的开拓和新航路的开辟，地中海不再是欧洲对外贸易的中心，罗马城恢复了政治经济地位，逐渐繁荣起来，成为新的文化中心。15世纪各先进城市里培养出来的人文主义学者、艺术家、建筑师们纷纷向罗马集中，文艺复兴运动进入全盛时期。由于长期荒废，屋

图14-4
佛罗伦萨主教堂穹顶

图14-5
佛罗伦萨主教堂穹顶
剖面图

图 14-6
坦比哀多示意图

图 14-7
坦比哀多 / 周承君拍摄

图 14-8
圣彼得大教堂和广场鸟瞰

图 14-9
圣彼得大教堂

子残败，罗马为建筑业提供了大量的机会，而教廷和教会贵族大兴土木，更促进了建筑业的繁荣。

文艺复兴早期的艺术家和市民保持着直接的关系，而盛期的艺术家主要是在教皇的庇护下得以成功。文艺复兴盛期的建筑创作不得不依附于教廷和教会贵族，主要的大作品是教堂、梵蒂冈宫、枢密院、教廷贵族的府邸等。因此，先进的社会理想经常同教会发生尖锐的冲突。幸运的是，这时期的教皇有几位是出色的人文主义学者，他们懂得尊重各个文化艺术领域中的"巨人"，支持他们的创作。当时罗马人口虽然还不到15万，而文化艺术却具有真正的盛期气象。

盛期文艺复兴建筑的纪念性风格的典型代表作是罗马的坦比哀多，如图 14-6、图 14-7。设计人为伯拉孟特（Donato Bramante）。这是一座集中式的圆形建筑物，神堂外墙面直径6.1米，周围一圈多立克式的柱廊，16根柱子，高3.6米，连穹顶上的十字架在内，总高为14.7米，有地下墓室。集中式的形体、饱满的穹顶、圆柱形的神堂和鼓座，外加一圈柱廊，使它的体积感很强，完全不同于15世纪上半叶佛罗伦萨偏重于一个立面的建筑。建筑物虽小，但有层次，有几种几何体的变化，有虚实的映衬，构图很丰富。环廊上的柱子，经过鼓座上壁柱的接应，同穹顶的肋相首尾，从下而上，一气呵成，浑然完整。它的体积感、完整性和它的多立克柱式，使它显得十分雄健刚劲。

伯拉孟特设计的坦比哀多是文艺复兴时期第一个成熟的集中式纪念建筑，第一个成熟的穹顶外形，它的诞生标志着文艺复兴的盛期到来。坦比哀多的重要性有两层含义：一是它作为基督教圣地的纪念性；二是它作为建筑作品的高度成就。它的宗教性意义在于其所在的地理位置是圣徒彼得的殉道所在地。它的建筑性意义在于它几乎为后世定义了基督教建筑应该长成什么样子。

三、文艺复兴建筑的巅峰与衰落

圣彼得大教堂作为世界上最大的天主教堂、文艺复兴最重大的工程，在它长达120年（1506—1626年）的建造期内凝聚了几代著名匠师的智慧，这期间罗马最优秀的建筑师都曾经主持或参与过圣彼得大教堂的营造。圣彼得大教堂代表了16世纪意大利建筑、结构和施工的最高成就，是意大利文艺复兴建筑最伟大的纪念碑（图 14-8 ～图 14-13）。

1.伯拉孟特的雄心

16世纪初，教皇尤利乌斯二世（Julius Ⅱ，1503—1513年在位）为了重振已分裂的教会，实现教皇国的统一，决定重建已破旧不堪的圣彼得大教堂，要求该教堂的规模超过最大异教庙宇——古罗马的万神庙。1505年，伯拉孟特的方案在竞赛中脱颖而出，伯拉孟特在缅怀古罗马的伟大荣耀的思想推动下，立志要建造亘古未有的伟大建筑。他设计的教堂形制非常新颖，其平面是希腊十字式的，四臂比较长。在希腊十字的正中，覆盖大穹顶。正方形4个角上各有一个小穹顶，形成了较小的十字形空间。它们的外侧，是4个方塔，4个立面完全一样。大圆顶的鼓座上部围筑一圈柱廊，外形很像坦比哀多。

伯拉孟特的方案与达·芬奇手稿上的方案非常相似，伯拉孟特在米兰时曾经与达·芬奇结交，很可能见过他的手稿。达·芬奇的宏伟构想借伯拉孟特的手得以实现（虽然只是部分实现），这也许是上帝对命运坎坷的达·芬奇的一种补偿。1506年，教堂正式开始动工，协助伯拉孟特工作的是帕鲁齐和小桑迦洛。1514年，伯拉孟特去世，教堂的建设开始出现反复。

2.温顺的拉斐尔

新任的教皇显然并不欣赏伯拉孟特的纪念碑，他任命拉斐尔接替伯拉孟特的工作，并且提出了新的要求。他要求拉斐尔修改方案以尽可能地利用全部原有地段和容纳更多的信徒。

和他的绘画一样，拉斐尔的建筑风格温柔秀雅，但往往失于虚夸，自然无法理解伯拉孟特的宏伟蓝图。他虽然保留了已经建成的东立面，但在构图上抛弃了伯拉孟特的希腊十字，在西面增加了一个长达120米以上的巴西利卡，使平面演变成了拉丁十字的形式。这样就使得穹顶的统帅作用遭到严重削弱。西立面的巴西利卡在立面构图上像是把3个巴齐礼拜堂并列立在一起，却没有像巴齐礼拜堂那样把整个立面同整个体面构图紧密联系起来。这反映了拉斐尔作为画家在立体空间造型上的局限。

拉斐尔主持工程没有持续多久就被两件震动罗马的大事打断了：一件事是1517年在德国爆发的宗教改革运动；另一件事是1527年西班牙军队一度占领罗马。在这些事件的影响下，圣彼得大教堂的兴建在风雨飘摇中停滞了二十几年。1534年，圣彼得大教堂的工程终于得以再度进行，主持工作的帕鲁齐想把方案改回集中式的但没有成功。1536年，小桑迦洛成为

■ ■

世界上最大的教堂：圣彼得大教堂

圣彼得大教堂（又称圣伯多禄大教堂，Basilica di San Pietro in Vatican）是位于梵蒂冈的一座天主教宗座圣殿，为天主教会重要的象征之一。其由拉斐尔、米开朗基罗等建筑师设计并完善，是世界上最大的教堂、最杰出的文艺复兴建筑和天主教会最神圣的地点。该教堂与基督教历史上许多事件都有很强的关联，如教宗国、宗教改革、反宗教改革等。

■ ■

图14-10
圣彼得大教堂主入口/
翁岩拍摄

图14-11
圣彼得大教堂穹顶

图14-12
圣彼得大教堂室内

图14-13
圣彼得大教堂圣坛

新的主持者，他在教会的压力下不得不维持拉丁十字的平面，但他巧妙地在东部更接近伯拉孟特的方案，在西部又以一个比较小的希腊十字代替了拉斐尔的巴西利卡，这样集中式的布局仍然占主体地位。他在鼓座上设上下两层券廊，尺度比较准确，也比较华丽，在西立面设计了一对钟塔，很像中世纪的哥特式教堂，显现出天主教会反改革运动的影响。但工程没有重大进展。1546年小桑迦洛逝世。

3. 米开朗琪罗登场

1547年，教皇任命文艺复兴时期最伟大的艺术家米开朗琪罗主持圣彼得大教堂的工程。米开朗琪罗抱着"要使古代希腊和罗马建筑黯然失色"的雄心壮志去工作，凭着自己巨大的声望，他与教皇约定：他有全权决定方案，如果必要的话，他甚至有权决定拆除已经建成的部分。要求教皇敕令全体建筑人员必须听命于他。

作为伟大的雕塑家，米开朗琪罗的建筑作品虽然不多，但他设计的建筑物大都极富创造力，建筑物层次丰富，立体感很强，光影变化剧烈，风格刚劲有力，洋溢着英雄主义精神，同他的雕刻和绘画风格一致。他也善于把雕刻同建筑结合起来，常常不顾建筑的结构逻辑，表现出一种激动、不安的情绪。因此，他是样式主义的开创者。巴洛克建筑的建筑师们也把他奉为导师之一。

米开朗琪罗抛弃了拉丁十字平面，基本上恢复了伯拉孟特的平面。不过他大大加强了承托穹顶的4个柱墩，简化了4角布局。在正立面设计了9开间的柱廊。他的设计极其雄伟壮观，体积的构图超越了立面构图被强调出来。这些都体现出米开朗琪罗作为激越的雕塑家的性格与特点。

1564年，米开朗琪罗逝世，教堂已经建造到了鼓座，接替他工作的泡达和封丹纳大体按照他遗留下来的模型在1590年完成了穹顶。穹顶直径41.9米，非常接近万神庙。内部顶高123.4米，几乎是万神庙的3倍。希腊十字的两臂内部宽27.5米，高46.2米，通长140多米，超越了马克辛提乌斯巴西利卡。穹顶外采光塔上的十字架顶点高137.8米，成为全罗马最高点。创造一个比任何古罗马建筑都宏大的愿望实现了，圣彼得大教堂堪称是人类最伟大的工程之一。

穹顶的肋是石砌，其余部分用砖，分内外两层，内层厚度大约3米。轮廓饱满而有张力，12根肋加强了这个印象。鼓座上的壁柱、断折檐部和龛造成明确的节奏，与圣坛墙面上的壁柱等相呼应。它的整体构图很完整。建成以后，穹顶出现了几次裂缝，为了牢靠，人们在底部加上8道铁链。

圣彼得大教堂的穹顶比佛罗伦萨主教堂的穹顶有了很大进步，因为它是真正球面的，整体性比较强，而佛罗伦萨主教堂的是八瓣的；为了减少侧推力，佛罗伦萨主教堂的穹顶轮廓比较长，而圣彼得大教堂轮廓饱满，只略高于半球形，侧推力大，这显示了结构和施工上的进步。在穹顶施工期间，维尼奥拉于1564年设计了四角的小穹顶。

4. 永远的遗憾

到了16世纪中叶，伟大的文艺复兴运动已经走向了尾声，保守势力再度占了上风。特伦特宗教会议规定，天主教堂必须是拉丁十字的，维尼奥拉设计的罗马耶稣会教堂被当作推荐的榜样。17世纪初，在耶稣会的压力下，教皇保罗五世决定把希腊十字平面改为拉丁十字平面，命令马丹纳拆除已经动工的米开朗琪罗设计的立面，在前面加了一段三跨的巴西利卡式大厅。圣彼得大教堂空间和外部形体的完整性遭到了严重的破坏。由于巴西利卡式大厅巨大体形的遮挡，在西立面前方很长的距离内无法看到完整的穹顶，穹顶在构图上的统帅作用没有了。新的西立面虽然非常高大（总高51米，壁柱高27.6米），但由于立面构图混乱和尺度处理上的失败，反倒没有充分体现出巨大高度本身所应具有的艺术效果。

凝结了几代大师毕生心血的圣彼得大教堂遭到了无可挽回的损害。但它还是空前的雄伟壮丽。走进它的大门，尤其是来到穹顶之下，建筑艺术家伟大的创造力得到了酣畅淋漓地表现。

5.不朽的纪念碑

1655—1667年，教廷总建筑师贝尼尼建造了杰出的教堂入口广场。广场以1586年竖立的方尖碑为中心，由梯形和椭圆形平面组成，椭圆形平面的长轴为198米，周围由284根塔司干柱子组成的柱廊环绕着。柱子密密层层，光影变化剧烈，所以虽然柱式严谨，但构思是巴洛克式的。广场地面略有坡度，地面向教堂逐渐升高，当教皇在教堂前为信徒祝福时，全场都可以看到他。圣彼得大教堂全部工程至此完成。

文艺复兴建筑的第一个纪念碑——佛罗伦萨主教堂穹顶，带着前一个时期的色彩（哥特式的余韵）；它的最后一个纪念碑——圣彼得大教堂，却带着下一个时期的色彩（巴洛克特点）。它们都不是完美无缺的，但它们却同样鲜明地反映着资本主义萌芽时期的历史性的社会斗争，反映着这个时代的巨人们在思想原则和技术原则上的坚定性。

四、文艺复兴时期的群星荟萃

文艺复兴时期的建筑领域，活跃着许多建筑巨匠，可谓群星璀璨。他们的创作活动披荆斩棘，焕发出创造新的建筑文化的热情。当然，文艺复兴的出现并不是自然生长的，而是通过人们坚定、自觉探索的结果。任何个人的风格都不是由个人的主观癖好形成的，而是他和他所服务的人们之间相互影响、相互制约的共同活动的产物。正是在这个过程中，杰出人物成了某种社会力量的代表，他们的创作风格成了时代风格的代表。

1.伯鲁乃列斯基

伯鲁乃列斯基（1377—1446年）是意大利文艺复兴早期的建筑大师，主要在佛罗伦萨生活和工作。早年学习金匠手艺和雕塑。在佛罗伦萨主教堂穹顶设计方案中选之后，才开始一生中重要建筑作品的建造。他还建造了佛罗伦萨育婴院、巴齐礼拜堂和多所教堂。他对焦点透视法的发展亦做出很大的贡献，对建筑设计和绘画都有很重大的意义。

2.阿尔伯蒂

阿尔伯蒂（1404—1472年）是意大利文艺复兴时期重要建筑师、诗人、音乐家、画家、数学家、自然科学家和运动健将。在建筑领域，阿尔伯蒂首先是个理论家。他对古罗马维特鲁威及其《建筑十书》有深入的研究，他对古典建筑的比例关系、柱式运用和城市规划等有很深的造诣，有力推动了文艺复兴建筑艺术与技术的发展。阿尔伯蒂虽然推崇古典建筑，在实践中却能大胆创新，他多次将古典柱式改造成壁柱，并用在了鲁切拉府邸和圣玛丽亚大教堂上，成为后来文艺复兴建筑的一个标志性的装饰手法。

3.米开朗琪罗

米开朗琪罗（1475—1564年）是意大利文艺复兴时期最伟大的画家、雕塑家，人类最伟大、最杰出的建筑大师。他的设计与其绘画和雕塑风格一致，立体感、运动感强烈。由于装饰手法丰富，米开朗琪罗被看作文艺复兴晚期的美术流派——样式主义的开创者，同时也很受后来的巴洛克艺术家的推崇。米开朗琪罗最荣耀的艺术实践是建筑。1546年教皇请他作为罗马圣彼得大教堂的建筑师，考虑到年事已高，他拒绝了这项工作。在教皇的一再坚持下他最终拒绝报酬而接受了这项委托。他涉足建筑时已经40多岁，当时正值佛罗伦萨与罗马在美第奇家族统治下大兴土木，而米开朗琪罗作为硕果仅存的巨匠是当之无愧的设计师。这些巨作随即成为全欧洲瞩目的焦点。其中佛罗伦萨的教堂、罗马的府邸、市政广场及教堂都被尊为西方建筑史上的经典，对后世产生深远影响。他的建筑作品、设计过程和建设结果都反映着文艺复兴时代建筑作为独立学科的萌芽与发展，以及建筑作为视觉与空间设计产品的艺术内涵，以及与其他视觉艺术之间互动的共生关系。而雕塑的概念和元素在米开朗琪罗的建筑中更是得到了淋漓尽致的表现（图14-14）。

4. 拉斐尔

拉斐尔（1483—1520年）是意大利文艺复兴时期最有影响力的建筑师之一，其传世的建筑作品不多，但都被尊为范本。1508年拉斐尔来到罗马，为梵蒂冈宫绘制大型壁画《雅典学院》，描绘了一座想象中的带有巨大穹顶的古希腊建筑，表现了文艺复兴艺术家对古典风格的向往。在建筑实践中，拉斐尔偏爱带穹顶的纪念性建筑。1514年拉斐尔被任命为罗马圣彼得大教堂的建筑师之一，但6年后他便去世了。佛罗伦萨的潘道菲尼府邸为拉斐尔所作。拉斐尔的风格不像米开朗琪罗的波澜壮阔。因为他一生得志，性格和蔼，所以他在创作方面形成了娴雅的气质。图14-15是他的作品。在建筑风格上，拉斐尔学习伯拉孟特，但作品比伯拉孟特要更优雅、更素净。

5. 伯拉孟特

伯拉孟特（1444—1514年）是意大利文艺复兴时期最有影响力的建筑师之一，设计了米兰圣玛利亚大教堂，1500年后移居罗马，为教皇工作，直到逝世。这期间，他为建造新的圣彼得大教堂奠定了中心部分的墙基。罗马的坦比哀多教堂是他的代表作。伯拉孟特作品从整体和结构上体现了古典建筑的精神。他对古希腊、古罗马时代的建筑，尤其是纪念性建筑很感兴趣。在罗马，伯拉孟特的建筑作品表现出一种气势宏大的古典建筑，它对后来意大利建筑的发展影响很大。

6. 帕拉第奥

帕拉第奥（1508—1580年）是意大利文艺复兴晚期的建筑大师，其主要活动在意大利维琴察和威尼斯。帕拉第奥在建筑理论方面有显著的成就。1570年他出版的《建筑四论》一书继承了古罗马维特鲁威的传统，论述了古希腊、古罗马时期建筑的构图比例等，并介绍了他本人的作品。帕拉第奥的创作实践对后代影响很大。他所设计的私人别墅均因风格冷静严谨、比例和谐而闻名。"帕拉第奥母题"式的柱廊更是被后世很多建筑仿效。18世纪流行于英美的建筑，以他的作品为范本，追求古典、庄严的气质。甚至在现代建筑如柯布西耶的萨伏伊别墅中，也能找到帕拉第奥"圆厅别墅"（图14-16）的影子。

圆厅别墅建于1552年，特点是结构严谨对称、风格冷静，反映了一种

图14-14
圣彼得大教堂雕塑/
周承君拍摄

图14-15
圣彼得大教堂壁画/
翁岩拍摄

图14-16
圆厅别墅

"绚烂至极归于平淡"的趋势。其主体平面呈正方形，中间有圆厅，因此得名。由于建在一座小山丘上，别墅四面均可以看到美丽的风景。别墅四面的造型也非常一致，各有一个爱奥尼柱子支撑着三角形门楣的门廊，前面有台阶（图14-17）。这原本是宗教建筑的样式，用在这里是为了表现与俗世环境的距离感。同样，中间圆厅上加穹顶也模仿了宗教纪念性建筑，象征着宗教的精神世界。整座别墅由最基本的几何形体如长方体、圆柱体、球体等组成，用色素雅，简洁中透出庄重的气质。

图14-17
圆厅别墅的山花和穹顶

第二节　意大利巴洛克建筑

以树立人的尊严、解放人的心智、确信人的价值和能力为基本内容的文艺复兴运动结束后，两股新的文化潮流代之而兴，一股是巴洛克，一股是古典主义。

一、巴洛克建筑的产生

巴洛克建筑是17～18世纪在意大利文艺复兴建筑基础上发展起来的一种建筑和装饰风格。其特点是外形自由，追求动态，喜好富丽的装饰和雕刻、强烈的色彩，常用穿插的曲面和椭圆形的空间（图14-18）。巴洛克（Baroque）一词原意是畸形的珍珠，其艺术特点就是扭曲、不规整、奇异古怪，古典主义者用它来称呼这种被认为是离经叛道的建筑风格。这种风格在反对僵化的古典形式、追求自由奔放的格调和表达世俗情趣等方面发挥了重要作用，对城市广场、园林艺术以至文学艺术都产生影响，一度在欧洲广泛流行。

图14-18
巴洛克教堂/翁岩拍摄

意大利文艺复兴晚期著名建筑师和建筑理论家维尼奥拉设计的罗马耶稣会教堂是由样式主义向巴洛克风格过渡的代表作，也有人称之为第一座巴洛克建筑（图14-19）。罗马耶稣会教堂平面为长方形，端部凸出一个圣龛，由哥特式教堂惯用的拉丁十字形演变而来，中厅宽阔，拱顶满布雕像和装饰。两侧用两排小祈祷室代替原来的侧廊。十字正中升起一座穹隆顶。教堂的圣坛装饰富丽而自由，上面的山花突破了古典法式，作圣像和装饰光芒。教堂正门上面分层檐部和山花做成重叠的弧形和三角形，大门两侧采用了倚柱和扁壁柱（图14-20、图14-21）。立面上部两侧作两对大涡卷。这些处理手法别开生面，后来被广泛仿效。

图14-19
罗马耶稣会教堂/
周承君拍摄

二、巴洛克建筑的兴盛

巴洛克风格打破了对古罗马建筑理论家维特鲁威的盲目崇拜，也冲破了文艺复兴晚期古典主义者制定的种种清规戒律，反映了向往自由的世俗思想。另一方面，巴洛克风格的教堂富丽堂皇，而且能造成相当强烈的神秘气氛，也符合天主教会炫耀财富和追求神秘感的要求。因此，巴洛克建

图14-20
耶稣会教堂山花
细部/周承君拍摄

图 14-21
耶稣会教堂主入口/
周承君拍摄

图 14-22
圣彼得大教堂广场鸟瞰

图 14-23
圣彼得大教堂广场

图 14-24
圣彼得大教堂广场
柱廊/周承君拍摄

图 14-25
圣彼得大教堂广场
喷泉/翁岩拍摄

筑从罗马发端后，不久即传遍欧洲，甚至远达美洲。有些巴洛克建筑过分追求华贵，到了繁琐堆砌的地步。

从17世纪30年代起，意大利教会财富日益增加，各个教区先后建造自己的巴洛克风格的教堂。由于规模小，不宜采用拉丁十字形平面，因此多改为圆形、椭圆形、梅花形、圆瓣十字形等单一空间的殿堂，在造型上大量使用曲面。教皇当局为了向朝圣者炫耀教皇国的富有，在罗马城修筑宽阔的大道和宏伟的广场，这为巴洛克自由奔放的风格开辟了新的途径。

1655年，贝尼尼受教皇之托在圣彼得大教堂前修建一个与教堂雄伟气派相称的巴洛克风格的广场（图14-22）。这时教堂前已有了一座高耸的方尖碑，所幸它的位置正在教堂中轴的沿线上，于是贝尼尼将其设计为广场中心，左右各安排了一个喷泉，组成了广场的横轴线。圣彼得大教堂广场并不是对古罗马的简单复制，而是一种创新和突破。其平面是横、竖轴为196米、142米的椭圆，由两个4列柱子的柱廊围成。其造型奔放而具有动感，仿佛环抱着的手臂，寓意天主教对信徒宽宏的庇护（图14-23）。

广场设计将富丽豪华的世俗化装饰纳入宗教艺术中来。周围环绕着古罗马的塔司干柱廊，其整体布局豪放，富有动感，光影效果强烈。广场柱廊的入口处是模仿古典神庙的三角门楣，柱式也是古典主义的。柱廊顶上共安排了140多座圣经人物塑像，使广场的气氛更为生动（图14-24）。

贝尼尼主持设计喷泉，造型带有典型的晚期巴洛克风格。水流从凯旋门喷涌而出，随着雕塑层层跌落，最后汇入门前巨大的水池中。整组雕塑和喷泉充满了强烈的动势和勃勃生机（图14-25）。

巴洛克建筑风格也在中欧一些国家流行，尤其是德国和奥地利。17世纪下半叶，德国不少建筑师留学意大利归来后，把意大利巴洛克建筑风格同德国的民族建筑风格结合起来。到18世纪上半叶，德国巴洛克建筑艺术成为欧洲建筑史上一朵奇葩。

三、巴洛克建筑的特征

巴洛克建筑风格是巴洛克文化艺术风格的一个组成部分。从艺术发展来看，它的出现又是对包括文艺复兴在内的欧洲传统建筑风格的一次大革命，冲破并打碎了古典建筑业已建立起来的种种规则，对严格、理性、秩序、对称、均衡等建筑风格与原则来了一次大反叛，开创了一代建筑新风。尽管在这种风格中存在着显而易见的迎合贵族阶级享乐、奢华、炫耀财富心态的世俗化倾向，但是它的艺术创造的勇气及其对后世（如西方后现代主义）的影响，却是值得人们特别注意的。也许正是这种实用的"媚俗"倾向，使它得以摆脱神圣理性的制约，展开想象的翅膀，飞向新的天地，开创新的业绩，形成了不同于以前所有时代建筑风格的另一种特色。

巴洛克建筑风格的基调是富丽堂皇而又新奇欢畅，具有强烈的世俗享乐的味道。它主要有四个方面的特征。

① 炫耀财富。它常常大量用贵重的材料、精细的加工、刻意的装饰，以显示其富有与高贵。因此，巴洛克建筑总是富丽堂皇、珠光宝气，装饰琳琅满目，色彩艳丽夺目。

② 不同于结构逻辑，常常采用一些非理性组合方法，从而产生反常与惊奇的特殊效果。

③ 充满欢乐的气氛。这一点它承续了文艺复兴的传统，文艺复兴对外部世界的发现，特别是对人的发现，彻底地突破了中世纪宗教禁欲主义的樊篱，恢复了人作为感性生命与理性精神相结合存在物的现实尊严，提倡世俗化，反对神化，提倡人权。反对神权的结果是人性的解放，这种人性的光芒照耀着艺术，给文艺复兴的艺术印上了欢快的色彩。巴洛克建筑正是在人性的光芒下建造的，常充满了欢乐的气氛。不过这种欢乐与文艺复兴的"单纯的伟大"与"高贵的静穆"不同，完全走上了享乐至上的歧途。巴洛克建筑的欢乐气氛虽常常使人激动，让人欢悦，但难显伟大与崇高。

④ 标新立异，追求新奇，这是巴洛克建筑风格最显著的特征。它突破了传统建筑的构图法则和一般形式，抛弃了绝对对称与均衡，以及圆形、方形等静态平面形式。采用以椭圆形为基础的S形、波浪形的平面和立面，使建筑形象产生动态感；又或者把建筑和雕刻二者混合，以求新奇感；又或者用高低错落及形式构件之间的某种不协调，引起刺激感。

著名的巴洛克大师波洛米尼设计的圣卡罗教堂是全面体现巴洛克建筑风格特征的代表作。这座教堂彻底摈弃了文艺复兴及其以前建筑惯用的界线严格的几何构图，室内外几乎没有直角，线条全为曲线，线脚繁多，装饰图案复杂，并使用了大量的雕刻和壁画，色彩缤纷，富丽堂皇。

巴洛克建筑风格具有欢乐的气氛，新奇、堂皇、荣耀，是享乐主义最适应的形式。它也就被广泛地运用于那些专供享受观赏的建筑，如广场、街心花园、喷泉、水池等。意大利罗马的特雷维喷泉所在的广场是不规则形的，喷泉偏于其一侧，中间是个凯旋门形的墙，立面上满是雕刻和饰物。它们与喷泉、岩石混成一体，于自然生动中透出新奇与富丽。

文艺复兴时期建筑的演变和发展

第十五章
法国古典主义建筑与洛可可建筑

在法国路易十三世和路易十四世的时代里，王权高度集中，这个时候的建筑就是为了显示王权和其他权力的不同之处。法国古典主义建筑是时代的产物，是法国的传统建筑和意大利文艺复兴建筑的结合物，是政治与文化的共同交融。

第十五章要点概况

能力目标	知识要点	相关知识
能够通过典型案例分析法国古典主义建筑和洛可可建筑的主要特点，并能借鉴应用	法国古典主义产生的背景、古典主义的代表作品	古典主义的产生；古典主义的成熟；古典主义代表作品
	洛可可建筑的特点及代表作品	洛可可建筑

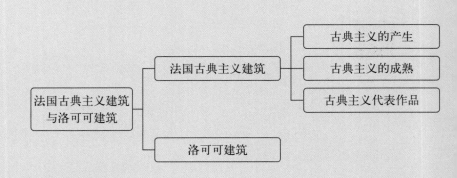

自15世纪下半叶起，随着资本主义萌芽，法国的建筑开始变化，府邸和商堡等世俗建筑占据了主导地位。这些建筑保持了浓厚的市民文化色彩；整体明快、组合随意、装饰华丽；窗户较大、广用尖券或四圆心券；建筑的四角外挑凸窗、上立尖顶；屋顶陡峭、内设阁楼、脊檐精巧。法国卢瓦尔河谷最大的府邸商堡香波城堡（Château de Chambord，1526—1544年，设计人 Pierre Nepveu）是国王的猎庄，但它的规模足够容纳整个朝廷，是国王统一全法国之后第一座真正的宫廷建筑物，民族国家的第一座建筑纪念物，因此它代表着建筑史上一个新时期的开始（图15-1）。

建筑是人的想象力驾驭材料和技术的凯歌。进入17世纪和18世纪，文艺复兴的影响依然在蔓延，但在不同地区之间发展的差异性则表现得越来越明显，并由此滋生出多种不同的风格形态。在法国则形成了绝对君权古典主义。

第一节　法国古典主义建筑

法国的古典主义建筑与意大利巴洛克建筑大致同时而略晚，17世纪，法国的古典主义建筑成了欧洲建筑发展的又一个主流。古典主义建筑成为法国绝对君权时期的宫廷建筑潮流。

一、古典主义的产生

16世纪初，在风景秀丽的罗亚尔河的河谷地带，国王和贵族兴建了大量的宫廷以及贵族的府邸、猎庄和别墅。国王十分倾心于文艺复兴文化，带回了大批艺术品，也带回来了工匠、建筑师和艺术家。意大利文艺复兴文化成了法国宫廷文化的催生剂，它的出世，就以意大利色彩为标志。法国在17世纪到18世纪初的路易十三和路易十四专制王权极盛时期，开始竭力崇尚古典主义建筑风格，建造了很多古典主义风格的建筑。古典主义建筑造型严谨，普遍应用古典柱式，内部装饰丰富多彩。

法国古典主义建筑的代表作是规模巨大、造型雄伟的宫廷建筑和纪念性的广场建筑群。这一时期法国王室和权臣建造的离宫别馆和园林，被欧洲其他国家仿效（图15-2 ～图15-4）。

古典主义以理性哲学为基础。16世纪初，意大利文艺复兴的许多艺术家和工匠被聘到法国宫廷，其中就有达·芬奇这样的大师。这时候，法国建筑开始使用古典柱式，不过并不严谨。后来，柱式渐渐反客为主，成了法国建筑构图的基本因素，而且也渐渐趋向严谨，法国建筑独特的传统被一般化的古典柱式取代了。

古罗马晚期，建筑中出现了两种倾向：一种是学院派，进一步把柱式教条化；一种是样式主义，企图挣脱柱式教条而趋向新奇。前者由法国人继承，在民族国家的中央集权专制制度形成的历史条件下，发展为古典主义，是法国宫廷文化的重要组成部分。

图15-1
香波城堡全景

图15-2
香波城堡

图15-3
法国古典主义建筑

图15-4
法国古典主义建筑
军功庙/黄真真拍摄

图15-5

法国古典主义建筑的典型立面——卢浮宫东立面

二、古典主义的成熟

路易十四作为法国最高的统治者和立法者，为了严密地控制国家和社会，致力于在一切领域建立规则和标准。路易十四设立了一批学院，有绘画与雕刻学院（1655年）、舞蹈学院（1661年）、科学院（1666年）、音乐学院（1669年）和建筑学院（1671年）等。这些学院的主要任务之一，就是在文化和其他各个领域里制定严格的规范和相应的理论。

随着古典主义建筑风格的流行，巴黎在1671年设立了建筑学院，学生多出身于贵族家庭，他们瞧不起工匠和工匠的技术，形成了崇尚古典形式的学院派。学院派建筑和教育体系一直延续到19世纪。学院派有关建筑师的职业技巧和建筑构图艺术等观念，统治西欧的建筑事业达200多年。

建筑学院的第一任教授布隆代尔（1617—1686年）是古典主义主要的理论家，他编写的教材是古典主义建筑的经典。布隆代尔致力于探求先验的、普通的、永恒不变的、可以用语言说得明白的建筑艺术规则和标准。他认为这种绝对的规则就是纯粹而简单的几何结构和数学关系。因此布隆代尔把比例尊为建筑造型唯一的决定性因素。他们排斥了直接的、感性的审美经验，重述维特鲁威在《建筑十书》中关于局部和整体间比例关系的原则。这种唯理主义的美学观，早在古希腊时代就由毕达哥拉斯和柏拉图肇始，断断续续传承到17世纪终于形成了系统而完备的理论。

最合乎古典主义基本要求的自然是古典柱式。第一，它在古代就有相当严密的、稳定的规则，维特鲁威给它初步制定了"度量和比例"，经过文艺复兴时期诸家的推敲，"度量和比例"更加细致精深了。柱式正是唯理主义者所需要的。第二，柱式建筑庄严端重、雄伟精致，表现了罗马帝国的强大；而法兰西把自己看作古罗马帝国的后继，所以柱式正是法国宫廷文化所需要的。

古典主义建筑是最严谨的柱式建筑，也是最公式化的建筑。它讲究布局的逻辑条理，构图的几何性和统一性，风格的纯正，要简洁、含蓄、高雅，不做过多装饰，不重视色彩甚至排斥色彩。古典主义和巴洛克发生过形体和色彩的优劣之争，最后不了了之，但这种争论促进了二者的相互渗透。

三、古典主义代表作品

1.卢浮宫

卢浮宫东立面的设计，是法国古典主义战胜意大利巴洛克的最直接的例证，如图15-5所示。这个立面全长172米，高28米，上下分为3段，按一个完整的柱式构图，底层做成基座模式，顶上是檐部和女儿墙。二、三层是主段，立通高的巨柱式双柱。它左右分5段，也以中央一段为主。中央三开间凸出，上设山花，统领全局。两端各凸出一间，作为结束，比中央略低一级而不设山花。这种上下分3段，左右分5段，各以中央一段为主，等级层次分明的构图，是古典主义建筑的典型特征之一。不但在各种建筑中普遍应用，而且也成为城市规划和园林布局的基本原则。它图解着以君主为中心的封建等级制的社会秩序，同时也是对立统一法则的成功运用。

卢浮宫东立面的构图使用了一些简洁的几何结构。例如，中央凸出部分宽28米，正与高度相同，是一个正方形。两端凸出部分宽24米，是柱廊宽度的一半。双柱与双柱间的中线相距6.69米，是柱子高度的一半。基座层的高度是总高度的三分之一。整个立面十分简洁清晰，装饰不多，色彩单纯，一目了然。但是，双柱不合结构逻辑，是非理性的，本来常用在巴洛克建筑中，这显示着法国古典主义中巴洛克理念的渗透。双柱丰富了光影和节奏的变化，而且更加雄伟有力，正是皇家宫殿所追求的威仪。这标志着法国古典主义建筑的成熟，卢浮宫东立面成了法国古典主义建筑里程碑式的作品（图15-6）。

像意大利一样，法国也在城市里开辟干道，修筑广场，建造成群的高档住宅（图15-7）。建设集中在首都巴黎，这些建设都用来宣扬专制君主的伟大与光荣。

2. 凡尔赛宫

人们普遍认为，路易十四时代的代表性艺术不是建筑，也不是绘画和雕刻，而是园林。路易十四的第一重臣高尔拜说："我们这个时代，可不是汲汲于小东西的时代。"伏尔泰说路易十四时代文化的特点是"伟大的风格"，而这个伟大的风格最鲜明的表现在古典主义造园艺术上。法国古典主义造园艺术最出色的大师是勒诺特尔，他最初的作品是孚•勒•维贡府邸和凡尔赛宫的园林。法国古典主义的园林包括林园和花园两部分，花园的格局是几何式，喜欢用水来造景。法国园林强化中轴线，在上面布置了精巧的植坛和各种各样的喷泉、雕像，远比意大利的复杂华丽。凡尔赛宫本来是路易十三的一个荒凉的猎庄，在巴黎西南17千米。经过这几位艺术家和后来相继几位建筑师的努力，终于建成了西方世界最大的宫殿和园林，成为古典主义艺术最集中的代表（图15-8）。

图15-6
卢浮宫思维导图/
杜冰璇整理

卢浮宫	时间	1204年
	地点	法国巴黎市中心的塞纳河北岸
	风格	法国古典主义、巴洛克风格的代表
	特点	①正立面水平划为三段，装饰图案由下至上逐渐丰富
		②建筑造型严谨，普遍应用古典柱式，内部装饰丰富多彩
		③建筑古朴清新，庄严肃穆，具有强烈的纪念性效果
		④纵向分段以柱廊为主，但两端和中央采用凯旋门式结构
		⑤中央部分雕刻有山花，柱廊采用双柱以增加其刚强感

图15-7
巴黎的城市广场

凡尔赛宫	时间	1689年
	地点	法国巴黎西南郊
	地位	1979年被列为世界文化遗产，是世界五大宫之一，是标准的古典主义的花园样式
	设计师	于•阿•孟沙
	意义	①立面为标准的古典主义三段式，即将立面划分为纵、横三段，建筑左右对称，表现出了古典主义建筑的理性美
		②由宫前大花园、宫殿和放射形大道三部分组成，形体对称，轴线东西向
		③讲求几何图案的组织，花草树木修剪得方整

图15-8
凡尔赛宫思维导图/
杜冰璇、陆子嚣
整理重绘

世界五大宫殿之一：凡尔赛宫

凡尔赛宫位于法国巴黎西南郊外伊夫林省省会凡尔赛镇，是巴黎著名的宫殿之一，也是世界五大宫殿之一。1979年被列入《世界文化遗产名录》。凡尔赛宫宫殿为古典主义风格建筑，立面为标准的古典主义三段式处理，即将立面划分为纵、横三段，建筑左右对称，造型轮廓整齐，庄重雄伟，被称为是理性美的代表（图15-9）。其内部装潢以巴洛克风格为主，少数厅堂为洛可可风格。

凡尔赛宫南北长400多米，正面朝东，园林在它的背面即西面展开。几何网格式的道路，中轴线长达3000米，统领全局，如图15-10所示。在局部再形成些次要的轴线式布局。一层层的主次等级关系很明确，正好图解了中央集权的君主专制政体。贴近宫殿西墙的是花园，中央台地上有一对水池，映照着宫殿的壮丽。水池台的南北布置图案式的植坛。北侧植坛之外是浓密林荫下的喷泉小径，通向海神湖，景色幽深，如图15-11所示。南侧植坛之外下20米宽的百步台阶是以橘树为主的花圃，再外侧是一个大湖，有682米长，134米宽，景色开阔，令人作烟波之想，和封闭的北侧形成强烈的对比。从水池台地西沿下大台阶，便是一座圆形的大水池，中央立着拉东纳（Latone）的雕像（图15-12）。从拉东纳喷泉向西，沿中轴线延伸一块草地，有330米长、36米宽，两侧立着白色石像，都是神话中的角色。

作为宫廷文化的古典主义越来越脱离人民，一味追求典雅、崇高、庄严，以致渐渐变得像王权一样冷峻、傲慢而凌人。它固有的学院式教条主义倾向也越来越僵化。建筑一味追求外表的比例、权衡，不再表达思想感情，古典主义便衰退了。到了19世纪中叶以后，欧洲和北美各国掌握政权的资产阶级大肆建造政府大厦和各种公共建筑，四平八稳，典重尊贵的古典主义模式又被普遍应用，这时称为新古典主义。

第二节　洛可可建筑

洛可可建筑风格于18世纪20年代产生于法国并流行于欧洲，主要表现在室内装饰上。洛可可风格的基本特点是纤弱娇媚、华丽精巧、甜腻温柔、纷繁琐细（图15-13）。它以欧洲封建贵族文化的衰败为背景，表

图15-9
凡尔赛宫/黄真真拍摄

图15-10
凡尔赛宫平面图

图15-11
凡尔赛宫后花园美景

图15-12
凡尔赛宫后花园喷泉

现了没落贵族阶层颓丧、浮华的审美理想和思想情绪。他们受不了古典主义的严肃理性和巴洛克的喧嚣放肆，追求华美和闲适。洛可可一词由法语"rocaille"演化而来，原意为建筑装饰中一种贝壳形图案。1699年，建筑师、装饰艺术家马尔列在金氏府邸的装饰设计中大量采用这种曲线形的贝壳纹样，洛可可由此而得名。洛可可风格最初出现于建筑的室内装饰，后来扩展到绘画、雕刻、工艺品和文学领域。

洛可可装饰的特点是：细腻柔媚，常常采用不对称手法，喜欢用弧线和S形线，尤其爱用贝壳、旋涡、山石作为装饰题材，卷草舒花，缠绵盘曲，连成一体。天花和墙面有时以弧面相连，转角处布置壁画。为了模仿自然形态，室内建筑部件也往往做成不对称形状，变化万千，但有时流于矫揉造作。室内墙面粉刷爱用嫩绿、粉红、玫瑰红等鲜艳的浅色调，线脚大多用金色。室内护壁板有时用木板，有时做成精致的框格，框内四周有一圈花边，中间常衬以浅色东方织锦。

洛可可风格反映了法国路易十五时代宫廷贵族的生活趣味，追求纤巧、精美又浮华、繁琐，因此又称为"路易十五式"，一度风靡欧洲。洛可可风格的装饰多用自然题材作曲线，如卷涡、波状和浑圆体；色彩娇艳、光泽闪烁，象牙白和金黄是其流行色；经常使用玻璃镜、水晶灯强化效果（图15-14）。洛可可风格装饰的代表作是尚蒂依小城堡的亲王沙龙（图15-15）和巴黎苏比斯饭店的沙龙。

洛可可建筑艺术的特征是轻结构的花园式府邸，它排挤了巴洛克那种雄伟的宫殿建筑。在这里，个人可以不受自吹自擂的宫廷社会打扰，自由发展。例如，逍遥宫或观景楼这样的名称都表明了这些府邸的私人特点。总之，极为不同的建筑思想，却又统一在一种优雅的内在联系中。正是这种形式与风格相互矛盾的建筑群体漫不经心的配置，清楚地体现出了洛可可艺术的精神。

图15-13
洛可可建筑艺术/
黄真真拍摄

图15-14
凡尔赛宫镜厅

图15-15
尚蒂依小城堡的亲王
沙龙/黄真真拍摄

深度阅读

恩瓦利德新教堂

第十六章
18世纪下半叶至
19世纪下半叶
欧美建筑

在漫长的奴隶社会和封建社会的制度下，建筑的发展是十分缓慢的。而进入19世纪后，越来越多新的材料被发现，诞生了不少新的思想，冲击着以前的设计。比如浪漫主义在要求发扬个性自由、提倡自然天性的同时，用中世纪手工业艺术的自然形式来反对资本主义制度下用机器制造出来的工艺品。

第十六章要点概况

能力目标	知识要点	相关知识
能够理解工业革命对建筑发展的影响，能够分析三种复古思潮的特点，能够认识新材料、新技术、新类型的运用对新建筑的促进作用	工业革命对城市与建筑的影响；三种建筑复古思潮特点、代表作品	工业革命对城市与建筑的影响；古典复兴；浪漫主义；折中主义
	新材料、新技术、新类型的运用	新材料、新技术的运用；建筑的新类型

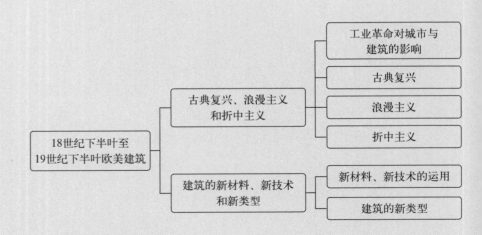

在18世纪前的欧洲，巴洛克与洛可可建筑风格盛行一时，它反映了王公贵族生活日益奢侈与腐化，封建王朝已走上末路。当时在建筑上大量使用繁琐的装饰与贵重金属的镶嵌，引起了讲究理性的新兴资产阶级的厌恶。他们对于巴洛克与洛可可风格正如对待专制制度一样，认为它束缚了建筑的创造性，不适合新时代的艺术观，因此要求用简洁明快的处理手段来代替那些繁琐与陈旧的东西。他们在探求新建筑形式的过程中，试图借用古典的外衣去扮演进步的角色，希腊、罗马的古典建筑遗产成了当时创作的源泉。

在法国大革命时期，资产阶级热烈向往着"理性的国家"，研究与歌颂古罗马共和国成为资产阶级知识分子的时风。不仅文学艺术界如此，建筑界也有明显的反映。当法兰西共和国为独裁的拿破仑帝国所代替时，在上层资产阶级的心目中"民主""自由"已逐渐成为抽象的口号，这时他们向往的却是罗马帝国的霸权。于是，古罗马帝国时期雄伟的广场和凯旋门（图16-1）、纪功柱等纪念性建筑便成了效仿的榜样。

建筑的一半依赖于思维，另一半则源自存在与精神。

18世纪末到19世纪的主流是对各种风格的"复兴"，如哥特复兴、罗马复兴、希腊复兴、新文艺复兴、巴洛克复兴等。当然，这些不是简单的模仿，而是结合了19世纪在结构、功能、材料和装饰方面的新观念，同时也带有折中主义的特点。

第一节　古典复兴、浪漫主义和折中主义

一、工业革命对城市与建筑的影响

1640年开始的英国资产阶级革命标志着世界历史进入了近代阶段。18世纪末，英国首先爆发了工业革命，随后美、法、德等国也先后开始了工业革命。到19世纪，这些国家的工业化从轻工业扩展到重工业，并于19世纪末达到高潮。西方国家由此步入工业化社会。

这个时期，欧美资本主义国家的城市与建筑都发生了种种矛盾与变化：建筑创作中的复古主义思潮与工业革命带来的新的建筑材料和结构对建筑设计思想的冲击之间的矛盾，建筑师所受的传统学院派教育与全新的建筑类型和建筑需求之间的矛盾，以及城市人口的恶性膨胀和大工业城市的飞速发展等。这是一个孕育建筑新风格的时期，也是一个新旧因素并存的时期。

工业革命的冲击，给城市与建筑带来了一系列新问题。首当其冲的是工业城市因生产集中而引起的人口恶性膨胀，由于土地私有制和房屋建设的无政府状态而造成的交通堵塞、环境恶化，使城市陷入混乱之中。其次是住宅问题，虽然资产阶级不断地建造房屋，但他们的目的是牟利，广大的民众仍居住在简陋的贫民窟中，严重的房荒成为资本主义世界的一大威

图16-1
星形广场雄狮凯旋门/
黄真真拍摄

胁。再次是社会生活方式的变化和科学技术的进步促成了对新建筑类型的需要，并对建筑形式提出了新要求。因此，在建筑创作方面产生了两种不同的倾向：一种是反映当时社会上层阶级观点的复古思潮；另一种则是探求建筑中的新功能、新技术与新形式的可能性。

建筑创作中的复古思潮是指从18世纪60年代到19世纪末流行于欧美的古典复兴、浪漫主义与折中主义。它们的出现主要是由于新兴资产阶级的政治需要，他们之所以要利用过去的历史样式，是因为企图从古代建筑遗产中寻求思想上的共鸣。

二、古典复兴

古典复兴（Classical Revival）是资本主义初期最先出现在文化上的一种思潮，在建筑史上是指18世纪60年代到19世纪在欧美盛行的仿古典的建筑形式。这种思潮曾受到当时启蒙运动的影响。

启蒙运动起源于18世纪的法国，是资产阶级批判宗教迷信、封建制度和封建观念的运动，曾为资产阶级革命作舆论准备。启蒙运动的核心是资产阶级的人性论，"自由""平等""博爱"是其主要内容，被用作鼓吹资本主义制度的口号。正是由于对民主、共和的向往，唤起了人们对古希腊、古罗马的礼赞，这也就是资本主义初期古典复兴建筑思潮的社会基础。

对古典建筑的热衷，自然引起了对考古工作的重视。18世纪下半叶到19世纪，考古工作成绩显著，大批考古学家先后出发到希腊、罗马的废墟上进行实地发掘。接着一篇篇详尽的考古报道传遍欧洲，尤其是当发掘出来的希腊、罗马艺术珍品被运到各个博物馆时，欧洲人的艺术眼界才真正打开了。1764年出版的《古代艺术史》（*History of Ancient Art*），曾热烈推崇希腊艺术简洁精练的高贵品质，对当时也起到很大的影响。从这些著作与实物中，人们看到了古希腊艺术的优美典雅与古罗马艺术的雄伟壮丽。于是人们攻击巴洛克与洛可可风格的繁琐、矫揉造作以及路易王朝后期的所谓古典主义（Classicism）的不够正宗，极力推崇希腊、罗马艺术的合乎理性，认定应当以此作为新时代建筑的基础。

采用古典复兴的建筑类型主要是对资产阶级政权与社会生活服务的国会、法院、银行、交易所、博物馆、剧院等公共设施还有纪念性的建筑有影响，至于一般市民住宅、教堂、学校等建筑类型相对来说影响较小。

古典复兴建筑在各国的发展有共同之处，也有些区别。大体上法国以罗马式样为主，而英国、德国则希腊式样较多。

法国是古典复兴运动的中心。早在大革命（1789年）前后，法国就已经出现了像巴黎万神庙（图16-2）那样的古典复兴建筑。拿破仑帝国时期，在巴黎建造了许多国家级的纪念性建筑，例如星形广场上的凯旋门、马德莱娜教堂（图16-3）等建筑都是罗马帝国时期建筑式样的翻版。追求

图16-2
巴黎万神庙/黄真真
拍摄

图16-3
马德莱娜教堂/山棋羽
拍摄

外观上的雄伟、壮丽，内部则常常吸取东方的多种装饰或洛可可的手法，因此形成所谓的"帝国式"风格（Empire Style）。

英国的罗马复兴并不活跃，表现得也不像法国那样彻底，希腊复兴的建筑在英国占有重要的地位。1816年英国展出了从希腊雅典搜集的大批遗物之后，在英国形成了希腊复兴的高潮。

德国的古典复兴亦以希腊复兴为主，著名的柏林勃兰登堡门（图16-4）即是从雅典卫城山门吸取来的灵感。另外，著名的建筑师申克尔设计的柏林宫廷剧院（1818—1821年）及柏林老博物馆（Altes Museum，1824—1828年）（图16-5）也是希腊复兴建筑的代表作。

美国独立以前，建筑造型采用欧洲式样，表现为"殖民时期风格"。独立战争时期，美国资产阶级在摆脱殖民地制度的同时，曾力图摆脱"殖民时期风格"，由于他们没有自己的悠久传统，也只能用希腊、罗马的古典建筑去表现民主、自由、光荣和独立，所以古典复兴在美国盛极一时，尤其是以罗马复兴为主。1793—1867年建成的美国国会大厦（图16-6）就是罗马复兴的例子。它仿照了巴黎万神庙的造型，极力表现雄伟的纪念性。希腊建筑形式在美国的纪念性建筑和公共建筑中也比较流行，华盛顿的林肯纪念堂（图16-7）即为一例。

三、浪漫主义

浪漫主义（Romanticism）是18世纪下半叶到19世纪上半叶活跃于欧洲文学艺术领域中的另一种主要思潮，它在建筑上也得到一定的反映。

资产阶级取得政权，曾支持革命的小资产阶级与农民以及新兴的工人阶级仍处于水深火热中，于是社会上出现了像圣西门、傅里叶、欧文等乌托邦社会主义者。他们反映了小资产阶级的心情，也掺有某些没落贵族的意识，憎恨工业化城市带来的恶果，提倡新的道德世界，但反对阶级斗争，企图用和平手段说服资产阶级放弃对劳动人民的剥削压迫。在新的社会矛盾下，他们回避现实，向往中世纪的世界观，崇尚传统的文化艺术，后者正好符合大资产阶级在国际竞争中强调祖国传统文化的优越感。所有这些错综复杂的社会意识，在艺术与建筑上导致了浪漫主义。浪漫主义既带有反抗资本主义制度与大工业生产的情绪，又夹杂了消极的虚无主义色彩。它在要求发扬个性自由、提倡自然天性的同时，用中世纪手工业艺术的自然形式来反对资本主义制度下用机器制造出来的工艺品，并以前者来和古典艺术抗衡。

浪漫主义最早出现于18世纪下半叶的英国。18世纪60年代到19世纪30年代是它的早期，也称为先浪漫主义时期。浪漫主义带有旧封建贵族怀念已失去的寨堡，与小资产阶级为了逃避工业城市的喧嚣而追求中世纪田园生活的情趣与意识。在建筑上则表现为模仿中世纪的寨堡或哥特式风格。模仿寨堡的典型例子有埃尔郡的克尔辛府邸（Culzeall castle，

图16-4
柏林勃兰登堡门/
黄真真拍摄

图16-5
柏林老博物馆

图16-6
美国国会大厦

图16-7
林肯纪念堂/
山棋羽拍摄

小知识：英国议会大厦

威斯敏斯特宫又称议会大厦，是英国议会（包括上议院和下议院）的所在地。威斯敏斯特宫是哥特复兴式建筑的代表作之一，1987年被列为世界文化遗产。该建筑包括约1100个独立房间、100座楼梯和4.8千米长的走廊。尽管今天的宫殿基本上由19世纪重修而来，但依然保留了初建时的许多历史遗迹，如威斯敏斯特厅，今天用作重大的公共庆典仪式，如国葬前的陈列等。

1777—1790年），模仿哥特式教堂的例子有称为威尔特郡的封蒂尔修道院（Fonthill Abbey，1796—1814年）（图16-8）。19世纪中叶在探求新建筑的热潮中，英国的艺术与工艺运动（Art and Crafts Movement）虽然比它晚，但在意识根源上有相似的地方。此外，浪漫主义在建筑上还表现出追求非凡的趣味和异国情调，有时甚至在园林中出现了东方建筑小品，如英国布莱顿的皇家别墅（Royal Pavilion，1818—1821年）（图16-9）就是模仿印度伊斯兰教礼拜寺的形式。

从19世纪30年代到19世纪70年代是浪漫主义的第二个阶段，是浪漫主义真正成为一种创作潮流的时期。当时大量出现的关于中世纪建筑样式的分析与研究报告为它准备了条件。这时期的浪漫主义建筑以哥特式风格为主，故又称哥特复兴（Cothic Revinal）。哥特复兴不仅用于教堂，并出现在学校与其他世俗性建筑中。它反映了当时西欧一些人对发扬民族传统文化的恋慕，认为哥特式风格是最有画意和诗意的，并尝试以哥特式建筑结构的有机性来解决古典建筑所遇到的建筑艺术与技术之间的矛盾。

浪漫主义建筑最著名的作品是英国国会大厦（Houses of Parliament，1836—1868年）（图16-10）。它采用的是亨利五世时期的哥特垂直式，原因是亨利五世（1387—1422年）曾一度征服法国，欲以这种风格来象征民族的胜利。此外，英国伦敦的圣吉尔斯教堂（图16-11）以及曼彻斯特市政厅（Manchester Town Hall，1868—1877年）（图16-12）都是哥特复兴式建筑较有代表性的例子。

浪漫主义建筑和古典复兴建筑一样，并没有在所有的建筑类型中取得阵地。它活动的范围主要只限于教堂、学校、车站、住宅等类型。同时，它在各个地区的发展也不尽相同。大体来说，英国、德国流行面较大，时间也较早，而法国、意大利则流行面较小，时间也较晚。这是因为前者受古典形式的影响较少，而受传统的中世纪形式的影响较深，而后者却恰恰相反。

四、折中主义

折中主义（Eclecticism）是19世纪上半叶兴起的另一种创作思潮，这

图16-8
封蒂尔修道院/山棋羽拍摄

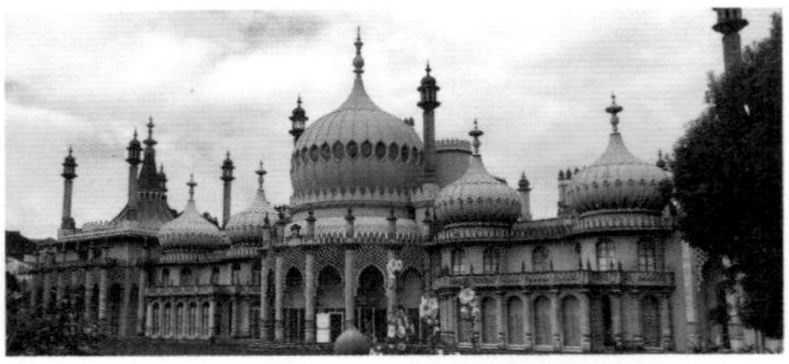

图16-9
布莱顿的皇家别墅/黄真真拍摄

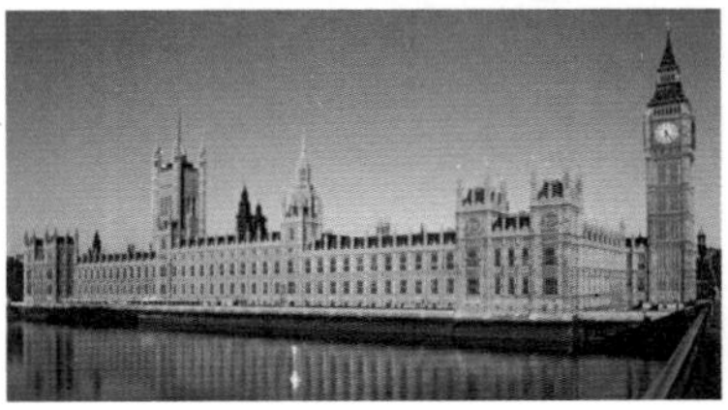

图16-10
英国国会大厦

图16-11
伦敦圣吉尔斯教堂/黄真真拍摄

图16-12
曼彻斯特市政厅

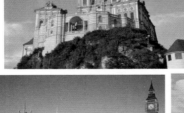

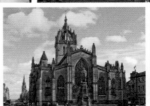

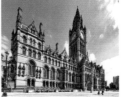

种思潮在 19 世纪至 20 世纪初在欧美盛极一时。折中主义越过古典复兴与浪漫主义在建筑样式上的局限，任意选择与模仿历史上的各种风格，把它们组合成各种式样，所以也称为"集仿主义"。折中主义在欧美的影响非常深刻，持续的时间比较长。19 世纪中叶以法国最为典型，19 世纪末与 20 世纪初又以美国较为突出。

折中主义的产生是由几方面因素促成的。自从资本主义在西方取得胜利后，资产阶级的真面目很快就暴露出来。他们曾经打过的民主、自由、独立的革命旗帜被抛弃一边，古典外衣对它也失去了精神上的依据，一切生产都已商品化，建筑也毫无例外地需要有丰富多彩的样式来满足商业的要求与供资产阶级个人玩赏和猎奇的嗜好。于是希腊、罗马、拜占庭、哥特、文艺复兴和东方情调在城市中杂糅并存，汇为奇观。19 世纪的交通已很便利，考古、出版事业大为发展，加上摄影的发明，便于人们认识与掌握古代建筑各种遗产，以致可能对古代各种式样进行选择模仿和拼凑。新的社会生活方式、新建筑类型，以及新材料、新技术和旧形式之间的矛盾，造成了 19 世纪下半叶建筑艺术观点的混乱，这也是折中主义形成的基础。折中主义建筑并没有固定的风格，它语言混杂，但讲究比例的权衡推敲，常沉醉于对"纯形式"美的追求。但是它在总体形态上并没有摆脱复古主义的范畴，因此建筑内容和形式之间的矛盾仍然没有得到解决。

巴黎歌剧院（1861—1874 年，设计人 J.L.C.Carnier）（图 16-13）是折中主义的代表作，法兰西第二帝国的主要纪念物，奥斯曼改建巴黎的据点之一。它的立面是意大利晚期的巴洛克风格，并掺杂了繁琐的洛可可雕饰。巴黎歌剧院的艺术形式在欧洲各国的折中主义建筑中有很大的影响。

罗马的伊曼纽尔二世纪念碑（Victor Emmanuel Ⅱ Monument，1885—1911 年，设计人 Giuseppe Sacconi）（图 16-14）是纪念意大利经历了 1500 年的分裂后在 1870 年终于重新统一的大型纪念碑。建筑形式采用了罗马的科林斯柱式和类似希腊古典晚期的宙斯神坛那样的造型。此外，巴黎圣心教堂（Church of Sacred Heart，1875—1877 年，设计人 Paul Abadie）（图 16-15）则是属于拜占庭和罗马风建筑风格混合的例子。

1893 年美国在芝加哥举行的哥伦比亚世界博览会，是折中主义建筑的一次大检阅。在这次博览会中，美国资产阶级为了急于表现当时自己在各

小知识：巴黎歌剧院

巴黎歌剧院是一座位于法国巴黎，拥有 2200 个座位的歌剧院，总面积 11237 平方米。歌剧院是由查尔斯·加尼叶于 1861 年设计的，是折中主义代表作，其建筑将古希腊罗马式柱廊、巴洛克等几种建筑形式完美地结合在一起，规模宏大，精美细致，金碧辉煌，被誉为一座绘画、大理石和金饰交相辉映的剧院，给人以极大的享受，是拿破仑三世经典的建筑之一。

图 16-13
巴黎歌剧院思维导图/杜冰璇、陆子嚞整理重绘

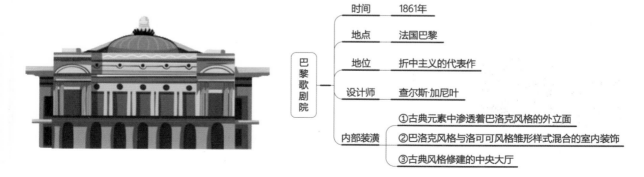

	时间	1861 年
巴黎歌剧院	地点	法国巴黎
	地位	折中主义的代表作
	设计师	查尔斯·加尼叶
	内部装潢	①古典元素中渗透着巴洛克风格的外立面
		②巴洛克风格与洛可可风格雏形样式混合的室内装饰
		③古典风格修建的中央大厅

方向的成就，迫切需要"文化"装潢自己的门面来和欧洲相抗衡，所以博览会的建筑物都采用了欧洲折中主义的形式，并特别热衷于古典柱式的表现。法国大革命以后，原来由路易十四奠基的古典主义大本营——皇家艺术学院被解散，1795年它被重新恢复，1816年扩充调整后改名为巴黎美术学院（Ecole des Beaux-Arts）（图16-16）。它在19世纪与20世纪初成为整个欧洲和美洲各国艺术和建筑创作的领袖，是传播折中主义的中心。

20世纪前后，社会形式的急剧变化产生了谋求解决建筑功能、技术与艺术之间矛盾的"新建筑"运动。于是，一度占主要地位的折中主义思潮逐渐衰落。

第二节 建筑的新材料、新技术和新类型

在资本主义初期，由于工业大生产的发展，建筑科学有了很大的进步。新的建筑材料、技术、设备和施工方法不断出现，为近代建筑的发展开辟了广阔的前途。由于应用与发挥了这些新技术的可能性，建筑的高度与跨度突破了传统的局限，在平面与空间的设计上也比过去自由多了，这些突破必然会影响到建筑形式的变化。

一、新材料、新技术的应用

1. 初期生铁结构

以金属作为建筑材料，远在古代的建筑中就已经有了应用。至于大量的应用，特别是以钢铁作为建筑结构的主要材料则始于近代。随着铸铁业的兴起，1775—1779年在英国塞文河（Severn River）上建造了第一座生铁桥（设计人Abraham Darby，图16-17）。桥的跨度达100英尺（30米），高40英尺（12米）。1793—1796年在伦敦也出现了一座更新式的单跨拱桥——森德兰桥（Sunderland Bridge），桥身亦由生铁制成，全长达236英尺（72米），是这一时期构筑物中最早与最大胆的尝试。

真正以铁作为房屋的主要材料，最初应用于屋顶上，如1786年在巴黎为法兰西剧院建造的铁结构屋顶（设计人Victor Louis）就是一个明显的例子。后来这种铁构件在工业建筑上逐步得到推广，典型的例子如1801年建于英国曼彻斯特的索尔福德棉纺厂的7层生产车间。它是生铁梁柱和承重墙的混合结构，在这里铁构件首次采用了工字形的断面。民用建筑方面应用铁构件的典型例子如英国布莱顿的印度式皇家别墅，重约50吨的铁制大穹隆被支撑在细瘦的铁柱上。如此应用生铁构件，可以说是为了追求新奇与时髦。

2. 铁和玻璃的配合

为了采光的需要，铁和玻璃两种建筑材料的配合应用在19世纪建筑中获得了新的成就。1829—1831年在巴黎老王宫的奥尔良廊（设计人

图 16-14
伊曼纽尔二世纪念建筑

图 16-15
巴黎圣心教堂/黄真真拍摄

图 16-16
巴黎美术学院/黄真真拍摄

图 16-17
塞文河生铁桥

P.Fontaine)（图16-18）中最先应用了铁构件与玻璃配合建成的透光顶棚。它和周围的折中主义沉重柱式与拱廊形成强烈的对比。1833年又出现了第一个完全以铁架和玻璃构成的巨大建筑物——巴黎植物园的温室（设计人Rouhault）（图16-19）。这种构造方式对后来的建筑有很多人的启示。

3.向框架结构过渡

框架结构最初在美国得到发展，它的主要特点是以生铁框架代替承重墙。1854年在纽约建造的哈帕兄弟大厦（Harper and Brothers Building，设计人James Bogardus），一座5层楼的印刷厂，是初期生铁框架建筑的例子。美国在1850—1880年间所谓"生铁时代"中建造的商店、仓库和政府大厦多应用生铁构件作门面或框架。如美国中部的贸易中心圣路易斯市的河岸上就聚集有500座以上这种生铁结构的建筑，在立面上以生铁梁柱纤细的比例代替了古典建筑沉重稳定的印象。尽管如此，它仍然未能完全摆脱古典形式的羁绊。高层建筑在新结构技术的条件下得到了建造的可能性。第一座依照现代钢框架结构原理建造起来的高层建筑是芝加哥家庭保险公司的10层大厦（1883—1885年，设计人William Le Bauon Jenne）（图16-20），它的外形还仍然保持着古典的比例。

4.升降机与电梯的应用

随着工厂与高层建筑的出现，垂直运输是建筑内部交通一个很重要的问题。这个问题促使了升降机的发明。最初的升降机仅用于工厂中，后来逐渐用到一般高层房屋上。第一座真正安全的载客升降机是美国纽约由奥蒂斯（E.G.Otis）发明的蒸汽动力升降机，它曾在1853年世界博览会上展出。1857年这架升降机被装至纽约一家商店中，1864年升降机技术传至芝加哥。1870年贝德文（C.W.Badwin）在芝加哥应用了水力升降机。此后，到1887年开始发明电梯。欧洲升降机的出现较晚，直到1867年才在巴黎国际博览会上装置了一架水力升降机，这种技术以后在1889年应用于埃菲尔铁塔内。

二、建筑的新类型

1.图书馆

19世纪中叶，法国建筑师拉布鲁斯特（Henri Labfouste，1801—1875年）反对学院派拘泥于古典规范的方法，建议用新结构与新材料来创造新的建筑形式。1843—1850年他在巴黎建造的圣吉纳维夫图书馆是他的代表作之一（图16-21）。这是法国第一座完整的图书馆建筑，铁结构、石结构与玻璃材料在这里得到了有机结合。拉布鲁斯特的第二个著名作品是巴黎国立图书馆（Bibliotheque Nationale，建于1858—1868年）。它的书库共有5层（包括地下室），能藏书90万册，地面与隔墙全部用铁架与玻璃制成，

图16-18
巴黎老王宫的奥尔良廊/黄真真拍摄

图16-19
巴黎植物园温室/黄真真拍摄

图16-20
芝加哥家庭保险公司大厦

图16-21
巴黎圣吉纳维夫图书馆/黄真真拍摄

图 16-22
水晶宫思维导图/
杜冰璇、陆子嚣
整理重绘

这样既可以解决采光问题，又可以保证防火安全。在书库内部几乎看不到任何历史形式的痕迹，一切都是根据功能的需要而布置的，因此也有人称他为功能主义者。从这里可以看到建筑内容开始要求与旧形式决裂，但是必须指出，他在阅览室等其他部分的处理上仍表现有折中主义的影响。

2. 市场

新的建筑方法在市场建筑中也获得了新的成就。不同于过去一间间封闭的铺面，出现了巨大的生铁框架结构的大厅。比较典型的例子如1824年建于巴黎的马德伦市场（Market Hall of the Madeleine），1835年在伦敦建造的亨格尔福特鱼市场（Hunger Ford Fish Market）、英国利兹货币交易所等。

3. 百货商店

随着工业发展、城市发展、人口增多而出现了大规模的商业建筑，如百货商店。这种建筑最先出现于19世纪的美国，是在借用仓库建筑的形式基础上发展起来的。纽约华盛顿商店（1845年）是这种初期百货商店的一个例子，它的外观基本上保持着仓库建筑的简单形象。

4. 博览会与展览馆

19世纪后半叶，工业博览会给建筑的创造提供了最好的条件与机会。显然，博览会的产生是近代工业的发展和资本主义工业品在世界市场竞争的结果。博览会的历史可以分为两个阶段：第一个阶段是在巴黎开始和终结的，时间为1798—1849年，范围是国家性的；第二个阶段则占了整个19世纪后半叶（1851—1893年），这时它已具有国际性质了，博览会的展览馆便成为新建筑方式的试验田。博览会的历史不仅表现了铁结构在建筑中的发展，而且在审美观上也有了重大的转变。在国际博览会时代中有两次突出的建筑活动，一次是1851年在英国伦敦海德公园（Hyde Park）举行的世界博览会的"水晶宫"展览馆（Crystal Palace），另一次则是1889年在法国巴黎举行的世界博览会中的埃菲尔铁塔（Eiffel Tower）与机械馆（Calerie des Machines）。

1851年建造的伦敦"水晶宫"展览馆（图16-22），开辟了建筑形式与

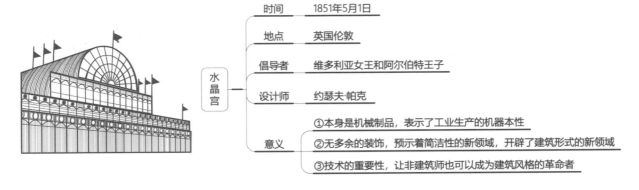

水晶宫	时间	1851年5月1日
	地点	英国伦敦
	倡导者	维多利亚女王和阿尔伯特王子
	设计师	约瑟夫·帕克
	意义	①本身是机械制品，表示了工业生产的机器本性
		②无多余的装饰，预示着简洁性的新领域，开辟了建筑形式的新领域
		③技术的重要性，让非建筑师也可以成为建筑风格的革命者

预制装配技术的新纪元。设计人帕克斯顿（Joseph Paxton）原是一个园艺师，他采用了装配花房的办法来完成这个玻璃铁构架的庞大外壳。建筑物总面积为74000平方米；长度达1851英尺（555米），象征1851年建造；宽度为408英尺（1244米），共有5跨，结构以8英尺（约2.44米）为基本单位，因当时生产的玻璃长度为408英尺（约1.22米），结构模数以此尺寸作为基数。外形为一简单的阶梯形的长方形，并有一与之垂直的拱顶，各面只显出铁架与玻璃，没有任何多余的装饰，完全表现了工业生产的机械本能。在整座建筑物中，只应用了铁、木、玻璃三种材料。施工从1850年8月开始，到1851年5月1日结束，总共花了不到9个月的时间，便全部装备完成。"水晶宫"的出现，曾轰动一时，人们惊奇地认为这是建筑工程的奇迹。1852—1854年，"水晶宫"被移至西德纳姆（Sydenham），在重新装配时，将中央通廊部分原来的阶梯形改为筒形拱顶，与原来纵向拱顶一起组成交叉拱顶的外形。整个建筑于1936年毁于大火。

此后，世界博览会的中心转到了巴黎，分别于1855年、1867年、1878年、1889年在巴黎举行了多次世界博览会。

1889年的世界博览会是这一历史阶段发展的顶峰。在这次博览会上，主要以高度最高的埃菲尔铁塔（图16-23）与跨度最大的机械馆为中心。埃菲尔铁塔在工程师埃菲尔领导下历经17个月建成。塔高达328米，内部设有4部水力升降机，它的巨型结构与新型设备显示了资本主义初期工业生产的最高水平与强大威力（图16-24）。

综上所述，可以清楚地看到，在19世纪的建筑领域里工程师对新技术与新形式的发展起了重要作用，他们成了新建筑思潮的促进者。

图16-23
埃菲尔铁塔

图16-24
埃菲尔铁塔思维导图/杜冰璇、陆子罳整理重绘

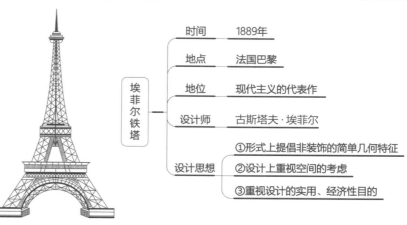

埃菲尔铁塔	时间	1889年
	地点	法国巴黎
	地位	现代主义的代表作
	设计师	古斯塔夫·埃菲尔
	设计思想	①形式上提倡非装饰的简单几何特征 ②设计上重视空间的考虑 ③重视设计的实用、经济性目的

深度阅读
巴黎世博会机械馆

第十七章
欧美探求新
建筑运动

工业革命以后，大批量的工业化生产和维多利亚时期的繁琐装饰两方面，同时造成设计水准急剧下降，导致英国和其他国家的设计师希望能够复兴中世纪的手工艺传统，于是新建筑运动产生了。美国建筑师弗兰克·劳埃德·赖特曾说："建造一座好的建筑，一座和谐的建筑，一座适应其宗旨和生活的建筑，是对生命的祝福和为生活增添的亲切元素，是一种伟大的道德表现。"

第十七章要点概况

能力目标	知识要点	相关知识
能够结合当时的时代背景分析各建筑流派的主要理论和代表作品，掌握其主要设计思想和设计创新之处，具备一定的建筑作品赏析能力	以莫里斯为代表的工艺美术思想、工艺美术运动的影响；新艺术运动的影响、代表人物、代表作品；维也纳学派、分离派的主要思想，瓦格纳及其代表作品；德意志制造联盟的建筑思想、主要活动及影响，贝伦斯及其代表作品；芝加哥学派的形成背景、风格特征，沙利文的设计思想及其代表作品	工艺美术运动；新艺术运动；维也纳学派与分离派；德意志制造联盟；芝加哥学派
	表现主义的设计思想、爱因斯坦天文台；风格派的设计思想，里特维尔德及其代表作品；圣·伊利亚及其未来主义的设计思想	表现主义；风格派；未来主义

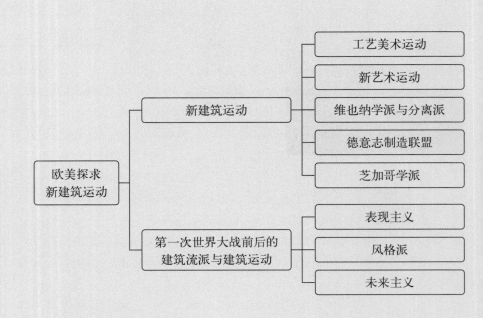

19世纪中叶以后，比利时首都布鲁塞尔成为欧洲文化和艺术中心之一。以画家威尔德（Henry Van de Velde）为代表的比利时新艺术画派致力于在绘画、装饰及建筑领域寻求一种不同于以往的新的艺术设计语言。他们极力反对历史式样，主张创造一种前所未有的、能适应工业时代精神的简化装饰，目的在于革新建筑和工艺品的艺术风格。他们极力探索新的装饰纹样，并积极探索与新兴的铸铁技术结合的可能性，逐渐形成一种特有的、富于动感的艺术风格。在绘画和装饰主题上，大量采用模仿自然界生长茂盛的植物藤蔓的自由连续的纤细曲线，淋漓尽致地运用于墙面、家具、壁纸、窗棂、栏杆及梁柱上，装饰中大量应用铁构件（图17-1）。

古建筑是人类遗产的实物表现、城市的凝固记忆，是城市意象的主体标志性符号。

历史的巨轮驶入19世纪下半叶，一个日新月异的时代开始到来。工业革命及一系列的技术创新，如内燃机、电灯、电话、无线电等的先后发明，使得资本主义世界生产急速发展，技术飞速进步，城市人口急剧增长，城市建设不断发展，一切都处在变化之中。建筑能否跟上社会发展的需求？所谓"永恒的"古典建筑形式是会永恒下去，还是会根据时代要求变化与革新呢？

第一节　新建筑运动

19世纪下半叶，随着钢铁、玻璃、混凝土等新材料的大量生产和应用，建筑的新功能、新技术与占统治地位的学院派折中主义的设计方法和复古形式之间的矛盾日益突出，从而促使一些对新事物敏感的建筑师掀起了一场积极探求新建筑的运动。

一、工艺美术运动

工艺美术运动（Arts and Crafts Movement）出现在19世纪50年代的英国，是英国小资产阶级浪漫主义的社会与文艺思想在建筑及日用品设计上的反映。英国是最早发展工业的国家，工业技术的发展同时也带来了各种城市痼疾，交通混乱、居住与卫生条件恶劣、各种粗制滥造而价格低廉的工业产品充斥着生活空间，从而激起一些社会活动家、评论家和艺术家等把批判的矛头指向了机器。他们反对和憎恨机器生产，鼓吹逃离工业城市，怀念手工艺时代的哥特式风格与向往自然的浪漫主义情绪，这些都促使工艺美术运动产生（图17-2）。

以拉斯金（John Ruskin）和莫里斯（William Morris）为首的工艺美术运动代表人物赞扬工艺的效果和自然材料的美，强调古趣，反对机器制造的产品，提倡艺术化的手工制品。从本质上讲，英国工艺美术运动不是革命性的，而是对传统的一种改变。约翰·拉斯金是英国著名文艺理论家和社会评论家，他的贡献主要在于理论上的创新。拉斯金主张艺术与技术结

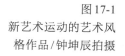

图17-1
新艺术运动的艺术风格作品/钟坤辰拍摄

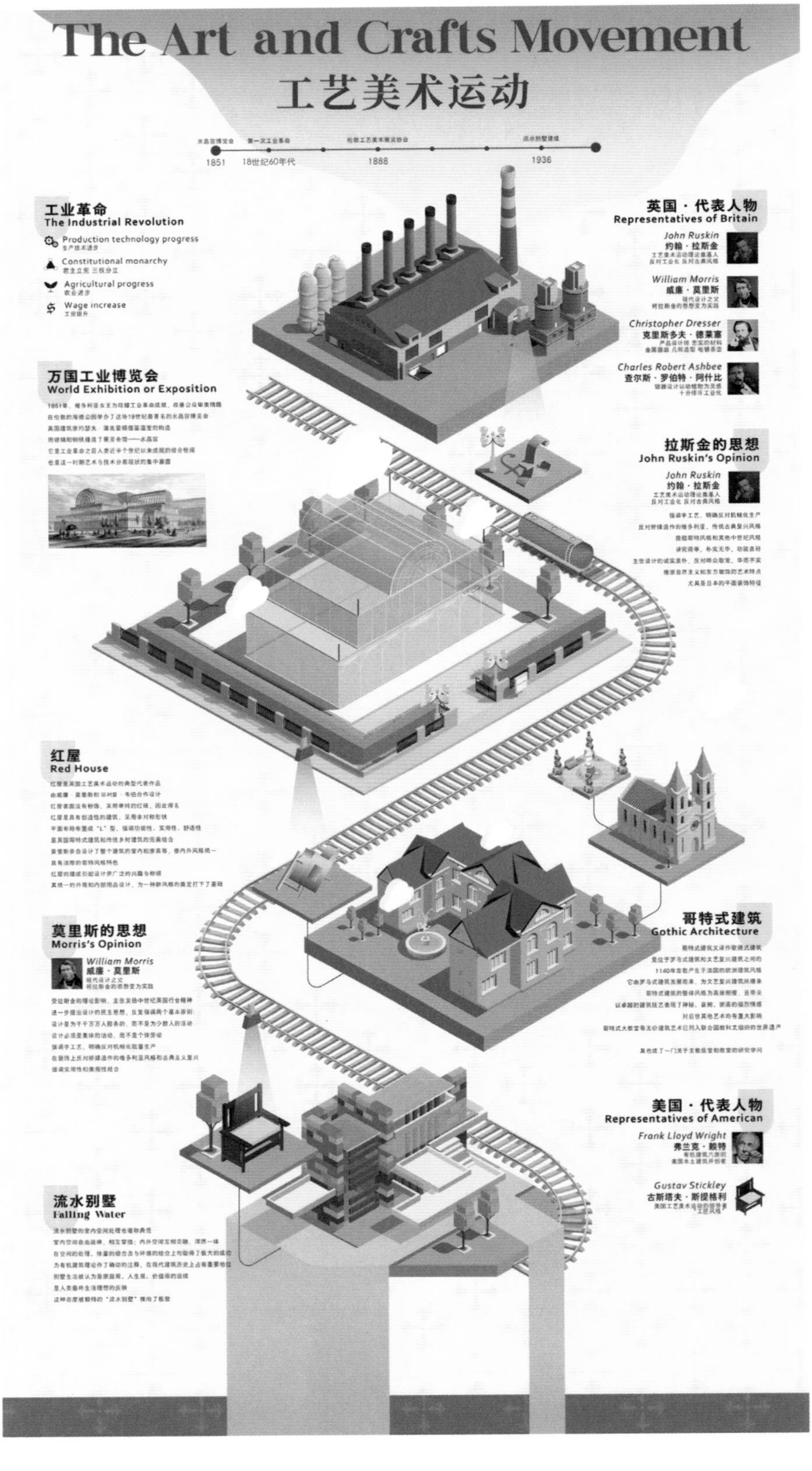

图17-2
工艺美术运动介绍

合，认为设计应为社会大众服务，提出了设计的实用性目的，并主张“向自然学习”。威廉•莫里斯是英国艺术家、诗人，他继承和发展了拉斯金的思想，并身体力行地付诸实践，在家具设计、平面设计等诸多方面做出了突出贡献，成为英国工艺美术运动的领导者。莫里斯主张艺术家与工匠结合，提出了“要把艺术家变成手工业者，把手工业者变成艺术家”的口号，并强调艺术与实用结合。他说“美就是价值，就是功能”，“不要在你家里放一件虽然你认为有用，但你认为并不美的东西”。在建筑上，他主张建造“田园式”住宅，来摆脱古典建筑形式。在装饰上，反对过分的装饰，反对哗众取宠，提倡中世纪哥特式风格，崇尚自然主义及东方装饰艺术（图17-3）。

1859年，受莫里斯的邀请，建筑师韦伯（Philip Webb）在英国肯特设计建造了莫里斯的新婚住宅——莫里斯红屋（图17-4）。平面根据需要布置成“L”形，每个房间都能自然采光，使用本地产的红砖建造，并大胆摒弃了传统的贴面装饰，不加任何粉饰，表现材料本身的质感。红屋的室内由莫里斯与其朋友一起设计完成，力图创造灵活舒适的家居环境。起居间顶棚木梁露明，中间铺板贴壁纸。壁纸是莫里斯设计的，色彩明快，图案简洁。壁炉采用清水红砖砌筑，造型饱满独特，灰缝精致，表现出很强的工艺感。整个建筑从内到外表现出浓重的英国田园风情，营造出一种和谐、自然、亲切宜人的气氛（图17-5、图17-6）。这种将功能、材料与艺术造型相结合的尝试，对后来的新建筑及室内装饰产生了一定的启示作用。

工艺美术运动的贡献在于它首先提出了“美术与技术结合”的原则，倡导以实用性为设计要旨。强调“师法自然”，崇尚自然造型。在工艺上注重手工艺效果和自然材料的美，从而创造出了一些朴素而实用的作品。莫里斯和拉斯金等人的工艺美术思想影响并推进了欧美各国对新建筑的积

小知识：红屋

红屋，莫里斯早年作品，由威廉•莫里斯及其好友菲利普•韦伯合作设计，位于英国伦敦郊区肯特郡，是工艺美术运动时期的代表性建筑。红屋的砖表面没有任何装饰，颇具田园风情，是19世纪下半叶最有影响力的建筑之一。红屋是英国哥特式建筑和传统乡村建筑的完美结合，摆脱了维多利亚时期繁琐的建筑特点，采用功能需求为首要考虑，自然、简朴、实用（图17-7）。

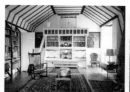

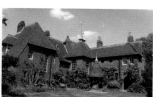

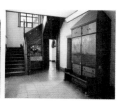

图17-3
莫里斯设计的各种艺术品

图17-4
莫里斯红屋

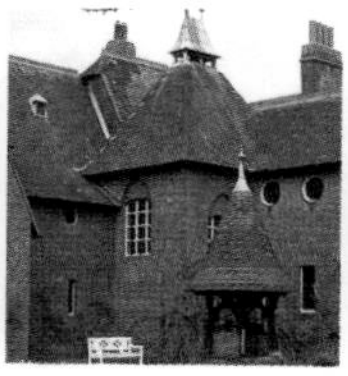

图17-5
莫里斯红屋局部

图17-6
莫里斯红屋室内

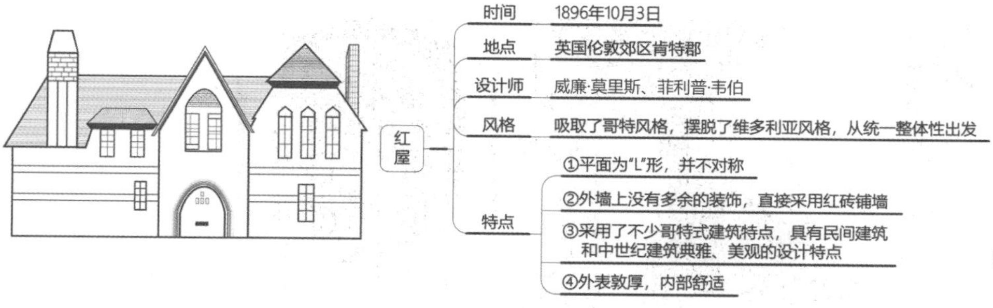

红屋
时间
1896年10月3日
地点
英国伦敦郊区肯特郡
设计师
威廉·莫里斯、菲利普·韦伯
风格
吸取了哥特风格，摆脱了维多利亚风格，从统一整体性出发
特点
①平面为“L”形，并不对称
②外墙上没有多余的装饰，直接采用红砖铺墙
③采用了不少哥特式建筑特点，具有民间建筑和中世纪建筑典雅、美观的设计特点
④外表敦厚，内部舒适

图17-7
红屋思维导图/杜冰璇、陆子蔼整理重绘

极探索。但莫里斯等人始终厌恶机器，在思想上把机器看成一切文化的敌人，向往回归手工艺生产，是不合时宜的。

二、新艺术运动

新艺术运动（Art Nouveau）19世纪80年代开始于比利时首都布鲁塞尔，随后在欧洲迅速传播，甚至影响到了美洲。

比利时建筑师霍塔（Victor Horta）是新艺术运动的杰出代表，他的建筑与室内设计中喜用植物藤蔓般相互缠绕和扭曲的线条，被称为"比利时线条"，这些线条的起伏常常是与结构或构造相联系的。霍塔于1893年设计的布鲁塞尔都灵路12号住宅成为新艺术风格的经典作品。室内装饰热情奔放，铁制内柱裸露在室内，铁制的卷藤线条盘结其上，楼梯栏杆和灯具也是铁制卷藤装饰，如图17-8、图17-9所示。从天花板的角落、墙面到马赛克地面也无一例外地装饰着卷藤图案。霍塔于1897年设计的布鲁塞尔人民之家，是工业技术与装饰艺术融合的有力尝试。铁框架直接裸露在建筑外立面上，与大片玻璃组合成外端，金属结构上的铆钉也不加掩饰，坦然裸露，如图17-10所示。室内金属梁架也直接暴露，展现金属结构的韵律美。室内外的金属构件上都有许多或简或繁的曲线，使硬冷的金属材料看起来柔和了许多。

在英国，新艺术运动中最有影响力的是麦金托什（Charles Rennie Mackintosh），他所设计的格拉斯哥艺术学校，室内外都表现出新艺术的精致细部与朴素的传统苏格兰石砌体的对比。室内空间按功能进行组合，柱、梁、顶棚及悬吊的饰物上使用了明显的竖向线条及柔和的曲线。

在西班牙，建筑师安东尼奥·高迪（Antonio Gaudi）的艺术风格虽可识别为新艺术一派，但在艺术形式的探索中却另辟蹊径。他从自然界各种形体结构，如植物、骨架、壳体、软骨、熔岩、海浪等中获取灵感，以浪漫主义的幻想极力使柔性的艺术形式渗透到建筑空间中去，并吸取了东方的艺术风格与哥特式建筑的结构特点，独创了具有隐喻性的塑性造型建筑。高迪的代表性作品有巴特罗公寓、米拉公寓和圣家族大教堂等，均以造型怪异闻名于世。

巴特罗公寓（图17-11）的入口和底部二层的墙面故意模仿熔岩和溶

图 17-8
都灵路12号住宅
内部1/蒋璨拍摄

图 17-9
都灵路12号住宅
内部2/周承君拍摄

图 17-10
新艺术运动直线与
曲线的结合/钟坤辰
拍摄

图 17-11
巴特罗公寓/蒋璨拍摄

洞，上面几层的阳台栏杆像假面舞会的面具，柱子像一根根骨头，屋脊如带鳞片的兽类脊背，屋顶上的尖塔及其他凸起物个个都形状怪异，表面贴以五颜六色的碎瓷片。

位于西班牙巴塞罗那街道转角处的米拉公寓（图17-12），仿佛是一座被海水长期侵蚀又经风化布满孔洞的岩体，其墙面凸凹不平，像波涛汹涌的海面，富有动感；屋檐和屋脊高低不等，呈蛇形曲线；阳台的栏杆由扭曲缠绕的铁条和铁板构成，如同挂在岩体上的簇簇杂乱的海草。公寓屋顶上有6个大尖顶和若干小的凸出物体，造型怪异奇特，有的似怪兽，有的如骷髅，有的如无名的花蕾。

1900年，高迪设计了巴塞罗那市居埃尔公园（图17-13）。公园入口处有两座小楼，小楼的屋顶上也有许多小塔和凸出物，造型非常古怪，外表镶嵌着白、红、棕、蓝、绿、橘红等色的碎瓷片，图案怪异（图17-14）。园内一条造型别致的有分有合的大台阶把人引向一个多柱大厅。其屋顶是一个宽阔的平台，周围有矮墙和座椅，是游人游憩、聚会、散步和跳舞的好去处。屋顶平台周围的矮墙曲折蜿蜒，墙身上贴着五颜六色的瓷片，组成怪异莫名的图案，仿佛一条弯曲蜷伏的巨蟒。在这些造型怪异的建筑形体内部，任何房间和墙面都没有直角体系，扭曲的圆柱状体、螺旋体、双曲体在室内空间中延展、起伏。墙面上裸露着石块加工的痕迹、砖的砌缝、瓷片的拼缝，即使抹灰墙上也有斑驳的色块和裂纹。这些纹理在起伏的墙面上蔓延，像久经侵蚀的遗迹。

高迪的建筑过于奇特，他把建筑形式的艺术表现性放在了首位，很少考虑经济效益、技术的合理性、施工效率等问题。因此，在当时高迪和他的建筑并未受到很大的重视。直到20世纪后期，他才被推崇到极高的地位，甚至被视为后现代主义建筑的"试金石"。

新艺术运动在建筑上的革新主要局限于艺术形式和装饰手法，未能真正解决建筑形式与内容的关系和建筑艺术与新技术相结合的问题。因此，新艺术运动流行一时之后就逐渐衰落，仅存在了短暂的20余年时间，但它对20世纪前后欧美各国在新建筑探求方面的影响却是广泛而深远的。新艺术运动在本质上仍是一场装饰运动，未能从根本上影响建筑。但它用新的装饰手法摆脱了折中主义的外貌，是简化建筑形式过程中一个有力的步骤。

三、维也纳学派与分离派

在新艺术运动的影响下，奥地利形成了以瓦格纳教授为首的维也纳学派。奥托·瓦格纳（Otto Wagner，1841—1918年）是奥地利著名的建筑师，他早年擅长设计文艺复兴式样的建筑，在工业时代的影响下，他的建筑思想出现了很大变化，逐步形成了新的建筑观点。1894年，53岁的瓦格纳就任维也纳艺术学院教授，次年出版专著《现代建筑》，指出新结构、新材料必将导致新形式的出现，并反对历史式样的重演。他的建筑作品推崇整洁的墙面、水平线条和平屋顶，认为从时代的功能与结构形象中产生的净化风格具有强大的表现力。

维也纳邮政储蓄银行（1905年）（图17-15）是瓦格纳的代表作品。建筑立面对称，墙面划分严整，虽然带有文艺复兴建筑的敦厚风貌，但墙面装饰与线脚人为简化。银行营业大厅采用纤细的铁架和玻璃组成玻璃顶棚，中厅高呈拱形；两行钢柱上大下小，柱上的铆钉裸露着；墙面与柱不加任何装饰，白净明亮，充满了现代感。

瓦格纳的见解和作品对他的学生影响很大。1897年，他的学生奥尔布里希、霍夫曼等人与画家克里姆特、设计师莫瑟等一批年轻的艺术家组成了一个名为"分离派"的组织，还设计了专门的会馆（图17-16～图17-18）。维也纳分离派会馆屋顶上金色的金属镂空球实际上是由约3000片金色的月桂叶构成的。维也纳分离派会馆的建成使维也纳分离派声誉大增。

在维也纳，另一位建筑师阿道夫·路斯（Adolf Loos，1870—1933年）在建筑理论上有独到的见解。他主张建筑应以实用为主，反对把建筑列入艺术的范畴，并竭力反对装饰。他认为建筑"不是依靠装饰，而是以形体自身之美为美"。1908年他发表《装饰与罪恶》一文，称"装饰就是罪恶"，反映了当时在批判"为艺术而艺术"中的另一种极端思想。路斯的代表作是1910年在维也纳建造的斯坦纳住宅。这个建筑完全看不到装饰，建筑成为简洁的立方体组合，门窗也都是长方形，但强调墙面与窗等各部分的比例关系。

四、德意志制造联盟

19世纪末，德国的工业水平迅猛发展，赶超英国和法国，跃居欧洲第一位。为了进一步争夺国际市场，德国特别注意改进工业产品的质量，而改进产品的设计是其中重要一环。

图17-12
米拉公寓

图17-13
居埃尔公园/蒋璨拍摄

图17-14
居埃尔公园怪异的
入口/蒋璨拍摄

图17-15
维也纳邮政储蓄银行
（奥地利）/周承君拍摄

图17-16
维也纳分离派展览馆
（奥地利）/周承君拍摄

图17-17
维也纳分离派展览馆
局部/周承君拍摄

图17-18
维也纳分离派展览馆
大门/周承君拍摄

1907年由企业家、艺术家、设计师、技术人员等组成的德意志制造联盟宣告成立。其目的在于共同推动设施改革，提高工业产品的质量。

德意志制造联盟在建筑领域的代表人物是彼得·贝伦斯（Peter Behrens），他认为建筑应当是真实的，建筑要符合功能的要求，并在建筑中表现出现代结构的特征，从而产生前所未有的新形式。贝伦斯以工业建筑为基地来发展真正符合功能与结构特征的建筑。作为德国通用电气公司的设计总顾问，他在1909年为德国通用电气公司设计了透平机车间（图17-19）。车间的屋顶由二铰拱钢结构组成，形成了宽敞的大生产空间；柱间为大面积玻璃窗，以满足生产车间对充足采光的要求；山墙的上部轮廓呈多边形，与内部钢屋架的轮廓一致。这座造型简洁、摒弃了任何附加装饰的工业建筑，为探求新建筑起到了一定的示范作用，成为现代建筑史的一个里程碑，被称为第一座真正的"现代建筑"。

彼得·贝伦斯的贡献不仅在于对新建筑的积极探索，而且还培养了一批人才。著名现代建筑大师格罗皮乌斯、勒·柯布西耶、密斯·凡·德·罗都先后在贝伦斯的建筑事务所里工作过，他们在这里接受了许多新的建筑观点，学到了许多有益的知识，为以后的发展打下了坚实的基础。

1911年，格罗皮乌斯与阿道夫·迈耶合作设计的德国法古斯工厂就是在贝伦斯建筑思想影响下的新探索。建筑造型简洁、轻巧虚透，一反传统建筑沉重厚实的面貌，展现出现代建筑的特点。1914年，德意志制造联盟在科隆举办展览会，展览会的建筑也作为新的工业产品来展出。其中格罗皮乌斯设计的展览会办公楼造型新颖独特，运用了结构构件外露、材料质感对比、室内外空间交融等新的设计手法，让人耳目一新，受到了广泛的关注。1927年，德意志制造联盟在斯图加特举办了一次住宅建筑展览会，对现代建筑的发展产生了重要影响。德意志制造联盟这种有目的、有组织、有步骤的活动对后来的建筑创新活动产生了重要的影响。

从1907年到第一次世界大战爆发的几年中，德意志制造联盟产生了广泛的影响。战后20世纪20年代，德意志制造联盟继续积极活动，直到1933年希特勒上台，德意志制造联盟宣告解散。

五、芝加哥学派

芝加哥是美国中西部的一个小镇，随着美国的西部开发，这个小镇在19世纪后期因成为东西部航运与铁路的交通枢纽而飞速发展起来。由于城市人口的快速膨胀，营造高层的公共建筑成为当时形势所需，而且有利可图。特别是1871年芝加哥市中心的一场大火灾，毁掉了全市约三分之一的建筑，使城市重建问题特别突出。这时，一大批建筑师云集芝加哥，积极探索新形势下高层商业建筑的设计建造，逐渐自成一派，被称作"芝加哥学派"。

芝加哥学派最兴盛的时期是1883—1893年。当时的房地产商迫切要

小知识：德国通用电气公司透平机车间

贝伦斯无论在哪种设计上都主张从功能主义的角度出发，设计中摒弃繁琐的装饰，强调外形结构与良好的功能。在功能与技术表现得基础上，追求简约的设计。他还主张对造型规律进行数学分析，坚持理想主义美学原则，这充分体现了他的严谨和理性。在建筑设计上最具有代表性的就是1909年贝伦斯为德国通用电气公司（AEG公司）设计并建造的透平机车间，这个透平机车间在当时成为德国最有影响力和标志性的建筑物，奇特的造型和建筑材料的巧妙结合使其享有第一座真正意义上的"现代建筑"的美称。其造型简洁，没有任何附加的装饰，这是贝伦斯建筑新观念的体现，他把自己的新思想植入设计实践当中。

图17-19
德国通用电气公司透平
机车间/钟坤辰拍摄

图17-20
芝加哥C.P.S百货公司大楼

图17-21
草原式住宅

图17-22
罗比住宅

求在最短的时间内，在有限的土地上建造出尽可能大的有效建筑面积，以取得更多的利润。芝加哥学派的建筑师们积极探索新材料、新结构、新技术、新设备在高层商业建筑上的应用：在建筑形式上，削减或取消多余的装饰，建筑立面大为简化；为了增加室内的光线和通风，出现了宽度大于高度的横向窗子，被称为"芝加哥窗"。这些使得当时的一些商业建筑展现出全新的面貌。高层、金属框架结构、简单的立面、整齐排列横向大窗成为"芝加哥学派"建筑共同的特点。

芝加哥学派中最著名的建筑师是路易斯·沙利文（Louis H.Sullivan），他是芝加哥学派的理论家和中坚人物。沙利文提出了"形式跟从功能"的论点，他对建筑的结论是，要给每个建筑物一个适合的和不错误的形式，这才是建筑创作的目的。他强调"形式永远跟从功能，这是法则"，"功能不变，形式就不变"。沙利文的代表作品为1899—1904年建造的芝加哥C.P.S百货公司大楼（Carson Pirie Scott Department Store）（图17-20），大楼高12层，立面形式充分利用和体现出钢铁框架结构的优点，框架的方格网成为立面的基本构图，一层以上整齐地排列着芝加哥窗。但在底层和入口处使用了铁制装饰，图案相当复杂，窗子周边也有细巧的花饰。

事实上，沙利文的其他作品上也不乏装饰。由此可见，沙利文在"形式跟从功能"之外还是很注重建筑艺术的。只是他不追随历史式样，而是广泛汲取各种手法，灵活应用。

芝加哥学派在19世纪探求新建筑运动中发挥的积极推动作用是不可忽视的。它突出了功能在建筑设计中的主体地位，明确了功能与形式的主从关系；探索了新技术在高层建筑中的应用；使建筑艺术反映了新技术的特点，简洁的立面符合新时代工业化的精神。

这期间，还有一位建筑师活跃在芝加哥，他就是弗兰克·劳埃德·赖特（Frank Lloyd Wright）。1887年赖特进入芝加哥学派著名建筑师沙利文的建筑事务所工作，1894年独立创业。自此至20世纪的前10年，赖特在美国中西部设计了许多小住宅和别墅。这时期美国的住宅形式通常都是一种"时髦样式的杂拌"。赖特对传统的住宅进行了大胆的革新，在吸取美国西部传统住宅自由布局形式的基础上，融合了浪漫主义的想象力，创作出富有田园诗意的适宜居住的新型住宅。它既有美国民间建筑的传统，又突破了封闭性，适合于美国中西部的气候和地广人稀的特点，被称为"草原式住宅"（图17-21）。罗伯茨住宅和罗比住宅（图17-22）是"草原式住宅"的典型范例。

第二节　第一次世界大战前后的建筑流派与建筑活动

1914—1918年发生了第一次世界大战。战争造成城市破坏、房屋倒塌、经济困难，同时也给人们留下了严重的精神创伤，这一切给欧洲的政治、经济和社会状况都带来了巨大的变化。这时期，古典复古虽然还相当流行，却越来越不合时宜。因为严重的房荒、经济的拮据促使建筑倾向讲求实用；科学技术的发展，社会生活方式的变化，建筑材料、技术、结构的进步，促使建筑师进行改革创新；战争的创伤及俄国十月革命的胜利促使人心思变。与此同时，艺术思想的异常活跃，促使许多先锋派艺术活动对新建筑活动产生了较大的影响，其中对建筑活动影响较大的有表现主义、风格派、未来主义等。

一、表现主义

20世纪初，在德国、奥地利首先出现名为"表现主义"艺术流派。表现主义者认为艺术的任务在于表现个人的主观感情和内心感受，认为主观是唯一真实的，否定现实世界的客观性。在建筑作品中，建筑师常常采用奇特、夸张的造型和构图手法，塑造超常的、强调动感的建筑形象，来表现某种思想情绪，象征某种时代精神，引起观者和使用者非同一般的联想和心理效应。如某电影院在室内天花上做出许多下垂的券形花饰，使观众如同身临挂满石钟乳的洞窟之中；某轮船协会的大楼上做了许多象征轮船的几何图案。

最具代表性的表现主义建筑是1921年德国建筑师孟德尔松（Eric Mendelsohn）设计完成的德国波茨坦市爱因斯坦天文台，如图17-23所示。设计师用混凝土和砖塑造了一座混混沌沌、浑浑噩噩、稍带流线型的建筑形体，墙面上有些形状奇特的窗洞和莫名其妙的凸起。整个建筑造型奇特，难以言状，给人以匪夷所思、神秘莫测的感受，正吻合了一般人对相对论的印象。

表现主义建筑师主张革新、反对复古，但他们只是用一种新的表面处理手法去替代旧的建筑形式，同建筑技术与功能的发展没有直接的联系，甚至与建筑技术和经济的合理性相左。它在战后初期时兴过一阵，不久就消退了。但到了20世纪后期，表现主义的设计手法在建筑领域再次回升，如勒·柯布西耶的朗香教堂、埃罗·沙里宁设计的纽约肯尼迪机场TWA候机楼等，它们夸张、奇特的造型都让人浮想联翩。

二、风格派

第一次世界大战期间，荷兰作为中立国，其建筑与艺术活动继续繁荣。一些青年艺术家，如画家蒙德里安（Piet Mondrian）、设计师凡·杜斯伯格（Theo Van Doesburg）、建筑师奥德（J.J.P.Oud）、里特维尔德（G.T.Rietveld）等人组成了一个造型艺术团体，1917年出版名为"风格"的期刊，因此得名"风格派"。

风格派强调艺术需要抽象和简化，以寻求纯洁性、必然性和规律性，认为最好的艺术就是基本几何形体的组合和构图。蒙德里安认为用最简单的几何形和最纯粹的色彩组成的构图才是有普遍意义的永恒的绘画。为了

图 17-23
爱因斯坦天文台（德国）/
周承君拍摄

小知识：红蓝椅

20世纪西方现代艺术设计史上最富创造性的经典作品之一，具有鲜明的荷兰风格派特征。用方形、长方形木条和木板，按模数组合，红蓝色非常鲜艳夺目，具有高度立体主义象征特点，与风格派领导人物蒙德里安的绘画具有很多内在联系，也奠定了里特维尔德在风格派内的重要位置。

图17-24
里特维尔德的红蓝椅

深度阅读

施罗德住宅

获得构图的均衡与视觉的和谐，他们拒绝方形以外的一切形式，色彩也简化为红、黄、蓝三原色和黑、白、灰，绘画成了几何图形和色块的组合。绘画题名则成了"有黄色的构图""直线的韵律""构图第×号"等。风格派的雕塑作品，则往往是些大小不等的立方体和板片的组合。风格派的几何构图式的绘画，从反映现实的要求来看的确没有什么意义。然而，风格派艺术发挥了几何形体组合的审美价值，它们很容易也很适宜移植到新的建筑艺术中去。

里特维尔德除了是一位优秀的建筑设计师外，同时是一位卓越的家具设计师。1917年里特维尔德设计的红蓝椅（图17-24）生动地解释了风格派抽象的艺术理论，在形式上它是蒙德里安的作品《红、黄、蓝的构成》的立体化再现。

三、未来主义

未来主义是第一次世界大战之前在意大利出现的一个文学艺术流派。未来主义在建筑领域的代表人物是意大利年轻的建筑师圣·伊利亚（Antonio Sant'Elia）。他在1912—1914年间画了一系列以"新城市"为题的未来城市和建筑想象图。1914年5月，其中一部分在名为"新趋势"的团体举办的展览会上展出，并发表了《未来主义建筑宣言》。在他的设计图样中，建筑物全部为阶梯形的高层，林立的高楼下面是分层的车道和地下铁道，"运动感"成为现代城市的重要特征。

未来主义并没有实际的建筑作品，但未来主义的建筑思想却对一些建筑师产生了很大的影响。直到20世纪后期，还能在著名建筑作品中看到未来主义建筑的思想火花，如巴黎蓬皮杜国家艺术与文化中心、香港汇丰银行等。

第一次世界大战爆发后，圣·伊利亚急切地投身于战火之中，1916年战火吞噬了他年仅28岁的生命，他没有机会实施自己的建筑观念。1924年，墨索里尼上台后实行文化专制，未来主义名存实亡。

第十八章
现代主义建筑
及代表人物

现代建筑学派是从20世纪之交到第二次世界大战之后盛行的设计学派。可怕的战争改变了战后时代所需的建筑物。人们比以往任何时候都需要实用性和功能性的设计，从头开始重建那些当时被毁坏的城市。建筑是人类创造的，应该为人类服务，也应该成为人类喜欢的样子。就像是勒·柯布西耶的思想一样，建筑应该是一种姿态，应该是一种表演。

第十八章要点概况

能力目标	知识要点	相关知识
能够分析理解现代主义建筑形成的背景和意义，能够理解现代主义建筑设计原则的内涵	早期现代建筑活动及成就，包括理论方面、实践活动和建筑教育活动等，现代主义建筑的基本设计原则	现代主义建筑的形成；现代主义建筑的设计原则
能够赏析格罗皮乌斯的作品，理解其建筑思想，掌握其艺术特色	格罗皮乌斯的生平、建筑思想、主要作品评析、艺术风格	格罗皮乌斯的生平；设计思想与理论；主要作品赏析
能够赏析勒·柯布西耶不同时期的作品，理解其不同时期的建筑思想，掌握其艺术特色	勒·柯布西耶的生平、建筑思想、主要作品评析、艺术风格	勒·柯布西耶的生平；设计思想与理论；主要作品赏析
能够赏析密斯·凡·德·罗的作品，理解其建筑观点，掌握其建筑艺术特色	密斯·凡·德·罗的生平、建筑思想、主要作品评析、艺术风格	密斯·凡·德·罗的生平；设计思想与理论；主要作品赏析
能够赏析弗兰克·劳埃德·赖特的作品，理解其建筑设计思想及有机建筑理论，掌握其建筑艺术特色	弗兰克·劳埃德·赖特的生平、建筑思想、主要作品评析、艺术风格	弗兰克·赖特的生平；设计思想与理论；主要作品赏析
能够赏析阿尔瓦·阿尔托的作品，理解其建筑设计思想	阿尔瓦·阿尔托的生平、建筑思想、主要作品评析、设计风格	阿尔瓦·阿尔托的生平；设计思想与理论；主要作品赏析

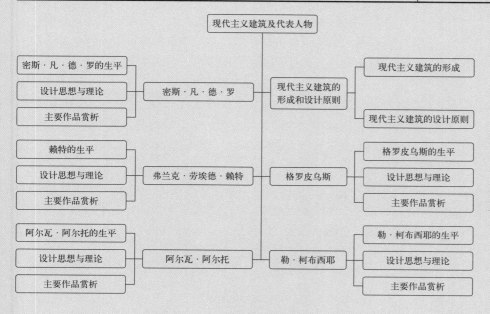

1911年，格罗皮乌斯与阿道夫·迈耶合作设计了德国法古斯工厂，如图18-1所示。厂房的布置和体形主要依据生产的需要，采用了不对称的构图形式。厂房办公楼的建筑处理十分新颖，平屋顶没有挑檐，长达40米的外墙面是由大面积玻璃窗和金属板窗下墙组成的幕墙。幕墙安装在柱子的外皮上，使墙面简洁整齐，愈发轻巧。在建筑的转角部位，取消了角柱，玻璃和金属板幕墙连续转过，充分发挥了钢筋混凝土楼板的悬挑性能，使建筑立面产生了与众不同的通透效果。这些处理方法符合钢筋混凝土结构的性能特点，符合玻璃和金属的特性，也适合实用性建筑的功能需要，同时产生了一种新的形式美。

建筑的艺术在于人类把外在本无精神的东西改造为表现自己精神的一种创造。

到20世纪20年代后期，经历了漫长而曲折的探索之路，新建筑运动逐步走向高潮，20世纪最重要、影响最普遍最深远的现代主义建筑终于登上历史舞台。什么是现代主义建筑？它与以往的建筑有着怎样的不同？哪些建筑师以怎样的建筑活动引领现代主义建筑成为世界建筑的主流？

他们都是世界公认的现代主义建筑大师，但又各具艺术特色。有的设计风格风靡欧美20余年，他们的建筑被处处效仿，尤其是钢和玻璃的摩天楼，更是成为美国乃至世界现代玻璃摩天楼的滥觞。而另一位则另辟蹊径，他的"有机建筑"虽然不能被到处采用，但同样受到普遍的赞誉。他们各自究竟有着什么样的建筑设计思想？以怎样的建筑诠释自己的设计思想，展现出怎样的建筑艺术特色？

第一节　现代主义建筑的形成和设计原则

19世纪后期以来，欧美各国的政治、经济、科学技术、文学艺术等有了巨大的发展和变化，建筑的发展之路在哪里？许多建筑师做过多方面的探索，如美国芝加哥的沙利文、奥地利的瓦格纳和路斯、德意志的贝伦斯等，他们先后提出了富有创新精神的建筑观点，做过建筑设计的创新尝试。但他们的努力是零散的，未能形成系统的观点，更重要的是，还没能产生一批比较成熟而有影响的实际建筑作品。

第一次世界大战结束后的头几年，实际建筑任务很少，倾向革新的人士所做的工作带有很大的试验和畅想的成分。表现主义、风格派、未来主义等流派都是从当时的美术和文学方面衍生出来的，它们没有也不可能提出或解决建筑发展所涉及的许多实际的根本性问题。如建筑师如何面对和满足现代社会生产和生活中的各种复杂的建筑功能要求？建筑设计如何同工业和科学技术的迅速发展相结合？如何创造符合时代精神的新的建筑风格？建筑师如何改进工作方法？

直到20世纪20年代后期，欧洲经济稍有恢复，战后城市重建过程中的实际建筑任务逐渐增多，面对战后矛盾繁杂的现实，一批思想敏锐并且

图18-1
法古斯工厂

具有一定经验的年轻建筑师，如格罗皮乌斯、密斯•凡•德•罗、勒•柯布西耶等提出了比较系统和彻底的建筑改革主张，并积极地开展建筑实践活动，从而把新建筑运动推向高潮，形成了20世纪最重要、影响最普遍最深远的现代主义建筑。

一、现代主义建筑的形成

1919年，格罗皮乌斯出任包豪斯学校校长，并大力改组革新，聘请一批激进的艺术家任教，推行新的教学制度和教学方法。使之成为西欧最激进的现代设计和教育中心，培养了一批又一批有思想、有实践的设计人才，充实了新建筑运动的有生力量。

1920年，勒•柯布西耶在巴黎同一些年轻的艺术家和文学家创办了《新精神》杂志，他撰写文章为新建筑摇旗呐喊。1923年，他整理出版了《走向新建筑》一书，为现代建筑运动提供了一系列理论根据。

在建筑实践方面，随着实际建造任务的增多，格罗皮乌斯等人陆续设计出一些很有影响力的建筑作品。如1926年格罗皮乌斯设计的包豪斯校舍，1928年勒•柯布西耶设计的萨伏伊别墅，1929年密斯•凡•德•罗设计的巴塞罗那世界博览会德国馆等。这些建筑不仅成为现代主义建筑的经典作品，而且成为建筑史上的传世之作。

1927年，德意志制造联盟在斯图加特举办的住宅博览会上展出了5个国家16位建筑师设计的住宅建筑。设计者充分发挥钢和钢筋混凝土结构及各种新材料的性能特点，认真解决实用功能问题，建筑外形大都采用没有装饰的朴素清新的立方体，成为现代建筑的一次正式宣言。1928年，在格罗皮乌斯、勒•柯布西耶等人的倡导下，在瑞士成立了第一个国际性的现代建筑师组织——国际现代建筑协会（CIAM）。他们交流和研究建筑工业化、土地规划等问题，1933年的雅典会议专门研究了现代城市建设问题，还提出了一个城市规划大纲，即著名的"雅典宪章"。

二、现代主义建筑的设计原则

纵观这一时期的建筑思潮，这些建筑师的设计思想并不完全一致，但是有一些共同的特点：

① 重视建筑的使用功能，以使用功能作为建筑设计的出发点，提高建筑设计的科学性；

② 注重发挥新型建筑材料和建筑结构的性能特点，比如框架结构中墙可以不承重，利用这一特点，可以灵活布置、分隔空间；

③ 把建筑的经济性提到重要高度，努力用最少的财力、人力、物力创造出适用的房屋；

④ 主张创造建筑新风格，坚决反对套用历史上的建筑样式，强调建筑形式与内容（功能、材料、结构、工艺）相一致；

⑤ 认为建筑空间是建筑的主角，空间比建筑平面、立面更重要，强调建筑艺术处理的重点应是空间和体量的总体构图，并考虑到时间因素的影响，产生了"空间-时间"的建筑构图理论；

⑥ 废弃表面外加的装饰，认为建筑美的基础在于建筑处理的合理性和逻辑性。

这些建筑观点与设计方法被人们称为建筑中的"功能主义""理性主义"。事实上，格罗皮乌斯和勒•柯布西耶等人都反对这些名称。现在更多的人称之为"现代主义"。

第二节　格罗皮乌斯

瓦尔特•格罗皮乌斯（Walter Gropius，1883—1969年）是世界上最著名的建筑师之一，被公认为现代主义建筑的奠基者和领导人之一，他同时是一位建筑教育家。

一、格罗皮乌斯的生平

格罗皮乌斯生于柏林，青年时期在慕尼黑和柏林学习建筑。1907—1910年在柏林著名建筑师贝伦斯的建筑事务所工作。1911年设计了法古斯工厂，1914年设计了德意志制造联盟科隆展览会办公楼。1919年出任魏玛艺术与工艺学校校长，在此基础上创立包豪斯学校，并设计了包豪斯新校舍。1928年格罗皮乌斯同勒·柯布西耶等人组织国际现代建筑协会（CIAM），1929—1959年任副会长。纳粹德国期间，他受到迫害和驱逐，1934年离德赴英。1937年受美国哈佛大学邀请出任建筑系主任，从此定居美国。到美国后，主要从事建筑教育工作，并与布劳埃合作设计了几座小住宅，比较有代表性的是格罗皮乌斯住宅。1945年与他人合作创办"协和建筑师事务所"，以后的作品都是在这个集体中合作完成的，其中1949年设计的哈佛大学研究生中心是他后期的重要作品。

格罗皮乌斯创办的包豪斯是20世纪最具影响力的艺术院校，它为现代设计教育的发展开创了一个新的里程碑，对世界设计领域产生了深远的影响。

二、设计思想与理论

格罗皮乌斯始终如一重视建筑的功能问题。无论是早期的包豪斯校舍，还是后期的哈佛大学研究生中心，都是以使用功能作为设计的出发点。只是在早期，受当时德国的实际社会条件和需要的影响，使他同时比较强调技术、经济因素；而后期美国的社会状况，使他在重视功能的同时，开始注重建筑的精神需要，突破盒子建筑，创造出活泼多变的建筑形式。格罗皮乌斯始终坚持理性主义的设计原则，并对理性主义进行充实和提高，对现代建筑的发展产生了深远的影响。

三、主要作品赏析

1.科隆展览会办公楼

1914年，德意志制造联盟在科隆举办展览会，格罗皮乌斯完成了展区的设计。其中展览会办公楼的建筑造型最为新颖独特。建筑采用平屋顶，可以防水和上人。建筑立面上除中间入口处有片砖墙外，大面积都是透明的玻璃窗，正面两端各有一个圆柱形的楼梯间。使用大片玻璃做外墙，通透的玻璃使里面的螺旋形楼梯与上下楼梯的人全部展现出来，不仅加强了室内外空间的联系，而且展现出一种奇妙的动感空间，如图18-2所示。

结构构件外露、材料质感对比、室内外空间交融等这些设计手法，都让人耳目一新，并被以后的现代建筑广泛借鉴。

图18-2
科隆展览会办公楼

2.包豪斯校舍

1925年，包豪斯从魏玛迁到德绍，格罗皮乌斯亲自设计了新校舍（图18-3）。包豪斯校舍包括教室、车间、办公室、礼堂、餐厅和学生宿舍。德绍市一所规模不大的职业学校也同包豪斯放在一起。

校舍的建筑面积接近10000平方米。格罗皮乌斯按照各部分的功能性质，把整个建筑大体分为三个部分（图18-4）。第一部分是教学用房，主要为各科的工艺车间。面临主要街道，4层高，采用钢筋混凝土框架结构。第二部分是生活用房，包括学生宿舍、餐厅、礼堂、厨房及锅炉房等。学生宿舍位于教学楼后面，是一个6层小楼。宿舍与教学楼之间是单层餐厅及礼堂。第三部分是职业学校用房。由于职业学校是独立的，所有用房集中在一个4层小楼中，与包豪斯教学楼间隔条道路，两楼用过街楼相连，两层的过街楼为教师及办公用房。除教学楼外，其余均为砖与钢筋混凝土混合结构，全部采用平屋顶，外墙面为白色抹灰。包豪斯校舍是现代建筑史上的一个重要里程碑。

3.哈佛大学研究生中心

哈佛大学研究生中心包括七幢宿舍楼和一个公共活动楼，按照功能分区并结合地形而建，房屋之间以长廊和天桥相连，围出一些大大小小的院子。院子既各自独立，又相互联系，形成了变化丰富的空间环境。

公共活动楼是建筑群的核心，外观呈弧形，底层架空，使用大面积的玻璃窗，墙面为石灰石板贴面，如图18-5所示。楼上的餐厅可容纳1200人同时用餐，中间有一个坡道把餐厅巧妙地分成了4部分，消除了大空间给人的空旷感。楼下的会议室和休息室之间设置了灵活的分隔，需要时可以连通成一个大空间。宿舍建筑为4层，采用了内廊式立面，外墙为淡黄色面砖。整个建筑群高低错落、虚实交映、尺度得当、环境宜人，建筑造型简洁、朴素、优雅，处处表现出独具匠心的精确与细致。

哈佛大学研究生中心由格罗皮乌斯和他的学生合作创办的协和建筑师事务所（TAC）设计。协和建筑师事务所创办于1945年，后发展成为美国最大的以建筑师为主的设计事务所之一。

4.格罗皮乌斯住宅

格罗皮乌斯住宅建在一处小山坡的顶端，风景优美，视野开阔。建筑

小知识：包豪斯

包豪斯，是德国魏玛市的"公立包豪斯学校"的简称。在两德统一后，位于魏玛的设计学院更名为魏玛包豪斯大学。包豪斯的成立标志着现代设计教育的诞生，对世界现代设计的发展产生了深远的影响，包豪斯也是世界上第一所完全为发展现代设计教育而建立的学院。格罗皮乌斯指出，包豪斯不传播任何艺术风格、体系或教条，而是把现实生活因素引入设计造型中，努力去探索一种新的理念，一种能发展创新意识的态度。它最终形成一种新的生活方式：艺术与技术的统一；艺术、技术、经济与社会的统一；艺术设计师与建筑企业家的统一；设计典型系列化和标准。

时间	阶段	校长	设计思想	特点
1919—1925年	魏玛时期	格罗佩斯	理想主义	双轨制教学
1925—1932年	德绍时期	迈斯	共产主义	教学与实践相结合
1932—1933年	柏林时期	米斯	实用主义	以建筑为中心

1919年　　1925年　　1932年　1933年

图18-3
包豪斯校舍思维导图/
杜冰璇、陆子嚣整理

高两层，平屋顶。从入口大厅经过几步台阶可以通往阳台，楼上是带露台的卧室。露台上有一个旋转楼梯，可以直达花园（图18-6、图18-7）。建筑周围特意安置了大树、玫瑰花架、葡萄藤等，以模糊建筑与自然环境的界限，减少外界的干扰。这座小小的住宅设计得紧凑舒适，平面布局合理，外形简洁朴素，完全以功能和使用的需要为出发点，注重技术与艺术的结合，反映了格罗皮乌斯一生所提倡的建筑思想。

第三节　勒·柯布西耶

勒·柯布西耶是20世纪最著名的建筑大师和城市规划专家，是现代建筑运动的激进分子和主将，机器美学的重要奠基人。勒·柯布西耶1887年出生于瑞士，父母是制表业者。少年时在故乡的钟表技术学校学习，后来到柏林德国著名建筑师贝伦斯处工作。

一、勒·柯布西耶的生平

1917年，勒·柯布西耶移居巴黎。1920年他与一些新派画家、诗人合编《新精神》杂志，在这里他发表一些短文，为新建筑摇旗呐喊。1923年，他把这些文章汇编出版，即名著《走向新建筑》，书中提出了住宅是"居住的机器"。1926年他提出了新建筑的五个特点。1928年他与格罗皮乌斯、密斯·凡·德·罗组织了国际现代建筑协会。第二次世界大战后，勒·柯布西耶的设计风格发生了明显变化，郎香教堂等建筑充分表明了这点。勒·柯布西耶以丰富多变的建筑作品和充满激情的建筑哲学对现代建筑产生了广泛而深远的影响，他始终走在时代的前列。

图18-4
包豪斯校舍（德国）

图18-5
哈佛大学研究生中心/
杜冰璇拍摄

图18-6
格罗皮乌斯住宅/周承
君拍摄

图18-7
格罗皮乌斯住宅局部

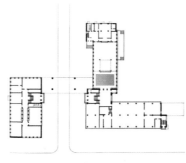

二、设计思想与理论

勒·柯布西耶没有受过正规的学院派建筑教育，从一开始就接受当时建筑界和美术界新思潮的影响，走上新建筑道路。1923年他的名著《走向新建筑》出版。这本书中心思想明确，就是激烈否定19世纪以来因循守旧的复古主义、折中主义的建筑观点与建筑风格，激烈主张创造表现新时代的新建筑。在书中，勒·柯布西耶给住宅下了一个新定义——"住房是居住的机器"，并极力鼓吹用工业化的方法大规模建造房屋，他认为"住宅问题是时代的问题，……在这更新的时代，建筑的首要任务是促进降低造价，减少房屋的组成构件"。

在建筑形式方面，勒·柯布西耶赞美简单的几何形体，"原始的形体是美的形体，因为它使我们能清晰地辨识"。在设计方法上，他强调"平面是由内到外开始的，外部是内部的结果"。勒·柯布西耶同时又强调建筑的艺术性，他认为"建筑艺术超出实用的需要，建筑艺术是造型的东西"，"轮廓不受任何约束"，"轮廓线是纯粹精神的创造，它需要造型艺术家"。从书中表述的这些观点可以看出，勒·柯布西耶既是理性主义者，同时又是浪漫主义者。总的来看，他前期的作品如萨伏伊别墅、巴黎瑞士学生公寓等，表现出更多的理性主义，第二次世界大战以后的作品如朗香教堂等，表现出更多的浪漫主义。《走向新建筑》被认为是20世纪最重要的建筑理论书籍之一。

第二次世界大战后，曾在战争中蛰居乡间的勒·柯布西耶虽然创作锐气不减，但其创作思想及风格明显发生了变化，原有的工业技术热情似乎不见了，原先极力主张的理性被一种神秘性代替。建筑形象也从简单的几何形体转向复杂的自由的塑性，从追求平整光洁的视觉效果转向粗犷原始的审美趣味。

三、主要作品赏析

1.萨伏伊别墅

萨伏伊别墅位于巴黎附近，建在12英亩（约4.9万平方米）大的一块基地的中心（图18-8、图18-9）。建筑平面为矩形，共三层。底层三面有独

图18-8
萨伏伊别墅1/蒋璨拍摄

图18-9
萨伏伊别墅2/蒋璨拍摄

立的支柱,中心部分是门庭、车库、楼梯和坡道及佣人房。二层为客厅、餐厅、厨房、卧室和院子。三层为主人房和屋顶晒台。

勒·柯布西耶所说的新建筑的五个特点在这里都表现出来了。别墅采用了钢筋混凝土结构。萨伏伊别墅的外形轮廓比较简单,但内部空间复杂(图18-10),如同一个内部精巧镂空的几何体,又好像一架复杂的机器——居住的机器。勒·柯布西耶所追求的并非机器般的实用与效率,而是机器般的造型。这种艺术趋向被称为"机器美学"。

2.巴黎瑞士学生宿舍

巴黎瑞士学生宿舍建于1930—1932年。主体是长条形的5层楼,底层敞开,只有6对柱墩,2～4层是学生宿舍,5层是管理员寓所和晒台。南立面2～4层全是玻璃墙面,5层是实墙,开有少量窗洞,从而形成虚实对比(图18-11)。北立面整齐排列小窗,楼梯和电梯凸出呈不规则L形,并延伸出一栋不规则的单层建筑,作为门厅、食堂、管理员室等。这里,建筑的高与低、墙面的平直与弯曲、空间的规整与不规则形成了生动的对比,甚至单层建筑弯曲的北墙特意用天然石材砌成虎皮墙面,带来了质感及色彩的对比,使建筑富于变化,更加生动。

3.马赛公寓

马赛公寓是一座长165米、宽24米、高56米的住宅大楼,底层架空,上面17层,可容纳337户约1600人居住,户型多变,有23种之多,以满足从单身住户到有孩子家庭的需要。每户都采用复式布局,有院内楼梯和两层高的起居室。大楼的第7、8层布置了各种商店和公用设施,第17层及屋顶平台设有幼儿园和托儿所,有坡道相连。屋顶上还有小游泳池、儿童游戏场地、一个300米长的跑道、健身房以及供休息和观看电影的设备等服务设施。大楼不仅解决了居住的问题,还满足了居民日常生活的基本需要。

马赛公寓主体采用现浇钢筋混凝土结构。由于现浇混凝土模板拆除后,表面未做任何处理,让粗糙的混凝土暴露在外,连浇注时的模印还留着,表现出了一种粗犷、原始、敦厚的艺术效果,如图18-12、图18-13所示。马赛公寓是勒·柯布西耶理想的现代化城市中"居住单位"设想的第一次尝试。到20世纪60年代,马赛公寓被戴上了"粗野主义"始祖的"桂冠"。

图18-10
萨伏伊别墅内部/周承君拍摄

图18-11
巴黎瑞士学生宿舍/杜冰璇拍摄

图18-12
马赛公寓(法国)1/杜冰璇拍摄

4.昌迪加尔高等法院

吕迪加尔高等法院建于1956年，外形轮廓简单（图18-14）。建筑主体长100多米，由11个连续拱壳组成的巨大屋顶罩起来，屋罩前后檐略翘起，既可遮阳，又可组织穿堂风，以降低室内温度。建筑前后都是镂空格子形遮阳墙板，略微向前探出。

法院入口没有门，有3个高大的柱墩形成一个敞开的大门廊，柱墩分别刷上了红、黄、绿三色，十分醒目。整幢建筑的外表都是粗糙的混凝土，留着模板的印迹。墙壁上开着大小形状不同的孔洞或壁龛，并涂上鲜艳的红、黄、白、蓝之类的颜色，给建筑带来了粗野怪诞的情调。

5.朗香教堂

1955年，勒·柯布西耶设计的朗香教堂建成，这座位于法国东部浮日山区一个小山顶上的小教堂立即在全世界建筑界引起轰动（图18-15）。

朗香教堂规模不大，仅能容纳200余人，教堂前有可容万人的场地。教堂造型奇异，令人过目难忘。教堂的平面为不规则形，墙体几乎全是弯曲的，南面的墙还是倾斜的（图18-16），粗糙的白色墙面上开着大大小小形状各异的窗洞，上面镶嵌着五颜六色的彩色玻璃。其他几个立面形象差异很大，很难由一个立面想到其他立面的模样。裸露着混凝土本色的大屋顶自东向西倾斜，并向上翻卷着，与东、南两面墙体交接处留有一条带形缝隙，可透进光线（图18-17）。教堂主要空间周围有3个小祷告室，它们的上部向上拔起呈塔状，凸出到屋面之上。教堂的主入口在倾斜的南墙与塔楼的夹缝处，只有一扇金属门扇，上面画着勒·柯布西耶的抽象画。进

时间　　1955年

地点　　法国东部索恩地区浮日山区

朗香教堂　　设计师　　勒·柯布西耶

设计特点　　①造型奇异，将其视作雕塑作品加以塑造

②巧妙地采光与借色

图18-13
马赛公寓（法国）2/杜冰璇
拍摄

图18-14
昌迪加尔高等法院/翁岩
拍摄

图18-15
朗香教堂思维导图/
杜冰璇、陆子嚣整理

入室内，弯曲倾斜的墙体、下坠的顶棚、奇异的窗洞、神秘暗淡的光线，使空间神秘异常，让人难以捉摸，宗教气氛极其浓厚，如图18-18所示。

朗香教堂是勒·柯布西耶在第二次世界大战后最引人注目的作品，他解释说要建造一个"形式领域的听觉器件"，它应该"像听觉器官一样柔软、微妙、精确和不容改变"。朗香教堂表明勒·柯布西耶创作风格的转变。

勒·柯布西耶从一开始就走上新建筑的道路，他为新建筑摇旗呐喊，歌颂工业时代，提倡理性，崇尚机器美学，并在萨伏伊别墅等建筑作品中实践自己的建筑理论，成为现代主义建筑的著名旗手。第二次世界大战后，他出人意料地走出了另一条建筑创作道路。在他战后设计的马赛公寓、昌迪加尔高等法院等建筑作品中，表现出笨重、粗犷、古拙甚至原始的面貌。朗香教堂的建成更是震惊世界，它那带有表现主义倾向的怪诞奇特的造型推翻了他在早期极力主张的理性主义原则，转向浪漫主义和神秘主义。

总的看来，勒·柯布西耶从当年的崇尚机器美学转而赞赏手工劳作之美，从显示现代化派头转而追求古风和原始情调，从主张清晰表达转而爱好混沌模糊，从明朗走向神秘，从有序转向无序，从常态转向超常，从瞻前转而顾后，从理性主导转向非理性主导。这些显然是十分重大的风格变化、美学观念变化和艺术价值观的变化。

第四节　密斯·凡·德·罗

路德维希·密斯·凡·德·罗（1886—1969年）是20世纪最著名的建筑大师之一，也是一位卓越的建筑教育家。

一、密斯·凡·德·罗的生平

1886年，密斯出生于德国亚琛的一个石匠家庭。密斯没有受过正式的建筑学教育，他对建筑最初的认识与理解始于父亲的石匠作坊和亚琛那些精美的古建筑。可以说，他的建筑思想是从实践与体验中产生的。他1908年进入贝伦斯事务所任职，1919年开始在柏林从事建筑设计，1926—1932年任德意志制造联盟第一副主任，1929年他设计了久负盛名的巴塞罗那世界博览会德国馆，1930—1933年任德国公立包豪斯学校校长。希特勒上台后，包豪斯被查封。1937年，密斯应邀到美国，1938—1958年任伊利诺理工学院建筑系主任，并完成了校园规划和主要建筑设计，从此定居美国。20世纪40年代后期，他不断发展钢和玻璃在建筑中的应用，设计了许多经典作品，赢得了无数荣誉。

二、设计思想与理论

密斯·凡·德·罗在第一次世界大战结束后，积极地投入新的建筑原则

图18-16
朗香教堂墙壁

图18-17
朗香教堂外部/蒋璨拍摄

图18-18
朗香教堂内景/蒋璨
拍摄

和建筑手法的探索中。虽然当时并没有实际的建筑工作可做，但并不妨碍思想活跃的建筑师在纸上展现构思。1919—1924年间，密斯·凡·德·罗先后提出了五个建筑示意方案，其中有两个玻璃摩天楼。这时期他发表的言论中强调建筑要符合时代特点，"所有的建筑都和时代紧密联系，只能用活的东西和当代的手段来表现，任何时代都不例外"，"在我们的建筑中试用以往时代的形式是无出路的"。他重视建筑结构和建造方法的革新，"建造方法的工业化是当前建筑师和营造商的关键问题"，"我们不考虑形式问题，只管建造问题，形式不是我们工作的目的，它只是结果"。

密斯·凡·德·罗矢志不渝地把他的建筑观点贯彻在他的设计中。但在建筑形式问题上，从他的作品中反映出密斯并非不考虑形式，而是相当注重形式。1928年，密斯·凡·德·罗提出了"少就是多"（Less is More）的建筑处理原则。在这一原则指导下，密斯设计的建筑，无论是建筑造型、结构构造、材料选择，还是室内装饰和家具，都精炼到不能再改动的地步，从而创造出一种以精确简洁为特征，并富有结构逻辑性的建筑艺术。"少就是多"的建筑处理原则在1929年密斯设计的巴塞罗那博览会德国馆等建筑中得到了充分体现。

密斯·凡·德·罗创造性地提出了解决建筑空间问题的新方法——"流动空间"。在巴塞罗那博览会德国馆中，玻璃和大理石的墙面纵横交错、自由分隔，形成了一些半封闭半敞开的空间，它们隔而不断、相互穿插、内外连通，成为"流动空间"思想的典型范例。

20世纪50年代以后，密斯又提出了"全面空间"的新概念。他认为"建筑物服务的目的是经常会改变的，但是我们并不能把古建筑物拆掉。因此我们要把沙利文的口号'形式跟从功能'倒转过来，去建造一个实用和经济的空间，以适应各种功能的需要"。在这种"形式不变、功能可变"的思想指导下，密斯身体力行地在20世纪五六十年代建造的伊利诺理工学院克朗楼、西柏林国家美术馆、范斯沃斯住宅等建筑中对"全面空间"概念做出了最完美的诠释。"全面空间"概念成为20世纪后期建筑界影响最大的设计思想之一。

图18-19
巴塞罗那博览会德国馆1/
杜冰璇拍摄

三、主要作品赏析

1.巴塞罗那博览会德国馆

巴塞罗那博览会德国馆建于1929年。整个德国馆建在一个石砌的平台基座之上，由一个主厅和一个附属用房组成（图18-19）。这两部分相对独立，之间有一条长长的大理石墙连接，入口处前方的平台上面有一个大水池，与主厅后院的一个小水池相互呼应。主厅的承重结构为8根十字形断面的钢柱，上面直接顶着一片薄薄的平板屋顶。大理石和玻璃构成的墙面都只是隔墙，它们似乎很偶然地布置在那，如图18-20所示。有的独立一

图18-20
巴塞罗那博览会德国馆2/
杜冰璇拍摄

小知识：范斯沃斯住宅

范斯沃斯住宅是密斯1945年为美国单身女医生范斯沃斯设计的一栋住宅，1950年落成。住宅坐落在帕拉诺南部的福克斯河右岸，房子四周是一片平坦的牧野，夹杂着茂密丛生的树林。与其他住宅建筑不同的是，范斯沃斯住宅以大片的玻璃取代了阻隔视线的墙面，成为名副

片，有的穿插交错，有的从室内直延伸出去成为室外的院墙，由此形成了似封闭似敞开、既分隔又连通、相互穿插融合的空间，室内外空间也交融在一起，没了明确的界限。处处似隔非隔，隔而不断，形成了奇妙的流动空间。

这座建筑形体处理十分简单，薄薄的平板屋顶向四面挑出，墙也是简单光洁的薄片，没有任何线脚，镀铬的钢柱上下也没有变化。所有构件的连接都是直接相遇，不同构件和不同材料之间小作过渡性的处理，一切都是简单明了、干净利落，给人以清新明快的印象，如图18-21所示。

整个建筑没有附加的雕刻装饰，但突出了建筑材料本身的颜色、纹理和质感。地面均采用灰色的大理石，墙面为绿色大理石，主厅内其中一片独立的墙面采用了色彩绚丽斑斓的条纹玛瑙石材。玻璃隔墙有灰色和绿色两种，内部的一片玻璃墙还带有刻花。这些丰富多彩和色泽斑斓的大理石墙面、明净含蓄的玻璃隔墙与挺拔光亮的镀铬钢柱交相辉映，表现出高雅华贵、超凡脱俗的气质。室内布置着几处桌椅，这些椅子是密斯亲自设计的，它们造型优美，被称为"巴塞罗那椅"。除此之外，再无其他陈设品。其实，建筑本身就是展览品。

巴塞罗那博览会德国馆以其灵活多变的空间布局、新颖的体形构图及简洁的细部处理获得了成功。它充分体现了密斯"少就是多"的建筑处理原则，解读了"流动空间"的概念。

2.范斯沃斯住宅

范斯沃斯住宅建于1945—1950年，是一位单身女医生的周末乡村别墅。它坐落在3.8公顷的绿地上，南面是福克斯河，周围林木茂密，环境优美，如图18-22所示。

整幢住宅是一个透明的玻璃方盒子。平面为长方形，由8根工字形钢柱作支撑骨架。除了焊接贴在屋面和地板的横梁外，四周全是落地玻璃，房子的地板是架空的，在门廊前有一个过渡平台，使入口处理别具趣味。室内中央有个长条形的封闭空间，里面有卫生间和管道井等，其他再无固定的分隔。起居室、卧室、餐厅、厨房都在一个畅通的大空间中，仅以家具分隔（图18-23、图18-24）。

这个像水晶一样纯净的玻璃盒子，简洁明净，高雅别致。袒露于外部的钢结构均被漆成白色，与周围的树木草坪相映成趣。玻璃围合而成的

图18-21
巴塞罗那博览会德国馆模型

图18-22
范斯沃斯住宅

图18-23
范斯沃斯住宅内景1/
蒋璨拍摄

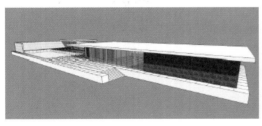

开敞性空间使身处室内的人似乎置身于自然环境中，周围那些枫林与灌木丛也仿佛就穿梭于室内外之间，室内外空间融合在一起。在这个晶莹的玻璃盒子里观赏风景再适宜不过了，或许它更像是一座亭榭。然而，作为住宅，在使用功能和私密性等方面却存在很大问题。

范斯沃斯住宅以其简洁纯净的形式著称于世，精简到了极限的结构构件使它成为一个名副其实的玻璃盒子。它是密斯·凡·德·罗把"全面空间"思想应用于住宅建筑上的一个创举。

3.伊利诺理工学院克朗楼

1950—1956年密斯设计了伊利诺理工学院建筑系馆——克朗楼。整座建筑为长方形基地，共两层。上层是一座精美的玻璃方盒子，由工字形钢柱支撑四榀大钢梁，屋顶悬挂在大梁之下，四壁全是大玻璃窗，如图18-25、图18-26所示。内部为一个没有内柱和墙体、可供400多人同时使用的大通间，里面包括绘图室、图书室、展览室和办公室等。这些不同的区域都是用一人多高的活动木隔板来划分的，目的是学生可以把设计方案挂在隔板上，以便教师和学生、学生之间相互讨论，增加教学气氛。下层是半地下室，包括车间、教室、贮藏室和盥洗间等，外墙面开有高侧窗，以解决下层空间的采光和通风问题。这种大通间的空间形式，体现了密斯以形式不变应功能万变的"全面空间"思想。

克朗楼像它的名字"crown"（皇冠）一样精致典雅，它诠释的"全面空间"思想是20世纪建筑界影响最大的思想之一。但据说很少有人愿意在这个毫无遮拦的偌大空间里学习和工作，情愿躲到地下室去。

密斯·凡·德·罗出任伊利诺理工学院建筑系主任后不久，就接受了伊利诺理工学院新校园规划和设计的任务。新校园位于芝加哥市区东南端，基地为面积110英亩（约44.6万平方米）的长方形地段，设置有行政管理楼、图书馆、各系馆、小教堂等十多幢建筑。新校园总体布局是按照24英尺模数的方格网来规划的，每座建筑也都采用同样模数，高度以12英尺为模数。在形式上，黑色的钢框架显露在外，框架之间是透明的玻璃或米色的清水砖墙，施工十分精确和细致，一切都显得那么有条理和现代化。密斯在校园中较著名的作品有矿物与金属研究馆、校友纪念馆、小教堂、食堂与商店服务楼等。

其实的"看得见风景的房间"。范斯沃斯住宅造型类似于一个架空的四边透明的盒子，建筑外观也简洁明净，高雅别致。袒露于外部的钢结构均被漆成白色，与周围的树木草坪相映成趣。由于玻璃墙面的全透明观感，建筑视野开阔，空间构成与周围风景环境一气呵成。

图18-24
范斯沃斯住宅内景2/
蒋璨拍摄

图18-25
美国伊利诺理工学院
建筑系馆（克朗楼）1/
杜冰璇拍摄

图18-26
美国伊利诺理工学院
建筑系馆（克朗楼）2/
杜冰璇拍摄

4.纽约西格拉姆大厦

位于纽约曼哈顿区花园街的西格拉姆大厦是一座豪华的办公楼，建于1954—1958年（图18-27）。大厦共38层，总高达158米。整座建筑放在一个粉红色花岗石砌成的大平台上，前面留有一个带水池的小广场（图18-28）。大厦底层除了门厅和交通设备外，留出两层高的开敞的空廊（图18-29）。建筑物外形极为简单，是方正整齐的正六面体。整座大厦采用当时刚发明的染色隔热玻璃做幕墙，以笔挺的垂直线为主的窗框用钢材制成，外包铜皮。稳重的古铜色的窗框与茶色玻璃相配合，使大厦显得优雅华贵，与众不同。大厦的细部处理都经过慎重的推敲，精巧的结构构件、茶色的玻璃、简约的内部空间、昂贵的建材加上精确无误的施工，使西格拉姆大厦成为纽约最精美的大厦。

西格拉姆大厦实现了密斯本人在20世纪20年代初的摩天楼构想，体现出密斯讲求技术精美的设计倾向。西格拉姆大厦被认为是现代建筑最经典的作品之一。

5.西柏林国家美术馆

西柏林国家美术馆建于1962—1968年。美术馆正面朝东，建在一个方形的大平台上，平台正面和两侧都有踏步可供上下（图18-30）。美术馆分两层。一层用于短期展览美术作品，为一个宽敞的斜方形玻璃大厅，整个屋顶由8根钢柱支撑，每边两根，没有角柱。大厅的玻璃幕墙自平屋顶边缘向内退进24英尺，形成一圈宽阔开敞的回廊。大厅内没有任何支柱，只有楼梯、电梯、衣帽间、管道间等辅助设施，以及4片装饰性的绿色大理石墙来划分空间。供展览用的活动隔板全部从屋顶梁架上向下悬挂，在地面上无支撑固定。玻璃幕墙除正面外，全用白色生丝窗帘遮挡。方格网状

图18-27
西格拉姆大厦（美国）/
杜冰璇拍摄

图18-28
西格拉姆大厦带水池广场/
杜冰璇拍摄

图18-29
西格拉姆大厦底层

图18-30
西柏林国家美术馆/蒋璨
拍摄

的天花内嵌有可变的灯光设备，以供各种展览的需要。下层为地下室，主要用于存放永久性美术品。平台后面是一个长条形下沉式庭院，布置有露天的雕刻展品和花木。

在西柏林国家美术馆的设计中，柱子已经简到不能再简的地步，64.8平方米的巨大屋顶只靠8根十字形钢柱支撑，钢柱与屋顶的连接处被精简成一个小圆球，让人不由惊叹密斯的设计精致无比。

密斯在家具设计方面也有很高的造诣。密斯的家具设计具有精美的比例、纯净的材料、精心推敲的细部工艺，体现了现代设计的观念。1927年展览会上的金属藤椅，用镀铬的钢管弯曲而成，造型优美。1929年巴塞罗那博览会德国馆中的巴塞罗那椅（图18-31），造型简洁、高贵典雅，而且特别舒适，是现代家具的经典作品。

密斯·凡·德·罗1928年提出的"少就是多"集中反映了他的建筑观点和艺术特色。密斯通过对钢框架结构和玻璃在建筑中应用的探索，发展了一种具有古典式的均衡而又极端简洁的风格。裸露的骨架、纯净透明的外形、灵活多变的流动空间或全面空间、简练精美的细部是密斯建筑作品的鲜明特点，成为密斯的标志，被称为密斯风格。

第五节　弗兰克·劳埃德·赖特

赖特（1869—1959年）是20世纪美国最重要的建筑师之一，对现代建筑有很大的影响，他的建筑思想和欧洲新建筑运动的代表人物有明显的差别，他走出一条独特的道路。

一、赖特的生平

1869年，赖特出生在美国的威斯康星州。19世纪80年代后期开始在芝加哥从事建筑活动，曾经在芝加哥学派著名建筑师沙利文的建筑事务所中工作过。1893年，赖特建立自己的工作室，开始独立创业。从19世纪末到20世纪最初的10年，他在美国中西部设计了许多小住宅和别墅。1910年，赖特摄影展在欧洲展出，引起欧洲各界的强烈反响。1915年他受邀设计了日本东京帝国饭店，它于1922年建成并在1923年的东京大地震中奇迹般地保存下来，为赖特赢得了声誉。1936—1939年他完成了久负盛名的流水别墅，1940—1959年是赖特一生最辉煌的一个时期，他获得了很多奖项和荣誉。1959年4月，赖特逝世。他毕生共做了400多个建筑的设计，出版几十部建筑著作及论文集，对美国乃至全世界建筑界产生了极其深远的影响。

图18-31
巴塞罗那椅

二、设计思想与理论

赖特的青少年时代是在19世纪度过的，在自然的怀抱中，他领悟到了一切建筑风格的秘诀。对自然的热爱和崇敬深刻影响着赖特的建筑思想。

在他看来，美源于自然，对建筑师来说自然是最丰富、最有启示的美学源泉。赖特崇尚自然的建筑设计理念贯穿在他一生的设计创作中。他坚持认为建筑应该和它周边的环境相互和谐，就像是原来就长在那里的一样。赖特一直崇尚材料的自然美，尊重材料的天然特性。他注意观察材料的内在性能，包括形态、纹理、色泽、力学和化学性能等，并在建筑中运用和表现它们。

赖特设计的建筑是有机建筑。主张应该根据各自特有的客观条件设计每个建筑，形成一个理念，把这个理念由内到外贯穿于建筑的每一个局部，使每一个局部都互相关联，成为整体不可分割的组成部分。注意按照使用者、地形特征、气候条件、文化背景、技术条件、材料特征的不同情况而采用相应的对策，最终取得自然的结果，而并非任意武断地加强固定僵化的形式。

赖特倡导着眼于内部空间效果来进行设计，"有生于无"，屋顶、墙和门窗等实体都处于从属的地位，应服从所设想的空间效果。这种思想与中国古代思想家老子"凿户牖以为室，当其无，有室之用，故有之以为利，无之以为用"所论述的"有"与"无"的辩证关系不谋而合。

事实上，赖特的有机建筑理论本身很散漫，说法很虚玄，让人不易捉摸。人们普遍认为，赖特的有机建筑理论的核心就是"整体和局部不可分割的一体性"。体现建筑的内在功能和目的、与环境相协调、体现材料的本性是有机建筑在创作中的具体表现。

赖特对农村和大自然的深厚感情影响到他对20世纪美国社会生活方式的不满，他对现代大城市持批判态度，他很少设计大城市里的摩天楼。赖特对于建筑工业化也不感兴趣，他一生中设计最多的建筑类型是别墅和小住宅，大量的建筑类型和有关国计民生的建筑问题较少触及。

三、主要作品赏析

1.草原式住宅

草原式住宅大都属于中产阶级，坐落在郊外，用地宽阔，环境优美。住宅平面常做成十字形，以壁炉为中心，起居室、餐室都围绕壁炉布置，卧室常设在楼上。室内空间尽量做到既分隔又连成一片，并根据需要有不同的净高。窗户宽敞，使室内外空间联系密切。建筑外形上，高低不同的墙垣、坡度平缓的屋面、深远的挑檐和层层叠叠的水平阳台与花台组成的水平线条，与垂下的烟囱统一起来，显得舒展、安定而又丰富。外部材料多表现为砖石本色，与自然很协调。

1907年设计的罗伯茨住宅是草原式住宅的典型范例之一。建筑平面是惯用的十字形，大火炉在它的中央。室内采用两种不同的层高，起居室净高为两层的高度，顶棚根据屋顶的自然坡度灵活处理。顶棚下设了一圈陈列墙，使室内空间富有变化。建筑外形上，互相穿插的水平屋檐及其在墙面门窗上的投影，衬托出一幅生动活泼的图景，整个建筑与自然环境十分协调。

1908年设计的罗比住宅（图18-32）是赖特最著名的作品之一。住宅平面根据地形布置成长方形，起居室纵向升起，但又通过壁炉的厚重体积将它牢牢地锚固在地上。入口在背街处，层层的水平阳台和花台，使沿街立面保持连续不断的水平线条。整个外形低矮舒展，与美国西部广阔的草原风光构成完美的图画。

2.东京帝国饭店

1915年，赖特受邀请到日本设计了东京的帝国饭店，如图18-33、图18-34所示。这是一个层数不高的豪华饭馆，平面大体为"H"形，有许多内庭院。建筑的墙面是砖砌的，用了大量的石刻装饰，显得复杂热闹。从建筑风格来说，它是西方和日本的混合，而在装饰图案中又夹有墨西哥传统艺术的某些特征。为赖特赢得声誉的是这座建筑在结构上的成功。日本是多地震的地区，赖特和参与设计的工程师采取了一些新的抗震措施，甚至庭院中的水池都考虑到兼作消防水源之用。帝国饭店建成一年后，即1923年，东京发生了大地震，周围大批房屋都倒塌了。帝国饭店经受住了地震的考验，并在火海中成为一个安全岛。

3. 流水别墅

1936年，德裔富商考夫曼邀请赖特在宾夕法尼亚州匹兹堡市东南郊的熊跑溪设计一座周末度假别墅。赖特经过实地考察，看中一处山石起伏、林木繁茂的风景点。这里一条小溪从岩石上跌落而下形成小瀑布，赖特别出心裁地将别墅建造在小瀑布上方。流水别墅最成功的地方是与自然环境的紧密结合。别墅共3层，面积约380平方米。从外观上看，巨大的钢筋混凝土挑台自山体向前伸展出来，一层挑台向左右延伸，二层挑台向前方挑出，杏黄色的横向挑台栏板参差错叠，有凌空飞翔之势。几道用当地灰褐色片石砌筑的宛若天成的毛石竖墙交错穿插在挑台之间，将建筑牢牢地铺固在山体上，瀑布自挑台下奔流而出。建筑与溪水、山石、树木自然地结合在一起，仿佛整座建筑是由地下生长出来似的（图18-35、图18-36）。

室内空间也不同凡响，室内空间以起居室为中心，自由延伸，相互穿插，并与室外空间融合。起居室内，磨光的片石铺地，粗犷的毛石墙，右侧的壁炉也是用当地的片石砌成，壁炉前一大块原本就有的岩石凸出地面，成了天然装饰，加上木柴、铜壶、树墩等物件，使这里犹如天然洞府一般，充满山林野趣。一览无遗的带形窗把人的视线引向室外，使室内空间与四周繁茂的森林相互交融，如图18-37所示。起居室的左侧悬挂有一个小楼梯，从这里拾级而下可以直达水面，楼梯洞口不仅可以俯视水面，也引来了潮润的清风。流水别墅在完工前就已受到广泛关注，以后每年都有超过13万人的游客访问。1963年，考夫曼决定将别墅捐赠给宾夕法尼亚州文物保护协会（图18-38）。

图18-32
罗比住宅/翁岩拍摄

图18-33
东京帝国饭店/周承君拍摄

图18-34
东京帝国饭店内景/周承君拍摄

图18-35
流水别墅1

图18-36
流水别墅2

图18-37
流水别墅内景

4. 西塔里埃森

赖特反对正规的学校教育，经常有一些来自世界各地的追随者和学生与他居住在一起，一边学习一边为他工作。西塔里埃森是1938年起在亚利桑那州的一处沙漠上修建的冬季使用的总部。那里气候炎热，雨水稀少。赖特和他的学生自己动手建造了这组不拘形式、充满野趣的建筑群。建筑方式就很特别，先用当地的石块和水泥筑成厚重的矮墙和墩子，上面用木料和白色帆布板遮盖。需要通风的时候，帆布板可以打开或移走，这时四周景观一览无余。建筑的外形十分特别，粗犷的毛石墙参差起伏，巨大的不加油饰的赭红色木梁裸露着，与白色帆布板错综复杂地组织在一起，显得野趣十足。整个建筑就像是从那块土地里生长出来的（图18-39、图18-40）。

5. 约翰逊公司办公楼

1936年，赖特设计了约翰逊公司办公楼，它是一个低层建筑，外墙用砖砌成，并不承重。外墙与屋顶相接的地方有一道用细玻璃管组成的长条形窗带。这座建筑物的许多转角部分是圆的，墙和窗子平滑地转过去，组成流线型的横向建筑构图。

最引人注目的是它的开敞式的办公大厅，可容纳几百名办公人员（图18-41）。办公大厅的结构别出心裁地采用了钢丝网水泥的蘑菇形柱子，中心是空的，由下而上逐渐增粗，到顶部扩大成一片圆板。许多这样的柱列排列在一起，在圆板的边缘互相连接，其间的空隙用组成图案的细玻璃管填充，再用玻璃覆盖形成带有天窗的屋顶，阳光柔和地洒进室内。这种柔

图18-38
流水别墅思维导图/杜冰璇、陆子鬶整理绘制

图18-39
西塔里埃森

图18-40
西塔里埃森大起居室

图18-41
约翰逊公司办公楼内景

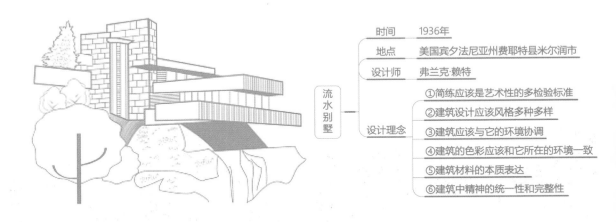

时间	1936年
地点	美国宾夕法尼亚州费耶特县米尔润市
设计师	弗兰克·赖特
设计理念	①简练应该是艺术性的多检验标准
	②建筑设计应该风格多种多样
	③建筑应该与它的环境协调
	④建筑的色彩应该和它所在的环境一致
	⑤建筑材料的本质表达
	⑥建筑中精神的统一性和完整性

流水别墅

软、重复、轻盈飘浮的植物般的支柱创造了一种垂直方向的空间体验。著名建筑理论家吉提翁在参观时感叹道："我抬头看见上面的光线，恍若池底的游鱼。"为此，他容忍了建筑的造价超过一倍，认为这种增加创造了意义。这座建筑结构特别，形象新奇。建成后仅前两天就吸引3000多人前来参观，约翰逊制蜡公司也随之闻名。

6. 纽约古根海姆博物馆

S.R.古根海姆是一个富豪，他邀请赖特设计这座博物馆以展览他的美术收藏品。方案在1942年完成，但直到1959年10月才建成开幕。博物馆坐落在纽约第五号大街上。博物馆分为两个部分：主体部分是展览大厅，一个很大的6层高的螺旋形建筑；另一部分是行政办公部分，为4层圆形建筑。展览大厅内部是一个高约30米的圆筒形空间，其底部直径在28米左右，向上逐渐加大。圆筒形空间周围有盘旋而上的螺旋坡道，下部坡道宽度接近5米，到上部扩宽到10米左右。大厅内的光线来自上面的玻璃圆顶以及外墙上的条形高窗。美术作品沿着坡道的墙壁悬挂，参观时观众先乘电梯到达最顶层，然后循着坡道边看边下（图18-42～图18-44）。

在盘旋而上的坡道上陈列美术品确是别出心裁，它能让观众从各种高度看到许多奇异的室内景象。赖特认为人们沿着螺旋形坡道走动时，周围的空间才是连续的、渐变的，而不是片段的、折叠的。他说："在这里，建筑第一次表现为塑性的。人从一层流入另一层，代替了通常那种呆板的楼层重叠，……处处可以看到构思和目的性的统一。"

在建筑艺术方面，赖特确有其独特之处。他的建筑空间灵活多样，既有内外空间的交融渗透，又有幽静隐蔽的特色；他既运用新材料和新结构，又始终重视和发挥传统建筑材料的优点，并善于把两者结合起来；注重与自然环境的紧密结合则是他建筑作品的最大特色。赖特是20世纪建筑界的一个浪漫主义者和田园诗人，他的成就不能被到处采用，但却是建筑史上的一笔珍贵财富。

第六节　阿尔瓦·阿尔托

一、阿尔瓦·阿尔托的生平

阿尔托于1898年2月3日生在芬兰的库奥尔塔内小镇，1921年毕业于赫尔辛基工业专科学校建筑学专业。1923年起，先后在芬兰的于韦斯屈

图18-42
纽约古根海姆博物馆1

图18-43
纽约古根海姆博物馆2

图18-44
纽约古根海姆博物馆3

莱市和土尔库市开设建筑事务所。大约在 1924 年，他为学校设计了几家咖啡馆和学生中心，并为学生设计成套的寝室家具，主要运用"新古典主义"的设计风格。同年，他与设计师阿诺·玛赛奥（Aino Marsio）结婚，共同进行长达 5 年的木材弯曲实验，而这项研究促使了阿尔托 20 世纪 30 年代革命性设计的产生。

阿尔托于 1928 年参加国际现代建筑协会。1929 年，按照新兴的功能主义建筑思想同他人合作设计了为纪念土尔库建城 700 周年而举办展览会的建筑。他抛弃传统风格的一切装饰，使现代主义建筑首次出现在芬兰，推动了芬兰现代建筑的发展。第二次世界大战后的头 10 年，阿尔托主要从事祖国的恢复和建设工作，为拉普兰省省会制定区域规划（1950—1957 年）。1931—1932 年，阿尔托设计了芬兰帕米欧结核病疗养院，他最初设计的现代化家具也在那里亮相，这是阿尔托的家具设计走向世界的更大突破。1935 年阿尔托夫妇与朋友一起创建了 Artek 公司，专为阿尔托设计的家具、灯饰及纺织品做海外推广。阿尔托于 1940 年任美国麻省理工学院客座教授，1947 年获美国普林斯顿大学名誉美术博士学位，1955 年当选芬兰科学院院士。1957 年获英国皇家建筑师学会金质奖章，1963 年获美国建筑师学会金质奖章。1976 年 5 月 11 日逝于赫尔辛基。

二、设计思想与理论

阿尔瓦·阿尔托是现代建筑的重要奠基人之一，是他把现代主义建筑引入芬兰，推动了芬兰现代建筑的发展。同时，他又对现代主义建筑理论进行了扩充。结合地域特征，植根传统人情化设计与人们的情感和周围环境是息息相关的，那么我们在设计的同时就一定会涉及当地具体的文化特征，现代主义与人情化的设计思想有些许不同之处。在当代建筑设计中，地域文化的表现往往并不突出，这在一定程度上导致当地传统文化的逐渐流失。然而，不管是在城市还是乡村，地域文化是一个地方的灵魂。很多人初次到一个城市，对此地并不了解，正是通过一些建筑设计中体现的地域文化来熟悉这座城市的。因此，在建筑设计中，融入传统文化和区域特色是必然的趋势。例如本地区所特有的装饰材料、与当地文化所匹配的图腾纹样、风俗习惯等元素都可以应用到建筑设计中或是其他的设计细节中。

1.结合自然，注重人的感受

人情化思想是阿尔瓦·阿尔托建筑设计的思想核心。通过长时间的实践尝试，将设计与自然、设计与人自然地融合到一起，一切的设计着眼点从关注人开始。建筑设计最为注重人类的生活体验。如何使当代设计更加具有人性化？在建筑设计中，我们可以将自然生态的原型引入细节设计中，例如将门把手的材质、造型、装饰等都设计得更加人性化。在不妨碍功能本质的前提下，可以使用更加柔和的材质增加人与事物的接触，在视觉上给人亲近感，刺激人类的五感；在造型上，可以充分考虑事物与人类肢体的贴合度，按照人机工程学的标准去考量；在装饰上，可以引用一些藤蔓、花枝的设计，这样设计出的门把手会比普通的门把手给人的感觉更加柔和，更能体现生活品质。

2.功能与审美并重

阿尔瓦·阿尔托的人情化设计思想虽说与现代主义派追求的功能主义存在一定的差异，但在当代设计中两者也可兼备。在建筑设计中，不能只是空有形式，而是要落到实地，讲究实用功能性，给人类的生活提供方便。设计就是为服务而生的。当然，审美性也是必不可少的要点，审美性不仅是指符合人类审美趣味的标准，更是指让使用者感受到自然舒适。"将自然引入室内"是设计重点，只有这样，建筑设计的道路才能走得更加长远，建筑设计才能真正意义上与大自然相融合，才会具有强大而旺盛的生命力。

三、主要作品赏析

1.帕米欧肺结核疗养院

帕米欧肺结核疗养院（Paimio Tuberculosis Sanatorium，1929—1933年）是奠定了北欧现代建筑基础的典型作品（图18-45、图18-46），也是阿尔瓦·阿尔托的成名之作。疗养院在一片茂密的树林之中，景色十分宜人。整个建筑顺着起伏的地面舒展地布置，以达到与环境的紧密结合，体现了阿尔瓦·阿尔托有机建筑的理念。疗养院共由4个部分组成，依次是位于东南侧的7层病房大楼、位于中央的垂直交通楼、4层治疗中心和最北侧的附属用房。各个部分功能分区明确，相对独立又相互联系。7层病房大楼是疗养院的主体部分，其平面呈"一"字形，面朝东南横向展开。建筑师细致地考虑了疗养人员的需要，设计了单向走廊，病房面向一望无垠的原野和树林，使每个房间都有良好的光线、通风、视野和安静的休息环境，人文关怀体现得淋漓尽致。在病房大楼的东端设置了与主楼呈一定角度的敞廊，以供患者接受日光和进行体能训练之用。

在这里，建筑师将药房大楼理解为治疗的一部分，赋予它临床意义上的功能。而良好的环境对患者在精神上战胜疾病的确可以起到很重要的作用。疗养院的交通枢纽位于建筑群的中央位置，它将疗养院的各个独立部分恰当地联系起来。建筑的主要入口也位于交通核内，前面是一个透视感很强的梯形大庭院。它不但是外来车辆的停泊处，也有强调建筑入口的作用。疗养院的另一特征是各功能部分均呈不同角度布置，以最大限度地接纳阳光。建筑技术与形式的密切结合体现了阿尔瓦·阿尔托作为现代主义建筑大师的设计理念。7层的病房大楼采用了钢筋混凝土框架结构，并将结构体系暴露在外面，以强调建筑技术对建筑形式的主导作用。而平屋顶、白墙以及屋顶花园，更具备了早期现代主义建筑的主要特色。帕米欧肺结核疗养院几乎全面地展示了阿尔瓦·阿尔托的设计理念：建筑与自然和谐共生、对患者的人文关怀，以及功能主义的设计原则。

图18-45
帕米欧肺结核疗养院

图18-46
帕米欧肺结核疗养院室内

2. 维堡市立图书馆

维堡市立图书馆（Municipal Library，1933—1935年）是阿尔瓦·阿尔托设计的另外一座功能主义建筑（图18-47、图18-48）。该建筑设计于1933年，1935年建成。其位于维堡市中心公园的东北角，并与一座建于19世纪末的哥特式教堂相邻，两者共同组成了该城的文化活动中心。平面由阅览室、讲堂与办公室、借书处与门厅三部分共同组成。建筑共3层，分别为一层半高的地下室和2层地上空间。阿尔瓦·阿尔托觉得空间应该按照不同的使用功能布置在若干个不同的高度上，从而营造出一种灵活多变的建筑内部空间，更加具有人性。底层北侧是供储藏书籍使用的半地下书库，其后面设有儿童阅览室、阅报室等空间。儿童阅览室位于建筑南向，与公园游乐场邻近。东侧设一个次要入口，直通阅报室。主入口位于地上一层北侧，入口大厅直通图书馆主体空间，右侧是一大型讲堂，左侧连有楼梯，楼梯外墙由玻璃幕墙围合而成。阅览室置于地上二层，朝南，光线充足。北向为办公室、研究室等空间。

建筑平面布局紧凑、功能合理。阿尔托在设计中应用了一系列功能主义的设计手法以体现现代主义建筑的时代气息。建筑是采用钢筋混凝土框架结构做成的，以此来保证阅览室空间的完整性。建筑主体的外部以白色墙面来衬托大片的玻璃窗，造型简洁耐看，雕塑感强（图18-49）。在建筑光学与声学的处理上更加体现了建筑师的独具匠心。阿尔瓦·阿尔托在主体建筑的平屋顶上设计了57个漏斗形的天窗，上面稍大，下面比较小，以保证光线的均匀漫射。考虑到建筑室内的声学质量，在讲堂内设置了波浪形的天花，既保证了良好的声学效果，又加强了建筑空间的流动感和浪漫气息，从而避免了单调、沉闷的空间感受。维堡市立图书馆是阿尔瓦·阿尔托设计早期的名作。他对建筑光线的处理，代表着他对光与建筑空间关系的深刻理解，也表明他对建筑技术、建筑功能与建筑艺术三者的关系有着极强的把握能力，以及对人的热切关注。

3. 玛丽亚别墅

玛丽亚别墅（Villa Mairea，1937—1939年）是阿尔瓦·阿尔托为朋友古利克森夫妇（Harry and Maire Gullichsen）设计的一座私人别墅（图18-50、图18-51）。这座建筑不但完美地诠释了阿尔托强调建筑的民族性和人

图18-47
维堡市立图书馆室内1/周承君拍摄

图18-48
维堡市立图书馆室内2/周承君拍摄

图18-49
维堡市立图书馆/周承君拍摄

情味的设计理念，而且还成功地将理想主义融入具有浪漫气息的地方性建筑之中。因此，玛丽亚别墅是他设计的最为著名的一座住宅建筑。别墅设计于1937年，并于1939年竣工。此建筑坐落于一座长满松树的小山顶上，可远眺河岸上的树林以及远处的景色，以此来达到建筑与周围环境的整合共生。别墅由"L"形的建筑主体和一个半敞开的庭院组成。庭院内设一间桑拿浴室和一个曲线形游泳池，并由一道"L"形毛石围墙与主体建筑联系在一起。"L"形的建筑主体共有两层。底层包括一个敞开的正方形大厅和一个封闭的矩形服务性用房。大厅内由面向庭院的起居室、书房和花房组成，三者之间不做固定的分隔，以形成一个开放明亮的大空间。与这个敞开大厅相邻的是别墅的主入口、门厅和餐厅，它们的另一侧是矩形的服务性用房。建筑二层由两部分组成，一侧是面向庭院的画室和主人卧室，另一侧有游戏区和与之相连的4个小卧室。这样的功能分区和空间布局自由顺畅，是芬兰新式住宅的典型代表和范例。

阿尔瓦·阿尔托设计出来的大量作品不仅在建筑的纹理上会运用许多种材料，而且也会在传统材料上进行创新，主要体现在很多流动的空间中。相同的材料，细节也会有大量的不同。他装饰上的设计同时影响到了国际，大量使用木材、砖块、石头、铜、大理石等天然资源，同时也巧妙运用自然的光线与大自然进行连接。他设计的大多数建筑都会用木材作为室内和室外的装饰，铜用于点缀表现细节的精致，运用不同的材料进行不同的表达，进一步寻找构建材料与空间的关系。

建筑主体外墙为白色砂浆抹灰，局部挑台和塔楼则采用带有纹理的原色木材饰面，两者在质地和色彩上形成了强烈的反差。画室的外墙采用深褐色木条，与餐厅和挑台的外墙形成了一组细微的变化，加强了建筑的层次感。建筑的底部有宝石蓝色的釉面砖，增加了建筑整体构图的稳定感。此外，该建筑还采用了由片面搭建的室外楼梯、曲线形的雨篷、木制的门把手、藤条缠绕的混凝土立柱、木制墙板与顶棚等的细部处理，达到了建筑与自然之间的融合以及建筑对人的关怀。玛丽亚别墅的设计充分体现了阿尔瓦·阿尔托的建筑理念，比如肾形游泳池，随意中又透着理性的柱子，各种材料在室内的布置。所有的造型和功能安排在美观之中又充分体现了设计者对人性的关怀，这种阐述是很平和的，很容易读出建筑的亲切、细致、温暖。

深度阅读

珊娜特塞罗城镇中心

图 18-50
玛丽亚别墅

图 18-51
玛丽亚别墅模型

第十九章
第二次世界大战
后的建筑活动与
建筑思潮

所谓的解构主义在哲学上通常被称为后结构主义。其根本上是对结构主义体系和传统逻各斯中心主义的批判。简单来说，就是对过往权威的质疑与颠覆。《建筑的复杂性与矛盾性》中写道：我不会被现代建筑清教徒式的道德语言所吓倒。我喜欢不纯粹而非纯粹，权宜而非干净，扭曲而非直截了当，模棱两可而非明确表达，暗示的而非简单的，乖张的而非客观的，适应性的而非排斥性的形式。

第十九章要点概况

能力目标	知识要点	相关知识
能够正确认识文化、社会意识形态、经济、技术等因素对建筑发展的影响，具备一定的建筑赏析能力，开阔视野，拓展思维	第二次世界大战后的主要建筑活动；第二次世界大战后的多种设计倾向的特点、代表人物及作品	第二次世界大战后的建筑概况；高层建筑与大跨度建筑；战后各国的工业化发展
	现代主义之后的建筑思潮	现代主义之后的各种较有影响的思潮

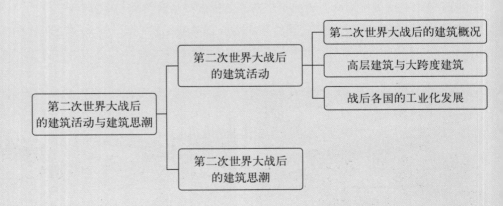

意大利在战争中受破坏的程度比德国要轻得多，到1970年意大利的工业产值居世界第7位。意大利的战后重建工作也是从住宅建设开始的，住宅以多层为主。在设计思想上，意大利比其他国家更加多样善变，传统风格在意大利久未消失，同时20世纪20年代的建筑思潮又给以很大的影响。意大利还是较早发展高层建筑的国家，在20世纪50年代已出现高层建筑，如1958年在米兰建成的皮瑞利大厦（图19-1）。

建筑之艺术性就存在于建筑构件之间的聚合关系中。第二次世界大战后，建筑活动十分活跃，占据主导地位的现代主义建筑得到了更广泛的传播与发展。同时，现代主义建筑的不足也日益显现并受到批判，现代建筑应该走向何方？

引例

米兰皮瑞利大厦

第一节 第二次世界大战后的建筑活动

第二次世界大战对各国的建筑都造成了极大的损失。在战后的重建过程中，各个国家都大力发展经济，带动了建筑业的迅猛发展。尖端科学在战后发展的日新月异以及对工业的影响，也在强烈地影响着建筑业。图19-2、图19-3是现代大跨度薄壳结构和技术的杰作——美国肯尼迪国际机场候机楼。另外，建筑材料、设备、机械、运输工业也在不断地发展，带动了经济发展，建筑工业成为国家经济支柱之一。在建筑思潮方面，各国建筑思潮非常活跃，现代建筑的设计原则得以普及，各种建筑思潮五花八门，建筑设计的理论呈现出多元化的趋势。

小知识：纽约肯尼迪
国际机场

纽约肯尼迪机场，IATA代码JFK，是美国最大城市纽约市的主要国际机场。该机场是世界著名的民用机场，世界主要航空枢纽，是全世界最繁忙的机场之一，也是全世界最昂贵的机场之一，同时也是全世界最大的机场之一。

一、第二次世界大战后的建筑概况

战后初期，许多国家着手各城市的规划设计工作，英国和荷兰在这方面做得尤为出色。在英国，做了大量的卫星城镇的规划，并付诸实施。如伦敦周围8个独立式的卫星城镇，在世界各国产生了较大的影响，具有很高的参考价值。在建筑设计上，以青年建筑师史密森夫妇（A.and P.Smithson）为代表的新粗野主义和以库克（Peter Cook）为代表的阿基格拉姆派提出的未来乌托邦城市的设想产生了较大影响。英国还建造了架空的"新陆地"（即上面是房屋，下面是机动车交通等一些服务性设施）以应对日益严重的交通堵塞问题。

图 19-1
米兰皮瑞利大厦
图 19-2
肯尼迪国际机场候机楼
思维导图/杜冰璇、陆
子鬻整理绘制

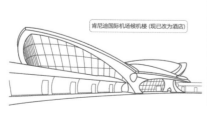

肯尼迪国际机场候机楼（现已改为酒店）

时间	1962年
地点	美国纽约市皇后区爱德怀德
风格	有机功能主义
设计师	埃罗·沙里宁
特点	①优美的曲线勾勒出一只展翅欲飞的鸟，赋予飞行的寓意
	②从曲面混凝土提炼出有机曲线，并赋予它充满动感的特质
	③曲面的几何语言延伸到内部，设计出连贯流动的室内空间
	④旅客流线的设计也呼应了造型上的曲线

图 19-3
肯尼迪国际机场候机楼

图 19-4
柏林爱乐音乐厅/黄真真
拍摄

图 19-5
柏林爱乐音乐厅内景/
黄真真拍摄

图 19-6
利华大厦/山棋羽拍摄

法国在第二次世界大战后经济恢复得较快，建筑活动相当活跃。为解决居住紧张，建设住宅成为当务之急，大板结构体系、大模板现浇工艺等预制装配的工业体系用于住宅建造。20世纪60年代，巴黎开始了在巴黎周围发展5个卫星城镇的规划建设，其中巴黎西郊的台方斯新区是巴黎改建中的一个典型实例。它与旧城有很大的区别，有最先进的设施，高层建筑林立，完善的交通系统，整个城市分区明确。在建筑设计方面，战后的现代建筑派成为法国的主要学派，建筑大师勒·柯布西耶的一些建筑设计给法国建筑界带来了深刻的影响，如马赛公寓、郎香教堂等。法国在建筑技术上也不断创新，建于1958年的国家工业与技术中心的陈列大厅，跨度218米，是迄今跨度最大的薄壳结构。

战争中损失最为严重的德国在战后经济发展较快，到1970年居于美、日之后排在第三位。战后德国首先着手的就是住宅建设，在设计思想上以现代建筑为主要潮流，受现代建筑师巴特宁（O.Bartning）、夏隆（H.Scharoun）等一些人的影响，西德建筑开始趋向现代化，如柏林爱乐音乐厅（图19-4、图19-5）、斯图加特的罗密欧与朱丽叶公寓（设计人都是夏隆）。西柏林国际会议中心，可同时容纳2万人在此进行活动，它代表了20世纪70年代西德的经济水平和科技水平。

北欧的建筑活动中有些国家也做得非常出色，如瑞典、丹麦与芬兰，他们的建筑都有很重的"人情化"与"地域化"的倾向。

美国在战争中并没有什么损失，在建筑理论探索和建筑科学研究等建筑领域，都处于世界领先水平。发展高层建筑是美国战后建筑的一个主要方面。昂贵的地价和业主炫耀财富与威信的需要，促使高层建筑发展，如利华大厦（图19-6）、西格拉姆大厦等。20世纪60年代后期，美国向新型结构的超高层发展，如20世纪六七十年代建成的约翰·汉考克中心（图19-7~图19-9）、纽约世界贸易中心（图19-10）、芝加哥西尔斯大厦（图19-11）等高度都达到100层以上。美国对居住建筑进行了多种建筑类型的探索，既有低标准的活动房，也有高档豪华的别墅花园。私人汽车的普及形成了城郊住宅区的蔓延。在建筑设计方面，美国在第二次世界大战期间摆脱了学院派设计思想，全面走上现代建筑道路。20世纪50年代以后，又出现了多种设计倾向，如典雅主义倾向、讲究技术精美的倾向等。20世纪70年代以后，美国的建筑思潮进入多元化发展时期。

日本在大战中经济遭受重创，但在建筑方面，通过建筑技术革新活动与技术管理，建筑企业很快地实现了现代化。战后日本首要解决的问题是住房困难，战后日本政府立即着手建造简易住宅用来应急；20世纪50年代开始大规模建设，并走上工业化道路。同时在大型公共建筑等方面取得突出的发展。在建筑设计方面，日本受西方建筑思想影响较大，20世纪60年代中期，日本开始发展高层建筑，如1974年东京新宿住友大厦高52层，新宿三井大厦（图19-12）高55层。

苏联在战争破坏的废墟上重建了大量的住宅、工厂和公共建筑。在设计思想方面，提出"社会主义现实主义"的创作思想与方法，主要是主张建筑形式的审美价值与使用价值要统一，反对形式主义，一切从现实出发。苏联在20世纪50年代开始建造高层建筑，在建筑技术和艺术形象上也都有很多的创新，同时也在建筑领域中取得了很好的成绩和深远的影响。

二、高层建筑与大跨度建筑

1.高层建筑

高层建筑虽然在19世纪末已经出现，真正普遍发展是在20世纪。目前，高层建筑已成为城市建筑活动的主要内容。

1972年国际高层建筑会议规定，按建筑的层数多少划分为4类：第一类高层为9～16层（最高到50米）；第二类高层为17～25层（最高到70米）；第三类高层为26～40层（最高到100米）；第四类高层为超高层建筑，40层以上（100米以上）。

在高层建筑的发展过程中，载重升降机功不可没，而美国纽约长期居于前列。在20世纪70年代前，纽约帝国大厦一直保持着世界最高的纪录。1950年，纽约联合国秘书处大厦高39层，是早期板式高层建筑的代表。1952年，纽约利华大厦高22层，开创了全玻璃幕墙板式高层建筑的先河。

小知识：约翰·汉考克中心

约翰·汉考克中心位于美国伊利诺伊州芝加哥。汉考克中心高457米（主体加上天线高度，是芝加哥第四高建筑。该中心坐落于密歇根海岸，从这幢大楼上能看到芝加哥市全景。这幢100层的高楼打破了很多项纪录，包括世界最高的室内游泳池和溜冰场。只用花40秒，游客坐电梯可直达94层的观光台，观光台设计得像露天人行天桥。

图 19-7
约翰·汉考克中心 1

图 19-8
约翰·汉考克中心 2

图 19-9
约翰·汉考克中心 3

图 19-10
纽约世界贸易中心

图 19-11
芝加哥西尔斯大厦

图 19-12
新宿三井大厦 /
黄真真拍摄

1965年，芝加哥马利纳城大厦，由两座多层圆形平面公寓组成，60层，高177米，是塔式玻璃摩天楼的典范。1968年，约翰·汉考克中心，100层，楼高343.5米，矩形平面，在四个立面上凸出的是5个十字交叉的巨大钢架风撑，再加上四角垂直柱以及水平的钢横梁，从而构成了桁架式筒壁，大厦造型较独特。1973年，纽约世界贸易中心大厦，由并列的110层的双塔建筑组成，高411米。1974年，芝加哥西尔斯大厦建成，110层，高443米，是世界最高的建筑物之一。

除美国以外，高层建筑在世界各地也都有很好的发展。例如：1955—1958年在意大利米兰建成的皮瑞利大厦，30层，是早期欧洲高层建筑的代表；1969—1973年法国巴黎的曼恩·蒙帕纳斯大厦地上58层，高229米，是欧洲20世纪70年代最高的建筑；1974在多伦多建成的第一银行大厦，高285米，72层，当时是美国以外在世界上最高的建筑。

构筑物的高度发展也是惊人的。继埃菲尔铁塔之后，1962年，莫斯科电视塔高度达532米。1974年，加拿大多伦多国家电视塔548米高。20世纪80年代初，华沙电视塔高645.33米，是20世纪80年代世界最高的建筑物。

1995—1997年马来西亚吉隆坡的双塔大厦高88层，总高度445米，从而超过了美国芝加哥的西尔斯大厦而获得了当时世界最高建筑的桂冠（图19-13、图19-14）。1998—2003年中国台湾的台北101大楼（图19-15）更是拿下了"世界高楼"4项指标中的3项世界之最，即"最高建筑物"（508米）、"最高使用楼层"（438米）和"最高屋顶高度"（448米）。还有两台世界最高速的电梯，从1楼到89楼只要39秒的时间。

2. 大跨度建筑

大跨度建筑的发展，是由于社会的需要和新材料、新技术的应用所促成的。在第二次世界大战后，不仅钢和混凝土强度提高，新建筑材料的种类也越来越多，合金钢、特种玻璃、化学材料等广泛用于建筑，为大跨度与轻质高强屋盖的发展创造了有利条件。新的结构形式也不断出现和推广，如混凝土薄壳与折板、悬索结构、网架结构、张力结构、充气结构等空间结构。

（1）钢筋混凝土薄壳结构　用薄壳结构来覆盖大空间的做法越来越

图19-13
吉隆坡双塔大厦1/黄真真拍摄

图19-14
吉隆坡双塔大厦2/黄真真拍摄

图19-15
中国台北101大楼/山棋羽拍摄

多，屋顶形式也多种多样。

（2）悬索结构　悬索结构是在悬索桥的启示下产生的，高强钢丝的出现，促进了悬索结构的发展。悬索结构的主要结构构件均承受拉力。

（3）张力结构　张力结构是在悬索结构的基础上发展起来的，用钢索或玻璃纤维织品形成张力结构。

（4）空间网架结构　这种结构也是大跨度建筑中应用比较普遍的一种结构形式，是由许多杆件组成的网状结构，重量轻，刚度大，适应性强，广泛应用于大型体育馆、飞机库等建筑中。

（5）充气结构　充气结构使用的材料较为简单，一般为尼龙薄膜、人造纤维或金属薄片等，常用来构成建筑物的屋盖或外墙。1975年建成的密歇根州庞蒂亚克体育馆，跨度达到168米，覆盖面积35000平方米。

三、战后各国的工业化发展

第二次世界大战以后，科学的发展和各种工业技术的进步，使人们对物质和生活水平的要求越来越高，建筑工业问题的解决与发展也成为各国亟待解决的问题之一。为了加快建筑的建设速度，节约资源，就必须发展建筑工业化道路。

发展之一就是预制装配式结构建筑，预先把构件和部件按一定的模数与标准制好，再拿到现场装配，这样人们摆脱了手工的束缚。在工厂大量预制构件，运到工地装配，可以缩短工期，减少手工劳动力，如大板建筑。其次是轻质薄壁幕墙，尤其是玻璃幕墙。过去由砖石承担的保温、抗风等要求，在薄壁高层建筑中，需要以复杂的机械和电力设备来取得平衡。

通过建筑工业化的发展，有了专门的工业化全装配建造体系。从专用体系到通用体系的发展，使建筑工业化体系越来越高，也使建筑师们可以摆脱传统观念的束缚，创造出更好、更多样化的建筑体系。

第二节　第二次世界大战后的建筑思潮

第二次世界大战后，现代建筑设计思想和原则被人们广泛接受，建筑应兼顾各种不同的物质与精神需求。到20世纪60年代末，现代主义受到越来越多的批判，同时后现代主义开始兴起。之后，各种新的设计思潮不断涌现，建筑设计全面进入多元化发展时代。

1.理性主义的充实与提高

理性主义形成于两次世界大战之间，以格罗皮乌斯、勒·柯布西耶等人为代表。因讲究功能、强调理性，常以方盒子、平屋顶、白粉墙、横向长窗的形式出现，又称为"功能主义""国际主义"。理性主义的设计理念在战后被普遍接受和推广，并在实践过程中逐步充实与提高。

2.讲究技术精美的倾向

讲究技术精美的倾向最先流行于美国，在设计方法上属于比较"重理"的，以密斯·凡·德·罗为代表。它的设计特点是构造精确，外形纯净与透明，清晰地反映了建筑材料、结构与它的内部空间。

3.粗野主义倾向

粗野主义是20世纪50年代中期到20世纪60年代中期流行的建筑设计倾向。粗野主义最早由英国

图 19-16
蓬皮杜国家艺术与文化中心

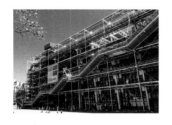

史密森夫妇提出，他们认为建筑的美应以"结构与材料的真实表现作为准则"，"不仅要诚实地表现结构与材料，还要暴露它的服务性设施"。粗野主义的典型特点是毛糙的混凝土、沉重的构件和它们的粗鲁结合。

4. 典雅主义倾向

典雅主义是同粗野主义并进，然而在艺术效果上却与之相反的一种倾向，致力于运用传统的美学法则来使现代的材料与结构产生规整与典雅的庄严感，又称"新古典主义"。典雅主义风格主要流行于美国，代表人物是约翰逊（P.Johnson）、斯东（E.D.Stone）和雅马萨奇（M.Yamasaki）等第二代建筑师。1955年斯东主持设计的美国驻印度新德里大使馆是典雅主义建筑的代表作品。1958年约翰逊设计的纽约林肯文化中心和1973年雅马萨奇设计的纽约世界贸易中心，都是典雅主义的代表作品。

5. 注重高度工业技术的倾向

高度工业技术倾向是指把注意力集中在创新地采用与表现预制的装配化标准构件方面的倾向。强调高度工业化和快速施工，强调结构的轻质高强与可装可卸，强调内部空间的可变与灵活。对于结构构件以及设备管道不加掩饰，暴露在外。高度工业技术倾向被称为"高技派"，特征是在建筑形象方面特别显现建筑结构、构造和机电设备等元素，它是技术主义思潮在建筑方面的产物。

注重高度工业技术倾向的作品有很多，最具特点和代表性的作品是第三代建筑师皮亚诺和罗杰斯设计的巴黎蓬皮杜国家艺术与文化中心（图19-16）。蓬皮杜国家艺术与文化中心外貌奇特，钢结构梁、柱、木桁架、拉杆等，甚至涂上颜色的各种管线都不加遮掩地暴露在立面上。红色的是交通运输设备，蓝色的是空调设备，绿色的是给水、排水管道，黄色的是电气设施和管线。人们从大街上可以望见复杂的建筑内部设备，五彩缤纷，琳琅满目，根本不像平常所见的博物馆。不可否认，这座建筑确实打破了旧建筑的条框，在技术上和艺术上都有所创新。

6. 讲究人情化与地方性的倾向

这种倾向是现代建筑中比较"偏情"的方面，是一些既要讲技术又要讲形式，而在形式上又强调自己特点的倾向。讲究人情化与地方性的倾向最先活跃于北欧，在日本等地也有所发展。代表作有芬兰建筑师阿尔托在1951年设计的珊纳特塞罗市政中心。

7. 讲求个性与象征的倾向

讲求个性与象征的倾向在建筑形式上变化多端。在运用几何构图中，美籍华裔建筑大师贝聿铭设计的美国华盛顿国家美术馆东馆（图19-17～图19-19）是一个杰出的代表作品。它建于1978年，是一座有个性的成功运用几何形体的建筑。东馆造型醒目而清新，由两个三角形组成的平面与环境非常协调，内部空间十分舒展流畅，适应性极强，各部位的精心设计带给观众宜人的感受，运用抽象的象征设计手法来表达建筑设计。代表作品还有勒•柯布西耶的朗香教堂，该教堂像一件镂空的雕塑品一样，形体自由，线条流畅。设计充分采用了表现与象征的手法，柯布西耶认为教堂就应该是一个"高度思想集中与沉思的容器"，他把朗香教堂当作一个听觉器官来设计。代表作品还有夏隆设计的柏林爱乐音乐厅，外形由内部的空间形状决定，周围墙体曲折多变，整个建筑物的内外形体都极不规整，难以形容。

从以上几种倾向的论述可以看出，"多元论"或"有机的"倾向主要是一种设计方法而不是一种格式，基本精神是建筑可以有多种目的和多种方法，而不是一种目的或一种方法，设计人不是预先把自己的思想固定在某些原则或某种格式上，而是根据对任务与环境的理解来产生能适用多种要求而又内在统一的建筑。建筑是复杂的，不同的人对待建筑有不同的要求，而且由于生活质量的提高，对建筑的要求也越来越高。所以各种倾向都有它产生的原因，它不是一个固定的形式，是一种思想转化为实质的产物。

8.现代主义之后的建筑思潮

20世纪70年代以后，随着各国经济和科学技术的发展与进步，人的权利与尊严在西方各国普遍得到充分的重视。受人文主义复兴思潮的影响，人们开始对现代主义建筑进行反思，现代主义建筑因此而受到挑战。

后现代主义建筑风格主要表现在对现代主义建筑的批判与否定和对个性化建筑的充分肯定和尊重。美国费城的建筑师罗伯特•文丘里是后现代主义的代表人物，他1966年写了《建筑的复杂性与矛盾性》一书。书里的

图19-17
华盛顿国家美术馆思维导图/杜冰璇、陆子嚣整理绘制

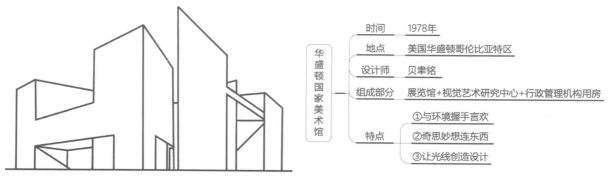

时间	1978年
地点	美国华盛顿哥伦比亚特区
设计师	贝聿铭
组成部分	展览馆+视觉艺术研究中心+行政管理机构用房
特点	①与环境握手言欢
	②奇思妙想连东西
	③让光线创造设计

华盛顿国家美术馆

图19-18
华盛顿国家美术馆东馆/山棋羽拍摄

图19-19
华盛顿国家美术馆东馆内景/山棋羽拍摄

主要观点包含建筑的复杂性与矛盾性、兼容并蓄、矛盾共处；重新肯定建筑传统的价值，以非传统的方式组织传统部件；以非标准的方式运用标准化；重视建筑内外的差别等。他的代表作就是为他母亲设计的栗子山住宅（图19-20、图19-21），也是后现代建筑的经典作品。这座住宅是1959年文丘里为他的母亲设计的私人住宅，他大胆地做了理论上的探讨，成为《建筑的复杂性与矛盾性》著作的生动写照。栗子山住宅建成后在国际建筑界引起极大关注，山墙中央裂开的构图处理被称作"破山花"，这种处理一度成为"后现代建筑"的符号。

后现代建筑的代表作品还有约翰逊设计的纽约美国电话电报公司大楼，自此西方建筑界出现了讲究建筑的象征性、隐喻性、装饰性以及与现有环境取得联系的倾向。

解构主义建筑的特征有散乱、残缺、突变、动势与奇绝的效果。代表作有伯纳德·屈米的巴黎拉·维莱特公园（图19-22）。现代主义之后最受关注、最具影响的建筑思潮除了后现代主义、解构主义之外，还有新理性主义、新地域主义、新现代主义、高技派的新发展及简约的设计倾向等。

综上所述，现在各国的经济在飞速发展，对建筑的要求就越来越高，随之而来的各种有关建筑的学科也在发展着，它们都在为建筑服务着，而新的科学技术也不断地运用在建筑中。当然，这都是在以前的建筑中不断探索和研究所积累的宝贵经验。历史总是波浪式地前进，螺旋形地上升，在不断的变化中寻求发展。旧的、传统的终究要被新的、更富有生命力的事物替代，建筑也是如此。回顾历史的灿烂与辉煌，是为了将来的发展与进步。大家要努力地去思考和探索，同时也期盼着更加光明和美好的未来。

图 19-20
栗子山住宅

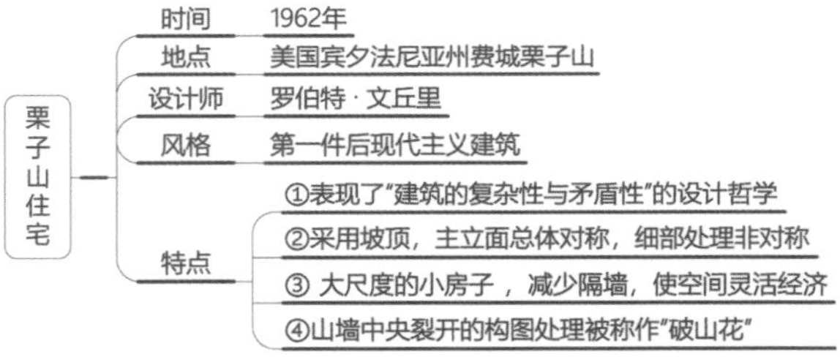

图 19-21
栗子山住宅思维
导图/杜冰璇、陆
子嚣整理绘制

图 19-22
巴黎拉·维莱特公园

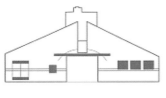

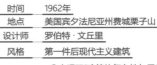

时间	1962年
地点	美国宾夕法尼亚州费城栗子山
设计师	罗伯特·文丘里
风格	第一件后现代主义建筑

栗子山住宅

特点
①表现了"建筑的复杂性与矛盾性"的设计哲学
②采用坡顶，主立面总体对称，细部处理非对称
③大尺度的小房子，减少隔墙，使空间灵活经济
④山墙中央裂开的构图处理被称作"破山花"

深度阅读
蓬皮杜国家艺术与文化中心

深度阅读
玻璃金字塔

深度阅读
悉尼歌剧院

菲律宾的宿务市有一棵"彩虹树"（图1），是一座模块化的大型木质公寓楼。彩虹树采用了天然环保的木质结构，覆盖着来自邻近热带森林的30000多种绿色植物。在这座32层、高115米的建筑内，都市农业与可再生资源融为一体，以此来满足未来生态城市建设的四个方面：能源自给自足的能力、建筑绿化功能、都市农业的发展、可循环性以及社会化创新。

习近平总书记指出："城市是现代化的重要载体，也是人口最密集、污染排放最集中的地方。建设人与自然和谐共生的现代化，必须把保护城市生态环境摆在更加突出的位置，科学合理规划城市的生产空间、生活空间、生态空间，处理好城市生产生活和生态环境保护的关系，既提高经济发展质量，又提高人民生活品质。"生态文明建设的重要动力在城市，实现"双碳"目标的主战场在城市。建筑作为城市的重要组成部分，建设人与自然和谐共生的现代化，必须完整准确全面贯彻新发展理念，以系统思维谋划布局绿色建筑与城市建设，加快实现建筑设计、城市规划建设和治理的绿色化、智能化转型。

一、当代建筑的挑战和机遇

20世纪以来，人类与环境的关系已进入了一个危机四伏的阶段，频繁的台风、洪水、干旱、臭氧层破坏、酸雨、温室效应、工业污染、能源与自然资源大量消耗，严重威胁着人类的生存。欧洲的有关数据表明，环境中的污染有15%是因为建筑活动，极大地影响了绿色生态。在英国的研究中发现，建筑的照明系统足足占了总能耗的20%～40%。整个欧洲所消耗的能源大约有一半都用于建筑的某些功能性产品上了。所以，自20世纪末，绿色建筑、生态与可持续建筑的主题开始逐渐被西方国家倡导。为了维护和改善自身的生存环境，建筑设计必须建立总体设计观念，保护环境资源，减少污染，充分利用光能、风能、大气降水、植物等可再生资源，合理利用材料，提高能源的使用效率，赋予低碳生活可再生资源。而"绿色建筑"这个概念虽然仅仅出现了几十年，但是欧洲的一些国家已经建立起来有关生态建筑的相关评价标准，从耗能、再循环的能力、空气质量、隔绝噪声的能力等，严格规范了生态建筑的设计与实施。有时这些标准会因为国家和地区的不同而有一些微小的变化，但是其中都包含了绿色建筑在设计过程中会出现的普遍问题和重点问题的关键解决方式。

某些环境危机促使我们重新评估规划、设计和建造房子的方法。使用化石能源造成的空气污染和水污染、核电厂事故产生的放射性尘埃和已经出现的以及潜在的气候变化的灾难，统统指向减少能源使用这一迫切需求。有毒化学物质导致的人类疾病迫使我们重新审视高强度使用化学物质特别是在建筑材料中的危害。

特别值得关注的是气候变化。由1300多名来自美国和其他国家的科学家组成的政府间气候变化专门委员会（Intergovernmental Panel on Climate

图1
彩虹树

Change，简称"IPCC"）报告指出：气候系统正在变暖是不容置疑的，因为观测结果明确显示全球平均空气温度和海洋温度正在上升，大面积冰雪融化，海平面正在上升（图2、图3）。根据政府间气候变化专门委员会的报告，气候变化的影响已经显现并且预计只会变得更糟糕。气候变化的后果还包括极端的气象情况：如飓风活跃，高温热浪频繁、持续时间长且温度越来越高；升温导致冰雪融化，海岸和内地的洪涝灾害频发；升温引发动植物物种变化，失去生物多样性；升温还导致水源供应量减少，对人类生活、农业用水和能源生产产生负面影响。

随着气候变化和其他环境风险的显现，过去几十年中，各种类型的建筑研究都更加关注建筑是如何运行的，建筑在环境性能方面为什么不如人意，更为重要的是，建筑如何避免在应对环境方面的失败。由多重环境风险汇集而成的需求、建筑运行以及可持续发展方面的新资讯，为建筑设计方法的变革提供了新机遇。绿色建筑的领域是崭新而无比丰富的。新机遇在于设计和建造过程中要强调能源和资源效率的提高，减少有害化学物质的使用，并且这一切都在可承受的范畴内进行。

然而，在绿色建筑设计和建造过程中，有很多潜在的危险和意想不到的困难。虽然引进新产品或声称绿色的方法很容易，但实际上它们可能是低效的，或者过于昂贵以至于失去机会投资于其他性价比更高的措施。我们面临的挑战是运用常识，拒绝象征性的、引人注目的或者低效的建筑措施，同时保持开放心态，接纳新兴的、可能有效的理念和工具。以批判的思维审视新理念，同时灵活地适应迅速发生的变革，这两点都是必不可少的。

绿色建筑设计不能简单地聚焦于在建筑物上附加绿色设施使建筑"变绿"。虽然提升保温隔热性能会改善建筑节能效果，增设太阳能光伏发电系统能够减少用电量，从而减少对不可再生资源的消耗。然而，通过明智审慎的设计可以获得更多，优秀的设计不是简单的技术叠加，而是本质上更加有机与融合。比如：我们可以为室内设施选择反光性更强的表面，目

图2
二氧化碳的浓度/资料来源：《智慧建筑》

图3
从1000年到2100年地表温度的变化/资料来源：《智慧建筑》

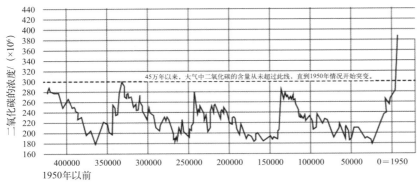

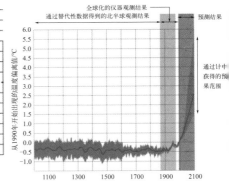

的是在保证同样室内光环境的前提下减少人工光源；我们可以选择外表面积比较小的建筑形体，那么在同样建筑面积的情况下，其能耗会低于形态复杂的建筑形体。

由于我们总是很在意设计和建造成果的美学特性，我们可能会问：对于建成环境，绿色设计的美学效果是什么？值得庆幸的是，美并不需要为建筑"变绿"而牺牲和让步。绿色建筑会挑战传统的美学观念，但同时为我们提供一个重新评价美学观念、重新审视建筑的美应该如何定义以及探索新建筑形式美的机遇。

二、绿色建筑

人类的建筑经历了掩蔽建筑、舒适建筑、健康建筑三个阶段。第一阶段是低能耗甚至无能耗的阶段，第二和第三阶段是高能耗的阶段。随着人们对全球生态环境的关注和可持续发展思想的深入，建筑物开始走向第四阶段——"绿色建筑"。该阶段主要特征为：大量利用可再生能源和未利用能源，强调能源节约和建筑材料资源的循环使用，尽量减少建筑过程中对自然生态环境的损害。

1.绿色建筑的定义

绿色建筑作为生态学和建筑学的结合，由美籍意大利建筑师保罗·索勒瑞（Paola Soleri）在20世纪60年代首次提出。综合国内外专家的研究，绿色建筑可理解为在建筑的"全生命"周期内，最大限度地保护环境、节约资源（节能、节水、节地、节材）和减少污染，为人们提供健康、适用和高效的使用空间，最终实现人与自然共生的建筑物。

绿色建筑的"绿色"，并不是指一般意义的立体绿化、屋顶花园，而是代表一种概念或象征，指建筑对环境无害，能充分利用环境自然资源，并且在不破坏环境基本生态平衡条件下建造的一种建筑。与自然和谐共生的建筑，又可称为可持续发展建筑、生态建筑、回归大自然建筑、节能环保建筑等。绿色建筑以人、建筑和自然环境的协调发展为目标。

2.绿色建筑的特征和优势

（1）绿色建筑的特征

绿色建筑要有利于保护环境：尽量保护和开发绿地，在建筑物周围种植树木，以改善景观，维持生态平衡，并取得防风、遮阴等效果。同时有意识地节约土地，争取既不受到不良自然环境的危害，又将人类的建筑活动对生物多样性的影响降到最低程度。绿色建筑要有效地使用水、能源、材料和其他资源，要使建筑对于能源和资源的消耗降至最低程度；建筑物的围护结构、外墙、窗户、门与屋顶，应该采用高效保温隔热构造；减小建筑物的体形系数，以减少采暖和制冷能耗，并考虑充分利用太阳能（如尽量采取可以获取更多太阳热量的建筑物朝向），有良好的自然采光系统，保证建筑物具有良好的气密性，同时夏季又有充分的自然通风条件，回收并重复使用资源。

绿色建筑重视室内空气质量：防止由于油漆、地毯、胶合板、涂料及胶粘剂等含有挥发性气体造成对室内空气的污染；围护结构保温效果好的建筑物，应具备良好的通风系统。绿色建筑尊重地方文化传统，积极保护建筑物附近有价值的古代文化或建筑遗址。绿色建筑追求建筑造价与使用运行管理费用经济的整体合理，既不能单纯强调低建造成本，使建筑付出高昂的使用代价，也不应为一个过高的目标付出不切实际的初投资。

（2）绿色建筑的优势

① 同一般建筑相比绿色节能建筑能耗显著降低　据统计，建筑在建造和使用过程中可消耗50%的能源，并产生34%的环境污染物。绿色建筑则大大减少了能耗，和既有建筑相比，它的耗能可降低70%～80%，在丹麦、瑞士、瑞典等国家，甚至提出了零能耗、零污染、零排放的建筑理念。

② 绿色节能建筑产生新的建筑美学　一般的建筑采用的是商品化的生产技术，建造过程的标准化、产业化，造成了大江南北建筑风貌大同小异、千城一面。而绿色建筑强调的是突出本地文化、本地原材料，尊重本地的自然、气候条件，这样在风格上完全是本地化的，并由此产生了新的建筑美学。绿色建筑向大自然的索取最小，这样的建筑让人在体验新建筑美感的同时，能更好地享受健康舒适的生活。

③ 绿色节能建筑可适四季之景　传统建筑与自然环境完全隔离，封闭的室内环境往往对健康不利，而绿色建筑的内部与外部采取有效连通，对气候变化自动调节。通俗来讲，建筑如小鸟的羽毛，可根据季节的变化换羽毛。

④ 节能建筑环保理念贯穿始终　传统建筑多是在建造过程或使用过程中考虑到环境问题，而绿色建筑强调的是从原材料的开采、加工、运输、使用，直至建筑物的废弃、拆除的全过程，节能、环保理念贯彻始终，强调建筑要对全人类、对地球负责。

3.绿色建筑案例

建筑本身是一种地面上的产物，应该与所在的环境成为一个整体，成为环境中的一部分。这种建筑要求建筑师们消除多余的装饰，强调保持建筑材料的本质，使之成为人与自然之间的联系。将人类社会与自然界之间的平衡发展作为整个设计的出发点，将人类作为大自然中的一员来重新定义人在自然界中的位置。建筑设计从来就不是仅需要客观判断的载体，而是离不开人类主观需求的设计，要求能够满足人类居住所需要的功能、性能与技术。而绿色建筑的出现就是站在一个新的起点上，以人与自然联合为主题，进行全面整体考虑的新建筑类型。传递绿色建筑的理念，不是靠几位建筑师的卖力宣传完成的，也不是通过短时间的推广就能实现，绿色建筑的理念代表了新世纪新的方向，它也应该成为所有建筑师奋斗的目标。从建筑设计来看，生态建筑主要表现为：利用太阳能等可再生能源，注重大自然的光照与遮阴，自然通风，将绿化进行到各个被污染的区域，增强空间的适应性，减少结构的厚重感，注意水的循环使用，垃圾分类处理以及再回收再利用废弃物，等等。

在全球著名的绿色生态建筑中，各自的建造特点都不同。德国的法兰克福商业银行大厦"生态之塔"，三角弧线表皮和中庭通风的设计，被誉为"空中花园能量搅拌器"，既通风又能最大限度地接纳太阳光（图4）。埃

图4
法兰克福商业银行大厦

及锡瓦的阿德雷尔·阿梅拉酒店有点像我国的"窑洞"，充分利用了当地的自然资源，酒店一部分就在山洞中，充分采用了当地产的沙石，没有使用当地自然资源之外的建筑材料。利用山的屏障，保持酒店的冬暖夏凉和酒店内的自然风光（图5、图6）。新加坡南洋理工大学艺术设计学院，是一座有着绿色屋顶的建筑，这种设计节省了加热和制冷的成本，还可以收集雨水，用于建筑体景观的灌溉。西班牙的泡泡形淡水工厂，是由堆叠在一起的绿色生态建筑生物圈组成，外形像一堆肥皂泡。特点是玻璃圆顶结构，可以利用红树过滤海水获取淡水资源。迪拜太阳能垂直村，建立了一种能够将表面和太阳能接收器结合起来的特殊建筑，充分利用当地的自然条件，以最大程度吸收日照，延长光照时间，获取最多的太阳能。

三、智能建筑

1.智能建筑的定义

智能建筑这个概念的提出要追溯到20世纪80年代，最早是由美国的联合建筑系统公司倡导并提出。1984年1月，世界上第一座真正意义上的智能建筑——都市办公大楼（City Place Building）（图7）在美国康涅狄格州哈特福德市改建而成。而我国的第一座智能建筑则是1989年建成的北京发展大厦（图8）。

进入20世纪90年代以后，智能建筑迅速发展起来。目前，智能建筑已经过了30多年的发展，但还没有一个被国内外广泛接受的确切定义。美国智能建筑学会（American Intelligent Building Institute，AIBI）给出的定义则是："智能建筑是将结构、系统、服务、运营及其相互联系全面综合，并达到最佳组合，所获得的高效率、高功能与舒适性的大楼。"

2.智能建筑的理论基础

智能建筑的理论基础是智能控制理论。智能控制（Intelligent Control）是在无人干预的情况下，能自主地驱动智能机器实现控制目标的自动控制技术。控制理论发展至今已有100多年的历史，经历了"经典控制理论"和"现代控制理论"的发展阶段，已进入"大系统理论"和"智能控制理论"阶段。智能控制以控制理论、计算机科学、人工智能、运筹学等学科为基础。其中应用较多的分支理论有模糊逻辑、神经网络、专家系统、遗传算法、自适应控制、自组织控制、自学习控制等。

自适应控制比较适用于建筑环境的智慧化管控，自适应控制采用的是基于数学模型的方法。实践中我们还会遇到结构和参数都未知的对象，比如一些运行机理特别复杂，目前尚未被人们充分理解的对象，不可能建立有效的数学模型，因而无法沿用基于数学模型的方法解决其控制问题，这时需要借助人工智能学科。自适应控制所依据的关于模型和扰动的先验知

图5
阿德雷尔·阿梅拉酒店/
周承君拍摄

图6
阿德雷尔·阿梅拉酒店
细节/周承君拍摄

图7
都市办公大楼/钟坤辰
拍摄

图8
北京发展大厦/翁岩
拍摄

识比较少，需要在系统的运行过程中不断提取有关模型的信息，使模型越来越准确。常规的反馈控制具有一定的鲁棒性，但是由于控制器参数是固定的，当不确定性很大时，系统的性能会大幅下降，甚至失稳。自适应控制多适用于系统参数未知或变化的系统，模型很难确立，对智能建筑这类复杂控制对象，很难建立整个建筑物自动化系统的控制系统模型。只能分设备分子系统地去建立各个局部系统的模型，再进行系统级连接和统一协调控制。

3.智能建筑案例

（1）上海世博会中国馆

2010年上海世博会将低碳、节能、环保理念运用其中，在整个园区内大量采用了现代节能技术，所以本次世博会被称作"绿色世博"。在各种现代技术中，最引人关注的还是中国国家馆和主题馆的光伏建筑一体化系统。中国馆利用68米平台和60米观景平台铺设单晶太阳能组件，总装机容量达302千瓦。中国馆的60米观景平台四周将采用特制的透光型"双玻组件"太阳能电池板。用这种"双玻组件"建成的玻璃幕墙，既具有传统幕墙的功能，又能够将阳光转换成清洁电力，一举两得。主题馆则在屋面铺设了面积约26000平方米的多晶太阳能组件，面积巨大的太阳能电池板让主题馆的装机容量达到了2825千瓦，而大菱形平面相间隔的铺设方法也同时保证了屋面的美观（图9）。

（2）伦敦西门子水晶大厦

全球最大的未来城市展示中心——西门子水晶大厦位于伦敦纽汉区皇家维多利亚码头（图10）。这是西门子首座专为城市可持续发展建造的展示中心。其外观形同水晶，集会议中心、城市对话平台以及技术创新中心于一体，将政治决策者、基础设施专家以及社会大众聚集在一起，共同发展面向未来的城市及基础设施先进理念。"水晶"的核心构成是世界上最大的城市可持续发展展示厅。它是人类有史以来最环保的建筑之一，占地逾6300平方米，是高能效的典范。与同类办公楼相比，它可节电50%，减少二氧化碳排放65%，供热与制冷的需求全部来自可再生能源。

"水晶大厦"需要的一部分电能来源于屋顶上覆盖的光伏电池组，它可以收集阳光，并利用太阳能发电，满足"水晶大厦"20%的用电需求。在夏季，当夜幕降临，人们离开"水晶大厦"返回家中。当温度降到20℃以下之后，建筑的窗户将自动开启，让空气流入室内。新鲜的空气同时还对大厦地基中的一块巨型水泥板起到冷却作用，这样可以降低次日大厦内的室温。"水晶大厦"在供热方面几乎能够自给自足，它的热能同样来源于自然环境。当需要降低室温时"水晶大厦"就将热量排入地

图9
上海世博会中国馆/
蒋璨拍摄

图10
伦敦西门子水晶大厦

下。到了冬季，"水晶大厦"再将热能从地下抽上来，为大厦供暖，可以满足大厦内全部的供暖需求、约三分之二的热水需求以及约三分之二的空调用能需求。

"水晶大厦"每天的运转除了不需要使用任何矿物燃料，还实现了水循环的全面利用。西门子的技术可以全面回收利用大厦内的各种用水，还能收集雨水加以利用。楼顶可以收集雨水，经过过滤可满足"水晶大厦"内85%的饮用水需求。此外，收集的部分雨水还通过楼顶的太阳能集热装置进行加热，可满足"水晶大厦"内约20%的热水需求。即便是用过的废水也不会排入下水道，相应装置会回收废水，对其进行净化，然后这些水又成为洗手间用水或用于浇灌大厦花园。

（3）巴林世贸中心

巴林是一个邻近波斯湾西岸的岛国，气候属热带沙漠气候。巴林世贸中心耗资3500万巴币（约合9000多万美元），是全球第一座利用风能作为电力来源的摩天大楼，是风能与建筑一体化的探索。巴林世贸中心高度超过240米直入云霄的两栋50层大楼，屹立在波斯湾岸。这座独特的建筑有部分供电来自风力发电。对此种摩天大楼而言，实为革命性的设计。大厦由两座传统阿拉伯式"风塔"高楼组合而成，上尖下宽，如一对比翼的海帆，掣风展开，强健有力，傲岸于蔚蓝色的阿拉伯湾（图11）。巴林世贸中心是一座高240米、双子塔结构的建筑物。主体平面为椭圆形，在两座大厦之间设置了水平支持的3座直径29米的风力涡轮。风帆一样的楼体形成了两座楼之前的海风对流，加快了风速。风电机组预计能够支持大厦所需用电的11%～15%。每年约提供130万千瓦时的电力，相当于200万吨煤或者600万桶石油的发电量，供300户普通家庭一年之用。

为实现绿色建筑的建设目标，一般需配置环境、能源、资源、生态、安全、信息等监控管理系统。虽然众多的子系统构成了一个有机整体，但是各子系统的目标是不尽相同的，通常需采用多目标模糊优化控制，以获得整体的最佳状态。大系统、多目标共存是绿色智能建筑的特点之一。绿色建筑同样是多学科交叉、多技术结合的领域。绿色建筑中智能系统的监控管理对象分属土木工程、环境工程、生态工程、能源工程、信息工程、化学工程、材料工程，在一个子系统中，往往需要采用多种技术手段来实现目标。如模仿"人体表皮组织—呼吸系统—神经系统"应激性能的气候调节设备（呼吸墙），就要综合运用新型墙体材料、过滤器、气候调节设备、室内外空气参数检测设备、智能控制装置，以室内外空气品质、建筑能耗及居住人的舒适度为综合目标进行自动调节。

图11
巴林世贸中心

四、智慧建筑

1.智慧建筑的定义

从空间维度拓展的角度来理解，智能建筑在空间维度上的拓展包括：卫星导航定位，地下建筑空间，以及与交通、城市、地理信息系统的高度融合。相比智能建筑，智慧建筑充分考虑"以人为本"，无论是建筑管理者还是建筑使用者，都成为智慧建筑的一部分，且扮演着越发重要的角色。建筑学家认为建筑的最高本质是人，建筑是文化的载体。建筑活动与其他艺术活动和审美活动一样，担负着抗拒人性沦落与异化、重铸人类感性世界的历史重任。当下，人文主义日益成为建筑活动的新主题和新方向。当代建筑的第一要务就是回归生活，立足现实。最能体现"以人为本"的世界十大城市建筑项目为：法国博比尼市的生态学校，美国纽约市的户外文化空间，英国布莱顿市新路街道——以人为本的街道转型，澳大利亚悉尼市"穿"上针织外套的树木和灯柱，英国伦敦市的春天花园酒店——流浪汉的温馨家园，英国卡迪夫市的动物墙壁——人与鸟和谐共处之地，从伦敦市通往巴黎市的自行车道——世界最长的绿色自行车道，法国巴黎公交公司乘车中心——多彩公交中心，丹麦奥胡斯市火车站——具有多重身份的火车站，美国太阳能大道——可以发电的马路。

2.智能建筑和智慧建筑的联系和区别

从信息物理系统（CPS）的视角来分析，传统智能建筑是基于"信息－建筑"二元空间的系统，智慧建筑是基于"人－信息－建筑"三元空间的系统。在"信息"这一维度上，智慧建筑1.0即第一代智慧建筑更多地依赖于物联网、云计算、大数据、智能控制技术；智慧建筑2.0即第二代智慧建筑则更多地依赖于人工智能技术（图12）。这也正是区分智慧建筑1.0和智慧建筑2.0的本质所在。在智慧建筑2.0的三维空间系统图中，"人"与"信息"之间由于引入了AI，会更多地体现出"人－机"共融特征。

"AI+智慧建筑"是指以人工智能理论、技术、产业为核心驱动力的超智能建筑，该建筑具备八大特征：实时感知、高效传输、自主控制、自主学习、智能决策、自组织协同、自寻优进化、个性化定制。"AI+智慧建筑"中的"AI"不仅指人工智能，从产业形态上来讲，还包括对AI形成支撑的新一代信息技术大数据、云计算、物联网、移动互联网、工业互联网、现代通信、区块链、量子计算等相关业态。随着数字经济和智慧城市的发展，AI驱动的建筑生态圈正在被迅速扩大，建筑的产业链也正在被大尺度拉长。

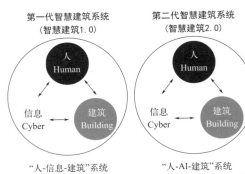

智能建筑：二元系统

智能建筑

信息
Cyber

建筑
Building

"信息-建筑"系统
Cyber (Information Driven) -Building
Systems (CBS)
赛博空间：现场总线、
智能控制为主

智能建筑：三元系统

第一代智慧建筑系统
（智慧建筑1.0）

人
Human

信息
Cyber

建筑
Building

"人-信息-建筑"系统
Human-Cyber (Information
Driven)-Building Systems (HCBS)
赛博空间：物联网、云计算、
大数据、智能控制为主

第二代智慧建筑系统
（智慧建筑2.0）

人
Human

信息
Cyber

建筑
Building

"人-AI-建筑"系统
Human-Cyber (AI Driven)
Building Systems (HCBS)
赛博空间：AI为主(AI驱动)

图12
信息维度

3. 智慧建筑案例

（1）BIM技术的应用

BIM（Building Information Modeling）能够指导智慧建筑及城市运维软件的研发，同时也指明了由智慧建筑运维通向智慧城市运维的数字化和信息化路径（图13、图14）。BIM与AI的融合应用将有助于数字经济发展，有助于社会治理模式转型。当前社会治理模式三个转变为：从单向管理向双向互动，从线下向线上线下融合，从单纯政府监管向更加注重社会协同治理。在整个经济社会发展逻辑层面，政府正在加大力气提升数字化能力。智慧建筑是数字经济的重要组成部分，也是奠定智慧城市快速稳定发展的重要基石。在BIM、人工智能理论和技术得到充分发展的今天，BIM与人工智能融合驱动智慧建造、智慧城市、数字经济的发展已成为历史的必然，在不久的将来，一定可以探索出更多优秀根式和方法。

近年来，我国各地涌现出了多座运用BIM打造的地标性建筑，也涌现出一些采用BIM技术打造的智慧园区、智慧城市。例如北京大兴机场在10个月内建完整个主体工程，相当于每个月完成25座18层高楼。高峰时，每天就要完成一座18层高楼的建筑量。用不到3个月时间完成了屋顶的安装，各种力学结构指标完全达标（图15～图19）。

其中东航基地项目是它的重要工程，包括机库、车辆维修、国际国内货运站、航空食品及地面服务，以及办公、住宿等生活配套设施，总建设规模116.98万平方米。面对新机场项目面积大、工期紧、任务重、协调单位众多等多方面挑战，东航迎难而上选择建筑工程信息技术主体的工程解决方案，积极引入运用BIM技术为机场建设提供数字化管理服务，成功将该项目打造为设计、施工全过程应用BIM技术的大型世纪工程。

东航把BIM技术与工程各个环节紧密结合，无论是利用BIM模型参与设计评审会还是召开监理例会，都力求使BIM能够参与到整个生产过程中。在效益上实现了管理流程优化、资源信息整合的目的，提升了工程全局把

图13
民用建筑信息模型

图14
工业革命

图15
北京大兴机场BIM模型

图16
北京大兴机场俯瞰图

图17
北京大兴机场内部图1/
钟坤辰拍摄

图18
北京大兴机场内部图2/
钟坤辰拍摄

图19
北京大兴机场内部图3/
钟坤辰拍摄

绿色智能工业革命

以 GPS 带动，以互联网产业化、工业智能化、工业一体化为代表，以人工智能、清洁能源、无人控制技术、量子信息技术、虚拟现实以及生物技术为主的全新技术革命。

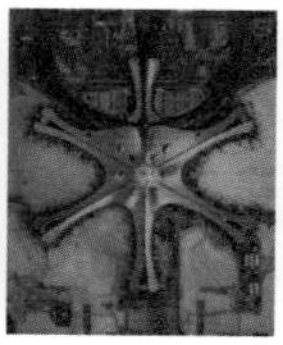

第一次工业革命
蒸汽技术革命

电力技术革命

第二次工业革命

第三次工业革命

信息技术革命

第四次工业革命

控能力和管理效率，成效显著，设计质量明显提高。为加强对设计质量的管控，东航召开施工图评审会，并要求参与设计的各专业设计师直接采用2D图纸结合3D模型汇报设计成果，直观展现设计效果和施工困难区域。在此形势下，模型与出图进度保持一致，极大地促进了设计师与建模人员深度融合，图纸和模型质量得到了极大提高。

预算编制准确可靠，在招标控制环节，通过BIM模型发现图纸缺漏项、深度不足等问题，提高了清单编制的效率和准确性，使总投资额在预算控制范围内。工程进度严密掌控，相对于2D图纸，BIM技术可通过虚拟施工发现潜在问题并及时解决，提高对物料计划的推演，监控施工进度。与东航其他机场项目相比，北京新机场项目设计滞后半年，下场较晚，但在BIM的支持下施工进度顺利，后期反超其他项目。东航在该项目的BIM技术应用过程中申请了多项自主研发的专利，并作为主申报单位成功申报两个北京市BIM示范项目。

东航以甲方身份在北京大兴国际机场总部基地项目的设计、施工过程中全过程启用BIM进行工程设计、施工管理、项目协同等工作，并将其和云计算、移动通信等技术完美结合，充分展示了这一创新的BIM应用管理模式所具备的独特优势，为BIM2.0在中国的运用与实践起到了良好的推动作用。

（2）建筑工业互联网技术的应用

随着全球工业4.0战略的推进，工业互联网正在重塑产业链和价值链，正在为重构全球工业、激发生产力做出重要贡献。各种垂直行业领域的工业互联网在不久的将来会被开发出来，并通过运营产生巨大价值。"互联"是工业互联网的基本功能，在此基础上通过数据的流动和分析，进一步实现智能化生产、网络化协同、个性化定制、服务化延伸。最终将构建出新商业模式，催生出新业态（图20、图21）。

装配式建筑是产业依托工业互联网技术由预制部品部件在工地装配而成的建筑。装配式建筑，是建筑工业化的一种类型，也是建筑业转型升级的必由之路。装配式建筑符合绿色建筑的要求，节能环保，是当前打造森林城市的核心元素。据统计，相比传统建造方式，装配式建筑可以节水90%，降低70%的废物、废渣以及大气污染。2016年9月14日召开的国务院常务会议，决定大力发展装配式建筑，推动产业结构调整升级。2016年9月27日国务院出台《国务院办公厅关于大力发展装配式建筑的指导意见》，对大力发展装配式建筑和钢结构重点区域、未来装配式建筑占比新建建筑目标、重点发展城市进行了明确。按照推进供给侧结构性改革和新型城镇化发展的要求，大力发展钢结构、混凝土等装配式建筑，具有发展节能环保新产业、提高建筑安全水平、推动化解过剩产能等一举多得之效。目前，京津冀、长三角、珠三角城市群和常住人口超过300万的城市都已将装配式建筑作为发展重点，装配式建筑占新建建筑面积的比例正在快速提高。目前全国已有30多个省市出台了装配式建筑专门的指导意见和相关配套措施。很多智慧城市项目也已纷纷引入了装配式建筑。

五、展望

2020年5月，习近平总书记在中国科学院第十九次院士大会、中国工程院第十四次院士大会上的讲话中指出："世界正在进入以信息产业为主导的经济发展时期。我们要把握数字化、网络化、智能化融合发展的契机，以信息化、智能化为杠杆培育新动能。要推进互联网、大数据、人工智能同实体经济深度融合，做大做强数字经济。"21世纪人类共同的主题是可持续发展，对于城市建筑来说亦必须由传统高消耗型发展模式转向高效绿色型发展模式，绿色建筑智能化正是实施这一转变的必由之路，是当今世界建筑发展的必然趋势。智能建筑是建筑艺术与现代控制技术、通信技术和计算机技术有机结合的产物，是人类发展的必然趋势。智能建筑是以建筑为基础平台，利用数据采集及控制系统以及系统集成技术控制优化各种机电设备运行，利用计算机及网络技术搭建信息交互平台，实现办公及信息自动化，集结构、系统、服务、管理于一体并使实现相互之间的最优化组合，为人们提供一个安全、高效、舒适、便利的建筑环境。

中国目前正处于各类建筑高速发展的时期，提倡和发展绿色智能建筑对我国能源的节约及自然环境的优化是非常重要的。而发展绿色智能建筑的根本目的在于：使用户的工作和日常生活更加安全高效；使建筑更加易于运营管理；采用技术手段优化和保证设备运行，从而达到节能降耗的目的。所以，大力发展智能建筑是符合"绿色建筑"这一概念的，也是其必不可少的组成部分。

绿色建筑智能化是发展绿色建筑的必然要求，建筑智能化有利于控制建筑自身的运营成本，建筑自身的高度智能化是控制建筑自身运营成本的技术保障。绿色建筑的内涵要求建筑行业不仅重视量的增长，而且要想方设法改善建筑的质量。绿色建筑要求建筑在其全寿命周期中实现高效率的资源利用（能源、土地、水资源、材料等），要做到节约资源、减少废物、降低消耗、提高效率、增加效益。而智能化技术的运用可以减少建筑自身的运营开销，所以建筑智能化是发展绿色建筑的必然要求。

建筑智能化有利于减少建筑自身对环境的污染，发展绿色建筑的主要目标是减少资源消耗和保护环境、减少污染。绿色建筑不是独善其身的建筑，而是通过大量智能化技术在建筑内部及外部的使用，达到以下的目标：能够有效地保护整个自然生态环境系统的完整性及生物多样化，保护自然资源，积极利用可再生资源，使人的发展保持在地球的承载力之内，积极预防和控制环境破坏和污染，治理和恢复已遭破坏和污染的环境。

因此，智能化技术的使用符合了绿色建筑对环境可持续发展的要求。建筑智能化有利于建筑服务对象的可持续发展。建筑服务的对象是人，智能化技术的运用可以为人们提供现实的物质工具。城市绿色建筑一方面要创造有益于人类健康的工作环境，另一方面要提高建筑物的可居住性、安全性和实用性，所以发展绿色建筑必然要求智能化技术伴随其左右（图22）。

绿色建筑不同于传统建筑，其建设理念跨越了建筑物本体而追求人类生存目标的优化，是一个大系统多目标优化的规划。同时，绿色建筑必须采用大量的智能系统来保证建设目标的实现，这一过程需要信息、控制、管理与决策，智能化、信息化是不可缺少的技术手段。住房和城乡建设部原副部长仇保兴在《中国的能源战略与绿色建筑前景》一文中提出："以智能化推进绿色建筑，节约能源，降低资源消耗和浪费，减少污染，是建筑智能化发展的方向和目的，也是绿色建筑发展的必由之路。"由于绿色建筑在我国刚刚起步，其中大量的课题有待人们去探索与实践。中国的建筑智能化行业在智能与绿色建筑的发展过程中，必将获得更大的发展机遇，其技术水平将随之上升到一个新的高度。

图20
建筑工业互联网1

图21
建筑工业互联网2

图22
智慧城市

参考书目

[1] 张绣曼，郑曙旸.室内设计资料集 [M].北京:中国建筑工业出版社，2005.

[2] 潘谷西.中国建筑史 [M].5 版.北京:中国建筑工业出版社，2004.

[3] 刘敦桢.中国建筑史 [M].2 版.北京:中国建筑工业出版社，1984.

[4] 梁思成.中国建筑史 [M].天津:百花文艺出版社，2005.

[5] 《大师》编辑部.沃尔特·格罗皮乌斯 [M].武汉:华中科技大学出版社，2007.

[6] 《大师》编辑部.勒·柯布西耶 [M].武汉:华中科技大学出版社，2007.

[7] 刘先觉.密斯·凡·德·罗 [M].北京:中国建筑工业出版社，1992.

[8] 吴焕加.外国现代建筑二十讲 [M].北京:生活·读书·新知三联书店，2007.

[9] 田学哲.建筑初步 [M].北京:中国建筑工业出版社，1999.

[10] 邬烈炎.解构主义设计 [M].南京:江苏美术出版社，2001.

[11] 楼庆西.中国园林 [M].北京:五洲传播出版社，2003.

[12] 周维权.中国古典园林史 [M].2 版.北京:清华大学出版社，1999.

[13] 徐建融.中国园林史话 [M].上海:上海书画出版社，2002.

[14] 刘敦桢.苏州古典园林 [M].北京:中国建筑工业出版社，2005.

[15] 董鉴泓.中国城市建筑史 [M].北京:中国建筑工业出版社，2004.

[16] 李宏.中外建筑史 [M].北京:中国建筑工业出版社，2009.

[17] 沈福煦.中国建筑简史 [M].上海:上海人民美术出版社，2007.

[18] 傅熹年.中国古代建筑史（第二卷）:三国、两晋、南北朝、隋唐、五代建筑 [M].北京:中国建筑工业出版社，2001.

[19] 刘淑婷.中外建筑史 [M].北京:中国建筑工业出版社，2010.

[20] 孙大章.中国古代建筑史（第五卷）:清代建筑 [M].北京:中国建筑工业出版社，2002.

[21] 袁新华.中外建筑史 [M].北京:北京大学出版社，2009.

[22] 刘春迎.北宋东京城研究 [M].北京:科学出版社，2004.

[23] 张驭寰.仿古建筑设计实例 [M].北京:机械工业出版社，2009.

[24] 王其亨.古建筑测绘 [M].北京:中国建筑工业出版社，2006.

[25] 甘肃省文物考古研究所.秦安大地湾:新石器时代遗址发掘报告（上卷）[M].北京:文物出版社，2006.

[26] 乐嘉藻.中国建筑史 [M].北京:团结出版社，2004.

[27] 陈志华.外国建筑史 [M].3 版.北京:中国建筑工业出版社，2004.

[28] 汝信.西方建筑艺术史 [M].宁夏:宁夏人民出版社，2002.

[29] 陈志华.外国古建筑二十讲 [M].北京:三联书店，2002.

[30] 陈文斌.品读世界建筑史 [M].北京:北京工业大学出版社，2007.

[31] 罗小未.外国近现代建筑史 [M].2 版.北京:中国建筑工业出版社，2003.

[32] 梁思成.图像中国建筑史 [M].北京:生活·读书·新知三联书店，2011.

[33] 顾永兴.绿色智能建筑技术化指南 [M].北京:中国建筑工业出版社，2011.

[34] 赵书彬.中外园林史 [M].北京:机械工业出版社，2008.

[35] 李乾朗.穿墙透壁:剖视中国经典古建筑 [M].桂林:广西师范大学出版社，2009.